"十二五"职业教育国家规划教材
经全国职业教育教材审定委员会审定

食品生物化学实训教程

（第二版）

主　编　张邦建　崔雨荣
副主编　庞彩霞　魏　元　李　卿

科学出版社
北京

内 容 简 介

本书的主要内容包括糖类、脂类、蛋白质、酶、核酸、维生素、水与矿物质、物质代谢等实训模块，每个模块又包括背景知识、技能训练及拓展知识三部分。

本书可作为职业教育轻化工类、生物技术类、食品类等专业的教材，还可作为相关科研院所实验技术人员的参考资料和相关企业该类技术工种的培训教材。

图书在版编目(CIP)数据

食品生物化学实训教程/张邦建,崔雨荣主编. —2 版. —北京:科学出版社,2015

"十二五"职业教育国家规划教材·经全国职业教育教材审定委员会审定
ISBN 978-7-03-043047-2

Ⅰ.①食… Ⅱ.①张…②崔… Ⅲ.①食品化学-生物化学-高等职业教育-教材 Ⅳ.①TS201.2

中国版本图书馆 CIP 数据核字(2015)第 012823 号

责任编辑:沈力匀 / 责任校对:马英菊
责任印制:吕春珉 / 封面设计:马晓希

科 学 出 版 社 出版
北京东黄城根北街 16 号
邮政编码:100717
http://www.sciencep.com
三河市骏杰印刷有限公司印刷
科学出版社发行　各地新华书店经销

*

2010 年 3 月第 一 版　　开本:787×1092 1/16
2016 年 1 月第 二 版　　印张:15 1/2
2016 年 1 月第一次印刷　字数:380 000
定价:**36.00** 元
(如有印装质量问题,我社负责调换〈骏杰〉)
销售部电话 010-62134988　编辑部电话 010-62135235 (VP04)

版权所有，侵权必究

举报电话:010-64030229;010-64034315;13501151303

第二版前言

《食品生物化学实训教程》是在原普通高等教育"十一五"国家级规划教材《食品生物化学实训教程》的基础上修订而成的。在编写过程中,编者总结了教学、科研及生产实践经验,查阅了大量相关资料,以食品工业生产所需知识为核心,以满足食品生物专业课程及生产需求为目标,以方便学生学习为出发点,在保留实训项目导引的基础上,把知识点、线更加简洁、条理化,将理论知识融入实训原理之中,改变了理论和实训相分立的局面。通过本书的引导,将课堂教学搬到实验室,真正实现"教、学、做"一体化的教学模式,增强教学效果。

本书由来自不同高校长期从事教学、生产一线,具有深厚理论基础和丰富教学实践经验的教师和企业高级技术人员参与编写工作,并吸收了行业专家、企业高级管理人员的意见和建议。由张邦建、崔雨荣担任主编,庞彩霞、魏元、李卿担任副主编。包头轻工职业技术学院侯建平教授担任主审。

参加本书编写的人员具体分工如下:包头轻工职业技术学院张邦建、魏元负责编写糖类,呼和浩特职业学院庞彩霞、内蒙古伊利乳业集团质量管理部许树琴负责编写脂类,包头轻工职业技术学院崔雨荣、内蒙古农业大学职业技术学院赵雪平负责编写蛋白质和酶,包头轻工职业技术学院张记霞、韩文清和成宇峰负责编写核酸,包头轻工职业技术学院王倩倩、内蒙古蒙牛乳业集团质量监督中心李卿负责编写维生素,魏元、庞彩霞同时负责编写水与矿物质,张邦建、张记霞也负责编写物质代谢,沈弘负责编写附录一至附录三。

本书编写过程中得到了教育部高等学校高职高专食品类专业教学指导委员会主任委员贡汉坤、副主任委员逯家富、委员江建军、王尔茂、莫慧萍、朱维军等老师和科学出版社沈力匀编审的悉心指导,谨在此表示衷心感谢。并对所参考书籍、资料(包括网上资料)、文献的作者,因难以一一鸣谢,在此一并致谢。

由于作者水平有限,书中不妥和疏漏之处在所难免,欢迎使用者批评指正。

第一版前言

为认真贯彻落实教育部《关于全面提高高等职业教育教学质量的若干意见》中提出的"加大课程建设与改革的力度，增强学生的职业能力"的要求，适应我国职业教育课程改革的趋势，我们根据食品行业各技术领域和职业岗位（群）的任职要求，以"工学结合"为切入点，以真实生产任务或/和工作过程为导向，以相关职业资格标准基本工作要求为依据，重新构建了职业技术/技能和职业素质基础知识培养两个课程系统。在不断总结近年来课程建设与改革经验的基础上，组织开发、编写了高等职业教育食品类专业教材系列，以满足各院校食品类专业建设和相关课程改革的需要，提高课程教学质量。

能承担普通高等教育"十一五"国家级规划教材《生物化学实训教程》的编写任务，是我们的光荣，同时也深感责任重大。针对当前生物化学及生物化学实训教材版本繁多，教材内容与高等职业教育实际教学脱离的现状，为了能编写出一本与实际教学紧密结合的教材，我们博采各家所长，特组织来自全国各高校长期从事教学、生产第一线，具有深厚理论基础和丰富实践经验的教师参与本书的编写工作。

本书突破原生物化学实验的固有体系，以实训项目作引导，按知识点、线循序渐进，将理论知识融入实训原理之中，实训内容按模块设置，彻底改变理论、实训相分立的局面，推进课程改革、教法改革，增强了理论联系实际的功能。

生物化学课作为应用专业技术基础课程，多年的教学经验使我们对传统的课堂教学模型产生了质疑，即使教师在课堂上将生物化学知识与生活、生产实际紧密联系，学生依旧茫然。为了便于学生的理解，调动学生主动学习的积极性，我们希望通过本书的引导，可以将课堂教学搬到实验室，以实现"教、学、做"一体化的模式。

考虑到全国举办食品类专业的高职院校较多，专业方向和定位上总有差别，一门课程在教学内容选取与课时安排上或有出入，我们采取了广泛取材、整体融合的技术处理，旨在兼容各家所需，也为轻化工类、生物技术类、食品类等专业选用教材提供了方便。

本书编写分工为：包头轻工职业技术学院崔雨荣编写了蛋白质实训模块，魏小雁编写维生素化学实训模块，韩文清、张记霞编写核酸化学实训模块，张邦建、张义华编写物质代谢实训模块，张邦建、沈弘编写了附录一、二、三，包头轻工职业技术学院崔雨荣和湖北生物科技职业学院向金梅编写酶化学实训模块，湖北生物科技职业学院吴芬编写脂类化学实训模块，广州轻工职业技术学院黄敏编写糖类化学实训模块。张邦建、崔雨荣任主编，韩文清任副主编，包头轻工职业技术学院教授侯建平任主审。

　　本书经教育部高职高专食品类专业教学指导委员会组织审定。在编写过程中，得到教育部高职高专食品类专业教学指导委员会、中国轻工职业技能鉴定指导中心的悉心指导、科学出版社的大力支持，谨此表示感谢。在编写过程中，参考了许多文献、资料，包括大量网上资料，难以一一鸣谢，在此一并感谢。

　　限于作者水平，试图改革创新，书中不妥和疏漏之处在所难免，欢迎使用者批评指正。

目　录

糖　类

背景知识

复习与回忆

有机化合物遍布自然界，人们的衣、食、住、行都和有机化合物密切相关。人体及其他生物体中存在的蛋白质、核酸等都是有机化合物。生物化学研究的基本物质也多为有机化合物，因此，这里对相关有机化合物的特点和性质进行复习与回忆。

一、有机化合物的定义与特点

有机化合物是指含碳化合物或碳氢化合物及其衍生物。组成有机化合物的元素较少，除 C 和 H 两种主要元素外，还有 O、N、P、S、卤素（F、Cl、Br、I）及某些金属元素等。尽管如此，有机化合物的数目却远远超过无机化合物。目前人类已知的有机化合物达 8000 多万种，而且结构比较复杂。

有机化合物与无机化合物在性质上有着不同的特性，过去人们常用有机化合物的这些特性来与无机化合物相区别。现将有机化合物的共同特性叙述如下：

（1）有机化合物一般可以燃烧，而大多数无机化合物不易燃烧。

（2）有机化合物的熔点较低，一般不超过 400℃，而无机化合物一般熔点较高，难以熔化。

（3）有机化合物大多难溶于水，易溶于非极性或极性小的溶剂，当然，也有一些有机化合物在水中有较大的溶解度。

（4）有机化合物反应速度较慢，通常通过加热或加催化剂提高反应速度，且副反应较多，而很多无机化合物溶液反应瞬间即可完成。

二、有机化合物的分类

有机化合物种类繁多，可分为烃和烃的衍生物两大类。根据有机化合物分子的碳架结构，还可分为开链（链状）化合物、碳环化合物和杂环化合物三类。根据有机化合物分子中所含官能团的不同，又分为烷、烯、炔、芳香烃和醇、醛、羧酸、酯等。

1. 按碳架结构分类

1）开链化合物

这类化合物分子中的碳原子相互连接成链状，因其最初是在脂肪中发现的，所以又叫脂肪族化合物。其结构特点是碳原子与碳原子间连接成不闭合的链。

2）碳环化合物

碳环化合物（含有完全由碳原子组成的环），又可分为脂环族化合物（在结构上可看成开链化合物闭环而成的）和芳香族化合物（含有苯环）两个亚类。

3）杂环化合物

这类化合物的环除含碳原子以外，还含有其他元素的原子，故叫做杂环化合物。

2. 按官能团分类

决定有机化合物化学性质的主要原子或原子团称为官能团或功能基。含有相同官能团的化合物，其化学性质基本相同。常见的有机化合物及官能团见表 1-1。

表 1-1 常见的官能团及相应化合物的类别

官能团名称	官能团	化合物
碳碳双键	C=C	烯烃
碳碳叁键	C≡C	炔烃
羟基	—OH	醇、酚
醚基	C—O—C	醚
醛基	—CHO	醛
羰基	$\overset{O}{\underset{\|}{C}}$	酮等
羧基	—COOH	羧酸
酰基	$R-\overset{O}{\underset{\|}{C}}-$	酰基化合物
氨基	—NH$_2$	胺
硝基	—NO$_2$	硝基化合物
巯基	—SH	硫醇、硫酚

三、有机化合物反应的基本类型

有机反应是指涉及分子中化学键的断裂及新的化学键的形成，同时生成新的分子的过程，分为自由基反应、离子型反应和协同反应。除此之外，若从反应物和产物之间的相互关系看，有机反应又可以分为以下几类。

1. 取代反应

取代反应即反应物的一个原子（团）被另一个原子（团）取代。取代反应可细分为亲核取代反应、亲电取代反应、自由基取代反应等。例如

$$CH_3CH_2—OH + HBr \xrightarrow{\triangle} CH_3CH_2—Br + H_2O$$

2. 加成反应

加成反应即反应物的不饱和键破裂的反应。加成反应涵盖卤化反应、水合反应、氢化反应和卤化氢加成等反应，主要类型包括亲电加成反应、亲核加成反应和自由基加成反应等。例如

$$CH\equiv CH + HCl \xrightarrow{催化剂} CH_2=CHCl$$

3. 消去反应

消去反应即从反应物分子中除去 2 个或几个原子（团）的反应。有机分子（醇/卤代烃）相邻两碳原子上脱去水/卤化氢分子后，2 个 C 原子均有多余价电子而形成新的共价键。例如

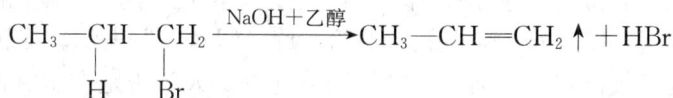

$$CH_3-\underset{\underset{H}{|}}{CH}-\underset{\underset{Br}{|}}{CH_2} \xrightarrow{NaOH+乙醇} CH_3-CH=CH_2\uparrow + HBr$$

4. 重排反应

重排反应即反应物分子的碳骨架结构发生重新组合的反应。

5. 氧化还原反应

氧化还原反应即反应物被氧化或还原的反应。常见的官能团氧化还原反应包括炔烃到烯烃、烯烃再到烷烃的还原，以及醇到醛、醛再到羧酸的氧化等。例如

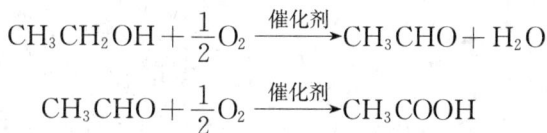

$$CH_3CH_2OH + \frac{1}{2}O_2 \xrightarrow{催化剂} CH_3CHO + H_2O$$

$$CH_3CHO + \frac{1}{2}O_2 \xrightarrow{催化剂} CH_3COOH$$

四、有机化合物结构的相关概念

1. 同系物

结构相似，在分子组成上相差一个或若干个—CH_2 原子团的物质，互称为同系物。

2. 同分异构现象

化合物具有相同的分子式，但具有不同的结构式的现象，叫做同分异构现象，具有同分异构现象的化合物互称为同分异构体。同分异构可分为构造异构和立体异构。

1）构造异构

构造异构是指分子式相同，但分子中原子的连接顺序或结合方式不同的现象，主要包括碳架异构、位置异构、官能团异构、互变异构 4 种。

2）立体异构

立体异构包括构型异构和构象异构两种。

构型是指分子中原子在空间的不同排布方式，构象是指仅仅由于分子中碳碳单键的旋转，而引起分子中各原子在空间的不同排布方式。构型异构包括以下 2 种：

（1）顺反异构。由于双键或环的存在使分子中某些原子或基团在空间排列位置不同而产生的，如果 2 个相同的基团在同一侧，则为顺式；在相反侧，则为反式。例如，如图 1-1 所示，顺-2-丁烯和反-2-丁烯，顺-1,4-二甲基环己烷和反-1,4-二甲基环己烷。

（2）对映异构。由于分子中含有手性碳原子（连有 4 个不同原子或基团），原子在空间的排列方式不同而使 2 个分子之间具有实物与镜像的关系，称为对映异构，如图 1-2 所示。

顺-2-丁烯　　　　反-2-丁烯　　　顺-1.4-二甲基环己烷　　反-1.4-二甲基环己烷

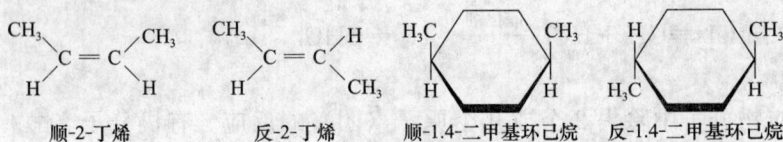

图 1-1　顺反异构体　　　　　　　　　　　　　　图 1-2　对映异构体

含有手性原子的物质才有对映异构体，才有旋光活性。能使偏振光振动平面向右旋转的叫右旋，用"＋"表示；向左旋转的叫左旋，用"－"表示。旋转的角度叫旋光度，通常采用旋光仪测定，并通过计算得到旋光率。人为规定右旋甘油醛为 D 构型，左旋甘油醛为 L 构型，其他化合物通过与甘油醛对照来确定构型。"D，L"表示的是构型，"＋，－"表示的是旋光方向，两者没有必然的联系，如图 1-3 所示。

构象异构是指由于围绕 σ 键旋转而产生的分子中原子或基团在空间不同的排布方式。如图 1-4 所示为 1-溴丙烷的全重叠构象和对位交叉构象：

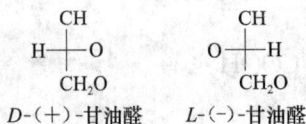

D-（＋）-甘油醛　　L-（－）-甘油醛　　　1-溴丙烷的全重叠构象　1-溴丙烷的对位交叉构象

图 1-3　甘油醛的 D，L 构型　　　　　　图 1-4　1-溴丙烷的构象异构体

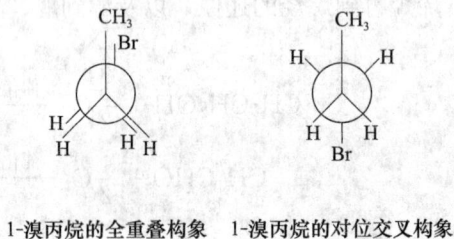

基础知识

一、糖类概述

1. 定义及分类

糖是一大类有机化合物，其化学本质为多羟基醛或多羟基酮类及其衍生物或多聚物，广泛分布于生物体内，其中以植物中的含量最多，为干重的 85%～95%，而在微生物和动物中分别占干重的 10%～30% 和 2%。糖是自然界最丰富的物质之一，为了学习和研究的方便，常根据糖类聚合程度的不同，将糖类分为单糖、寡糖、多糖及多糖衍生物四大类。其中，单糖是最简单的碳水化合物，不能再水解成更小单位，易溶于水，可直接被人体吸收利用；寡糖（又称低聚糖）指聚合度小于或等于 10 的糖类，按水解后所生成的单糖分子的数目，寡糖可分为二糖、三糖、四糖、五糖等，其中以二糖最为重要；多糖又称多聚糖，是由许多单糖分子结合而成的高分子化合物，聚合度大于 10。多糖一般无甜味，不溶于水。

2. 生理功能

糖类是生物体内重要的营养物质，其生理功能如下。

（1）提供和储存能量。

（2）构成组织及重要的生命物质。

（3）起到节约蛋白质的作用。

（4）具有解毒功能。

（5）提供膳食纤维。

二、单糖的结构及性质

常见的单糖为含有 3～6 个碳原子的多羟基醛或多羟基酮。按其分子中 C 原子数目的多少，单糖可分为丙糖、丁糖、戊糖和己糖等，其中以己糖和戊糖最为重要。

1. 单糖的构型及结构

由于单糖分子中含有多个手性碳原子，可形成多种立体异构体，并有 D 型和 L 型两种构型，而在自然界中的单糖都是以 D 型结构存在的。一般来说，含有不对称碳原子的化合物都有旋光性，其中能使偏振光平面发生顺时针旋转者，称为右旋，用"+"表示；发生逆时针旋转者，称为左旋，用"一"表示。

单糖结构的表示方法有直链结构式、环状结构式等形式，现以葡萄糖的结构为例来进行讨论。

1）葡萄糖的直链结构式

葡萄糖的分子式为 $C_6H_{12}O_6$，分子中存在多个不对称碳原子，可形成多种异构体。以甘油醛分子作为基准进行构型划分，可将葡萄糖划分为互为镜像关系的 D 型和 L 型两大类，其直链式结构如图 1-5 所示。

2）葡萄糖的环式结构式

葡萄糖的一些理化性质与其链式分子结构不符，如葡萄糖不具备醛类的某些典型反应。于是 1926 年 Haworth 提出用透视式表达葡萄糖的环状结构，故透视式也称哈沃斯式。它认为葡萄糖的醛基与分子中的羟基（—OH）可发生加成反应，分子环化为环状半缩醛结构式。醛基与 C_4—OH 成氧桥结合，形成五元环，也可与 C_5—OH 结合形成六元环。五元环和六元环分别与呋喃环和吡喃环相似，因此 D-葡萄糖有呋喃糖和吡喃糖之分，但由于六元环比五元环稳定，天然葡萄糖分子主要以吡喃环结构存在，如图 1-6 所示。

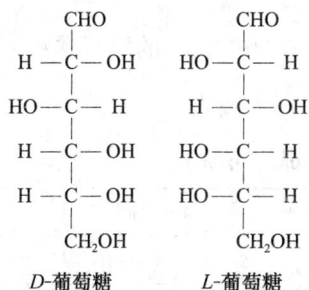

图 1-5　葡萄糖直链结构式　　　　图 1-6　D-葡萄糖的吡喃型结构式

葡萄糖分子内形成半缩醛后，半缩醛羟基有两种不同的排列方式，即 D-葡萄糖的羰基碳原子上的羟基如位于环平面下方，称为 α-型；羰基碳原子上的羟基如位于环平面上方，称为 β-型。由此产生了 α-型和 β-型两种异构体。

葡萄糖在水溶液中的存在形式主要以 α-型和 β-型环状结构为主，它们与链式之间的平衡关系如图 1-7 所示。

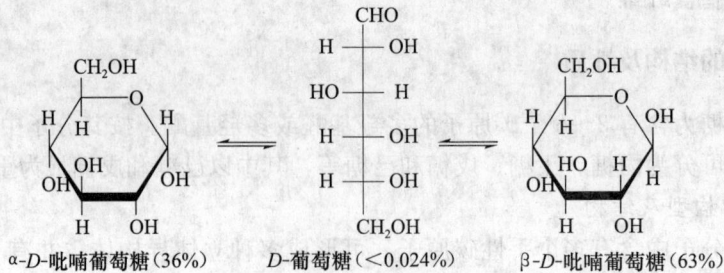

α-D-吡喃葡萄糖（36%）　　D-葡萄糖（<0.024%）　　β-D-吡喃葡萄糖（63%）

图 1-7　葡萄糖在水溶液中的存在状态

2. 单糖的理化性质

1）单糖的物理性质

（1）溶解度。单糖易溶于水，这是由于单糖分子中有许多羟基，增加了它的水溶性，尤其在热水中糖的溶解度极大，但不溶于乙醚、丙酮等有机溶剂。

（2）甜度。各种糖的甜度不同，通常用感官品评的方法测定，规定蔗糖的甜度为1，以此为基准，在同样条件下进行各种糖液的比较品评。

（3）旋光度和比旋光度。单糖分子都有不对称碳原子，其溶液具有旋光性，在一定条件下，测定一定浓度蔗糖溶液的旋光度，可以计算其比旋光度。每种糖都有特征性的比旋光度，据此可以鉴别糖的纯度。也可以在已知比旋光度的情况下，测定样品溶液的旋光度，进而求出纯溶质的浓度。

糖的旋光度一般以比旋光度 $[\alpha]_\lambda^t$ 来表示：$[\alpha]_\lambda^t = \dfrac{\alpha}{l \times c} \times 100$

式中：$[\alpha]_\lambda^t$——比旋光度；

α——旋光度值；

l——旋光管长，dm；

c——每 100mL 溶液中的样品质量，g。

比旋光度仅决定于物质的结构，因此，比旋光度是物质特有的物理常数。常见单糖的比旋光度见表 1-2。

表 1-2　常见单糖的比旋光度（20℃，钠光）

糖的种类	比旋光度	糖的种类	比旋光度	糖的种类	比旋光度
D-葡萄糖	+52.2	D-甘露糖	+14.2	D-半乳糖	+80.2
D-果糖	−92.4	D-阿拉伯糖	−105.0	D-木糖	+18.8

2）单糖的化学性质

（1）与碱的作用。单糖在弱碱作用下，会发生分子内重排，葡萄糖、果糖和甘露糖都可通过烯醇化而相互转化。在体内酶的作用下也能进行类似的转化，如图 1-8 所示。

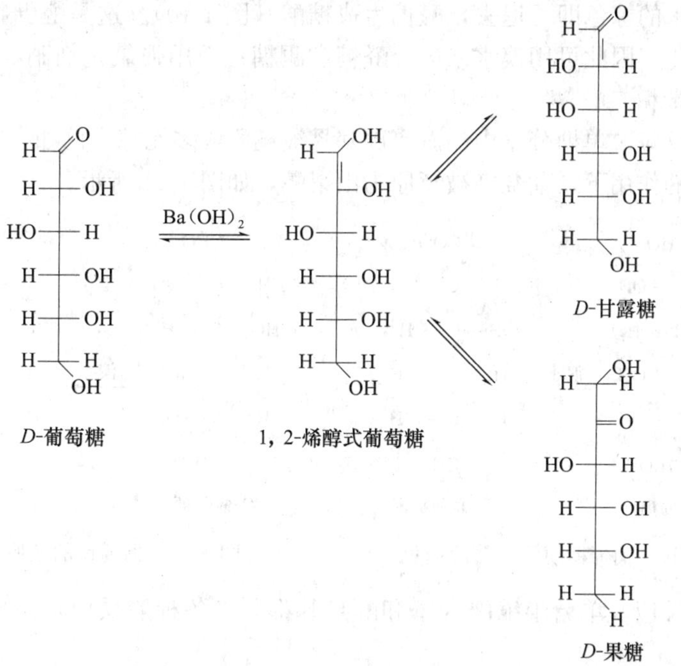

图 1-8 *D*-葡萄糖在稀碱液作用下的异构化

（2）氧化反应. 由于醛糖的醛基能氧化成羧基，酮糖在碱性溶液中可异构化为醛糖，参与氧化作用，所以单糖（包括醛糖和酮糖）可与菲林试剂（硫酸铜的碱性溶液）或班乃迪试剂作用，使二价铜离子被还原成红色的氧化亚铜沉淀（图 1-9），测得氧化亚铜的生成量即可得知溶液中的含糖量，这个反应常被用来进行糖的定性和定量测定。

$$CuSO_4 + 2NaOH \longrightarrow Cu(OH)_2 + Na_2SO_4$$

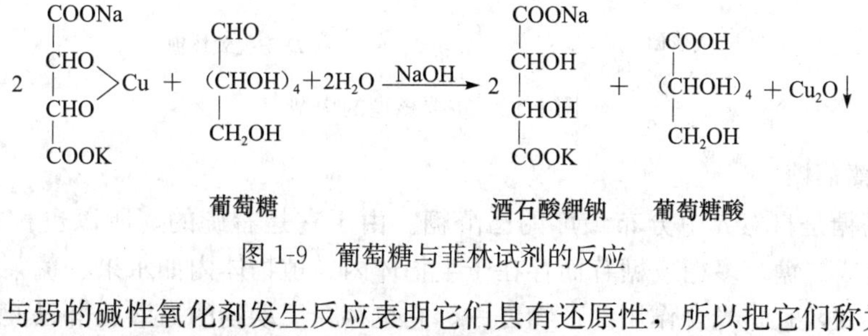

图 1-9 葡萄糖与菲林试剂的反应

单糖能与弱的碱性氧化剂发生反应表明它们具有还原性，所以把它们称为还原糖。

菲林反应和班乃迪反应可用作还原糖的检验，但不能区分醛糖和酮糖。当葡萄糖与弱氧化剂溴水作用时，溴水可把葡萄糖的醛基氧化为羧基，因此当在醛糖中加入溴水，稍加热后，溴水的棕色即可退去，醛糖生成糖酸（图1-10）。这是醛糖特有的反应，而酮糖则不被氧化，因此可用溴水来区分醛糖和酮糖；而用强氧化剂硝酸氧化葡萄糖时，会生成1,6-葡萄糖二酸。

（3）还原反应。单糖分子中的游离羰基易被还原成多元醇。例如，在钠汞齐及硼氢化钠类还原剂的作用下，葡萄糖被还原为山梨醇，如图1-11所示。

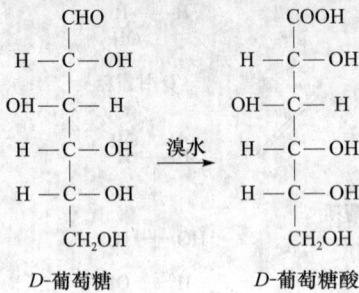

图1-10　葡萄糖使溴水溶液退色　　　图1-11　葡萄糖的还原反应

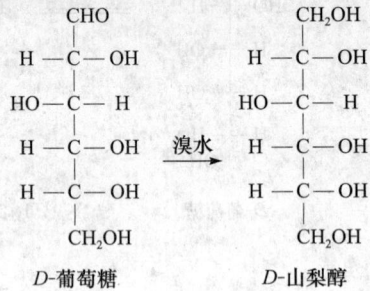

（4）酯化反应。单糖半缩醛羟基和醇羟基都可与各种酸反应，生成相应的酯类化合物。

（5）成苷反应。单糖的半缩醛羟基与醇或酚中的羟基脱水形成缩醛结构物质，称为糖苷，此类反应称为成苷反应。糖苷由糖和非糖部分组成，糖部分称为糖苷基，非糖部分称为糖配基，两者之间的化学键称为糖苷键。

3. 重要的单糖及其衍生物

1) D-核糖和D-2-脱氧核糖

核糖和脱氧核糖是生物体内极为重要的戊糖，常与磷酸及某些杂环化合物结合而存在于蛋白质中。它们是核糖核酸及脱氧核糖核酸的重要组分之一，其链式结构和环状结构表示如图1-12所示。

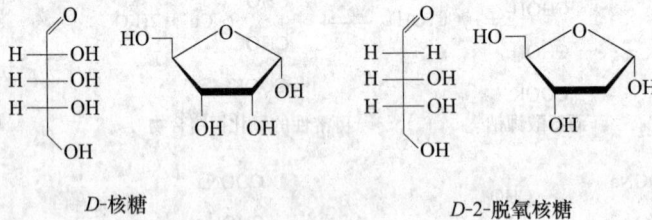

图1-12　重要核糖的构型

2) D-葡萄糖

D-葡萄糖是自然界中分布最广的己醛糖。由于它是右旋的，所以也称右旋糖。葡萄糖多结合成二糖、多糖或糖苷而存在于生物体内。植物体内如水果、蔬菜中也有游离的葡萄糖存在，它是光合作用的产物之一。它也存在于动物的血液、淋巴液和脊髓中。

葡萄糖在医药上用做营养剂，并有强心、利尿、解毒等作用。在食品工业中用于制作糖浆、糖果等。

3）D-果糖

D-果糖以游离态存在于果汁和蜂蜜中,是蔗糖的组成成分。在天然存在的糖中,果糖是最甜的一种。D-果糖的 $[\alpha]=-92°$,故又称为"左旋糖"。D-果糖可以形成半缩醛,也有变旋现象。果糖也可以形成磷酸酯,它是体内糖代谢的重要产物,在糖代谢中有着重要的地位。工业上用酸或酶水解菊粉来制取果糖。其构型如图 1-13 所示。

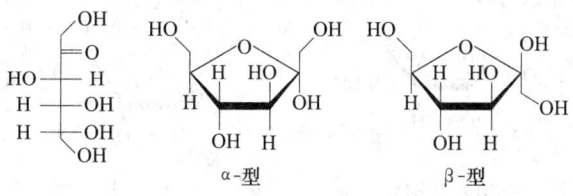

图 1-13　D-果糖的构型

4）D-半乳糖

D-半乳糖是乳糖的组成成分,也是组成脑髓的重要物质之一。它以多糖的形式存在于许多植物的种子或树胶中。另外,它的衍生物也广泛分布于植物界。其构型如图 1-14 所示。

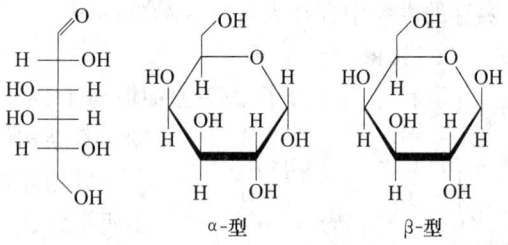

5）糖醇

常见的糖醇有甘露醇及山梨醇。甘露醇广泛分布于各种植物组织中,如海带。山梨醇在自然界中分布也很广,氧化时可形成葡萄糖、果糖或山梨糖。糖醇较稳定,有甜味,无还原性。

图 1-14　D-半乳糖的构型

三、寡糖

寡糖是由 2～10 个单糖通过糖苷键连接而成的缩合物,自然界中最重要的寡糖为二糖,它是由 2 分子单糖脱去 1 分子水缩合而成的糖,易溶于水。它需要分解成单糖才能被身体吸收。最常见的二糖是蔗糖、麦芽糖和乳糖。

1. 蔗糖

蔗糖是由 1 分子 α-D-葡萄糖与 1 分子 β-D-果糖通过 α,β-1,2-糖苷键连接而成的,是我们日常生活中最常食用的糖。白糖、红糖、砂糖都是蔗糖,其结构如图 1-15 所示。

从图 1-15 可看出,蔗糖分子中无自由的半缩醛羟基,故无还原性,称为非还原性糖。蔗糖具有右旋光性,水解后可产生等分子的 D-葡萄糖和 D-果糖,其旋光度分别为 +52.2° 和 -92.4°,两相抵消,水解液呈现左旋,与原来的蔗糖不同,故将蔗糖水解物称为转化糖。

蔗糖广泛分布在各种植物中,甘蔗中约含 26%,甜菜中含 20%,各种植物的果实中几乎都含有蔗糖。平时食用的白糖就是蔗糖,由甘蔗或甜菜提取而来。我国是世界上最早用甘蔗制糖的国家。蔗糖易结晶,易溶于水,而难溶于乙醇,熔点为 186℃,加热至 200℃ 可产生褐色焦糖。

2. 麦芽糖

麦芽糖因存在于麦芽中而得名。麦芽糖由 2 分子 α-D-葡萄糖缩水而成，其连接键为 α-1,4-糖苷键，其结构如图 1-16 所示。

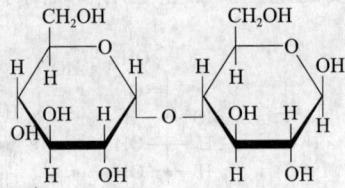

图 1-15 蔗糖的结构   图 1-16 麦芽糖的结构

麦芽糖是无色晶体且易溶于水，通常含 1 分子结晶水，熔点为 102℃。由于分子中含有自由的半缩醛羟基，故属还原性二糖，具有旋光性，其比旋光度为 +136°，并易被酵母发酵利用。在工业生产中，淀粉在淀粉酶的作用下，可产生大量的麦芽糖，这就是发芽的麦粒中存在大量麦芽糖的原因。

3. 乳糖

乳糖是由 1 分子 α-D-葡萄糖与 1 分子 β-D-半乳糖通过 β-1,4-糖苷键连接而成的二糖，其结构如图 1-17 所示。

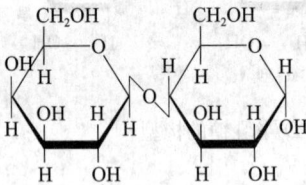

图 1-17 乳糖的结构

乳糖存在于哺乳动物的乳汁中，人乳中含 5%～8%，牛奶中含 4%～6%，有些水果中也含有乳糖。乳糖是含 1 分子结晶水的白色结晶性粉末，熔点 202℃，比旋光度为 +53.5°，甜度低。分子中含有自由的半缩醛羟基，属还原性二糖。绝大多数酵母菌不能发酵乳糖，但在 β-半乳糖苷酶的作用下可水解产生 2 分子单糖，从而被吸收利用。

四、多糖

多糖是由多个单糖以糖苷键连接而成的高聚物，在自然界中分布较广。常见的多糖有淀粉、纤维素、果胶等，按多糖分子组成特点可分为纯多糖和杂多糖两大类。纯多糖是指由一种单糖组成的多糖，如淀粉、纤维素、糖原等；杂多糖是指由一种以上的单糖及其衍生物残基组成的多糖，如各种形式的黏多糖、阿拉伯胶等。

多糖多数为无定型粉末，相对分子质量较大，无甜味；基本上无还原性，不溶于水，个别能与水形成胶体溶液；在酶的作用下，可逐步水解，其水解终产物为单糖。

1. 淀粉

淀粉是植物中主要的食用储藏物，是供给人类能量的主要营养素，主要存在于植物的根茎和种子中，是储存多糖。

1) 淀粉的组成及结构

淀粉是以淀粉颗粒的形式存在的。淀粉颗粒表层是由蛋白质、脂类等物质组成的膜，具有保护淀粉颗粒的功能，膜上有"轮纹"。不同作物的淀粉粒形状、大小和轮纹都不相同。淀粉膜内部包裹的是淀粉，天然淀粉有直链淀粉和支链淀粉两种。由于两种淀粉的结构不同，在淀粉颗粒内部，直链淀粉可形成排列有序的晶质区，而支链淀粉可形成无序排列的非晶质区。在植物组织中，直链与支链淀粉之比一般为（15～25）:（75～85），视植物种类与品种及生长时期的不同而异。

（1）直链淀粉。由 $\alpha\text{-}D\text{-}$吡喃葡萄糖基以 $\alpha\text{-}1,4$-糖苷键连接而成的线性大分子，链长为 250～300 个葡萄糖单位，其分子空间构象呈左手螺旋，每一回转为 6 个葡萄糖残基，残基上的游离羟基大都处于螺旋圈的内部，其结构如图 1-18 所示。

（2）支链淀粉。由 $\alpha\text{-}D\text{-}$吡喃葡萄糖基以 $\alpha\text{-}1,4$-糖苷键和 $\alpha\text{-}1,6$-糖苷键连接而成的有分支结构的大分子，相对分子质量可达 50 万～100 万。支链淀粉主链上每隔 8～9 个葡萄糖残基就有一个分支，$\alpha\text{-}1,6$-糖苷键处于分支点上，每一分支平均含 20～30 个葡萄糖残基，且都是卷曲的螺旋状，其结构如图 1-18 所示。

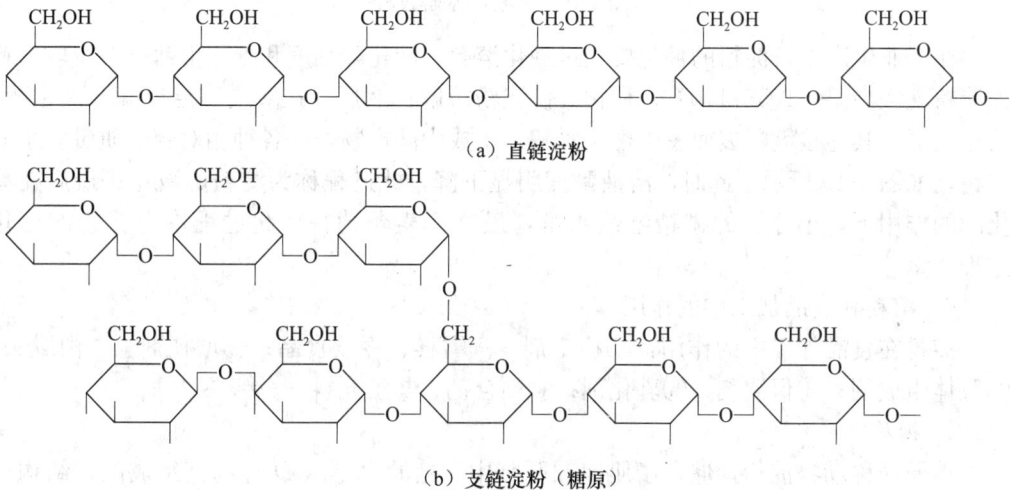

（a）直链淀粉

（b）支链淀粉（糖原）

图 1-18 直链淀粉和支链淀粉的结构

2）淀粉的性质

（1）淀粉的糊化。淀粉不溶于冷水，在搅拌的情况下，淀粉颗粒以悬浮液的形式分散于冷水中，形成"淀粉乳"。在适当的温度下，淀粉颗粒不断吸水膨胀，直至淀粉膜破裂，结晶区消失，淀粉分子溶解于水中，形成均匀糊状溶液的现象，称为淀粉的糊化。糊化作用的本质是淀粉颗粒中有序及无序态的淀粉分子间氢键断裂，淀粉分子分散在水中成为胶体溶液。

（2）淀粉的老化。淀粉溶液经缓慢冷却或经长期放置，会变成透明甚至产生沉淀的现象，称为淀粉的老化。其本质是淀粉分子，尤其是直链淀粉又恢复排列有序、高度结晶化的不溶解淀粉分子束状态。

（3）淀粉与碘的反应。淀粉与碘反应呈蓝色是因为淀粉可吸附碘分子进入淀粉螺旋圈的内部，形成淀粉-碘包合物。螺旋数目不同，吸附的碘分子数也不同，显出的颜色也不同（淀粉链长度超过 30 个葡萄糖分子时遇碘呈蓝色，13～30 个葡萄糖分子时呈紫色，8～12 个葡萄糖分子时呈红色，小于 6 个葡萄糖分子时无色）。例如，淀粉在水解过程中产生水解程度不同的糊精，可分别与碘反应呈红色、紫色和无色等，故在工业生产中，常用碘液法与无水酒精法检测淀粉的水解程度。

（4）淀粉的水解反应。淀粉分子很大，不能直接透过细胞膜进入细胞内。某些能利用淀粉的微生物，可以向细胞外分泌淀粉酶，把淀粉水解成葡萄糖后吸入细胞内做进一步降解。而另一些不能分泌淀粉酶的微生物，则必须用酸或其他来源的淀粉酶水解淀粉成葡萄糖后，再被细胞吸收利用。其水解过程如图 1-19 所示。

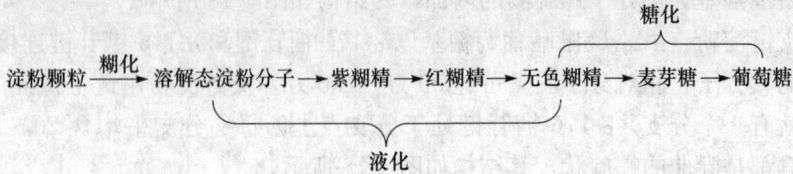

淀粉颗粒 —糊化→ 溶解态淀粉分子 → 紫糊精 → 红糊精 → 无色糊精 → 麦芽糖 → 葡萄糖

图 1-19　淀粉的水解过程

在工业生产中，淀粉的糖化要经过糊化溶解、液化降黏度和糖化生糖三个阶段。首先淀粉乳经高温（105～110℃）糊化，使淀粉溶解；然后，在酸或 α-淀粉酶（液化酶）的作用下，其连接键断裂而发生逐步水解，生成中间产物——各种相对分子质量较小的糊精，如图 1-19 所示。此时，溶液黏度明显下降，此过程称为淀粉的液化；最后在糖化酶的作用下，小分子的糊精继续水解，最终产生葡萄糖，此过程称为淀粉的糖化过程。

3）淀粉在食品加工中的作用

淀粉在食品加工中的作用：①稳定剂——雪糕、冷饮食品；②增稠剂——肉罐头；③胶体生成剂；④保湿剂；⑤乳化剂；⑥粘合剂；⑦填充料——糖果。

2. 糖原

糖原又称动物淀粉，储存于肌肉和肝脏中。糖原也是由 D-葡萄糖组成的，结构上与支链淀粉相似，只是相对分子质量要大得多，且分支密度比支链淀粉大。

糖原具有旋光性，无还原性，与红色糊精相似，溶于热水，遇碘呈红色。糖原的最终水解产物是 D-葡萄糖。在生物体内水解可产生 1-磷酸葡萄糖，异构成 6-磷酸葡萄糖后进入糖的酵解途径。

3. 纤维素与半纤维素

纤维素是自然界中最丰富的有机化合物，大量存在于植物细胞壁中，占植物总质量的 1/3 左右，占生物圈中有机化合物的 50% 以上，主要来源于棉花、麻、树木、野生植物等。它是由许多 β-D-葡萄糖分子以 β-1,4 糖苷键相连而成的没有分支的同多糖。微晶束相当牢固。

半纤维素大量存在于植物木质化部分，如秸秆、种皮、坚果壳等，是多聚戊糖和多聚己糖的混合物。

五、糖的供给量及食物来源

糖类是人类获取能量的最经济和最主要的来源，它们在体内大都用于提供能量。由于体内其他营养素可转变为糖类物质，因此很难明确规定糖的供给量。糖的供给量主要决定于饮食习惯、生活水平和劳动强度等，在我国每日膳食营养素摄入量的建议中，居民糖的摄入量应占膳食总能量的 $55\%\sim65\%$，其中精制糖占总能量的 10% 以下。此外，每天还应摄入一定量的含膳食纤维丰富的食物，以保障人体能量和营养素的需要及预防龋齿和改善胃肠道健康。

糖主要来源于植物性食物，粮谷类、薯类和根茎类食物中都含有丰富的淀粉。粮谷类一般含糖 $60\%\sim80\%$，薯类中含糖 $15\%\sim29\%$，豆类中含糖 $40\%\sim60\%$。单糖和双糖除一部分存在于水果、蔬菜等天然食物中外，绝大部分存在于加工后的食物中，如甜味水果、蜂蜜、蔗糖、糖果、甜食、糕点和含糖饮料等。各种乳及乳制品中的乳糖是婴儿最重要的糖类来源。

思考与复习

（1）什么是糖类？如何分类？有何重要的生物学功能？

（2）什么叫做还原性糖、非还原性糖？它们在结构上有什么区别？在常见的单糖、二糖及多糖中，哪些是非还原性糖？

（3）在糖的名称之前附有"D"或"L"、"$+$"或"$-$"以及"α"或"β"，它们有何意义？为什么葡萄糖具有旋光性？糖苷有无旋光性和还原性？为什么？

（4）人体能否水解纤维素？为什么？

（5）如何将二糖水解为单糖？通过什么方法可验证蔗糖已水解为单糖？

（6）有几种化学法可用于测定还原糖？

技能训练

实训项目举例

还原糖和总糖的测定

一、实训任务书

1. 学习目标

（1）通过查阅相关资料，能合理安排时间，设计还原糖和总糖测定的实训方案。

（2）通过查阅资料、小组讨论、教师指导，总结还原糖和总糖测定的实训方法，并能独立完成实训。

（3）了解 3,5-二硝基水杨酸法测定还原糖的基本原理。

（4）区分还原糖和总糖测定过程的异同，掌握具体的操作方法。

（5）出具完整的结果报告。

（6）在学与做的过程中培养团队协作精神，提高与人交往、合作的能力。

2. 实训任务

（1）能独立查阅专业文献，获取有效信息。

（2）能独立设计并完成整个实训过程。

（3）能正确理解实验原理。

（4）能及时总结实训中的不足和错误。

（5）掌握样品保存及预处理方法。

（6）能熟练并准确地计算结果。

（7）能准确配制所用的各种试剂。

3. 查阅资料

（1）还原糖和总糖的测定包括哪些内容？如何测定？

（2）还原糖和总糖测定的意义何在？

（3）3,5-二硝基水杨酸法测定还原糖的原理是什么？特点是什么？

（4）样品的预处理方法是什么？

二、实训程序

1. 实训方案实施过程

学生通过学习本项目实训方法以及查阅资料完成最优实训方案→小组讨论→教师点评→实训操作→总结。

2. 实训原理

利用糖的溶解度不同，可将植物样品中的单糖、二糖和多糖提取出来，再用酸水解法使无还原性的二糖和多糖彻底水解成单糖。利用单糖的还原性，在碱性条件下与3,5-二硝基水杨酸共热，3,5-二硝基水杨酸被还原为3-氨基-5-硝基水杨酸（棕红色），还原糖被氧化成糖酸及其他产物。在一定范围内，还原糖的量与棕红色物质的深浅程度成一定的比例关系，在540nm波长下测定棕红色物质的吸光值，查标准曲线并计算结果。

3. 样品、试剂与仪器

（1）样品：甘薯淀粉或玉米淀粉。

（2）试剂：

① 6mol/L HCl。

② 10% NaOH。

③ 6mol/L NaOH。

④ 3,5-二硝基水杨酸试剂（DNS）：将6.3gDNS和262mL 2mol/L NaOH加入到500mL含有182g酒石酸钾钠的热水溶液中，再加入5g结晶酚和5g亚硫酸钠，搅拌溶解，冷却后加水定容至1000mL，储存于棕色瓶中，7~10d后使用。

⑤ 葡萄糖标准溶液（1000μg/mL）：准确称取干燥恒重的葡萄糖100mg，置于烧杯中，加入少量水溶解后，定量转移到100mL容量瓶中，以蒸馏水定容至刻度，摇匀，置于冰箱中保存备用。

⑥ 碘试剂：称取5g碘和10g碘化钾，溶于100mL蒸馏水中。

⑦ 酚酞试剂：称取0.1g酚酞，溶于250mL 70%乙醇中。

（3）仪器：

① 电热恒温水浴锅。

② 分光光度计。

③ 试管（25mL×11）及试管架。

④ 玻璃漏斗。

⑤ 容量瓶（100mL×3）。

⑥ 量筒（10mL、100mL）。

⑦ 三角瓶（100mL×1）。

⑧ 烧杯（100mL×1）。

4. 操作步骤

1）标准曲线的绘制

取 7 支试管，编号后按表 1-3 加入试剂。

表 1-3　所需试剂加入量

管　号	0	1	2	3	4	5	6
葡萄糖标准溶液/mL	0	0.2	0.4	0.6	0.8	1.0	1.2
蒸馏水加入量/mL	2.0	1.8	1.6	1.4	1.2	1.0	0.8
3,5-二硝基水杨酸/mL	1.5	1.5	1.5	1.5	1.5	1.5	1.5

将各管中试剂摇匀，在沸水浴中加热 5min，取出冷却至室温后，再加入蒸馏水定容至 25mL，摇匀。在 540nm 波长下，用 0 号管调零，分别测 1～6 号管的吸光度。以吸光度为纵坐标，葡萄糖质量（mg）为横坐标，绘制标准曲线。

2）样品中还原糖和总糖的测定

（1）样品中还原糖的提取：称取甘薯淀粉 3.0g 放入 100mL 三角瓶中，先加入少量水调成糊状，再加约 50mL 水摇匀，置 50℃水浴保温 20min，使还原糖浸出，然后转移至 100mL 容量瓶中定容，经过滤的上清液用于还原糖的测定。

（2）样品中总糖的水解和提取：称取甘薯淀粉 1.0g 放入 100mL 三角瓶中，先加入 6mol/L HCl 10mL、水 15mL，搅匀后置于沸水浴中加热水解 30min，用碘试剂检查水解是否完全。水解完全的水解液冷却后加入 1 滴酚酞指示剂，用 6mol/L NaOH 调 pH 到中性（检测呈微红色），然后转移至 100mL 容量瓶中定容。过滤后，取 10mL 上清液稀释至 100mL，即为稀释 1000 倍的总糖水解液。

（3）还原糖和总糖的测定：取 6 支 25mL 试管，编号，按表 1-4 所示的量加入。其余操作均与绘制葡萄糖标准曲线时相同。

表 1-4　所需试剂加入量

管　号	还原糖测定管号			总糖测定管号		
	①	②	③	1	2	3
还原糖待测液/mL	2	2	2	0	0	0
总糖待测液/mL	0	0	0	1	1	1
蒸馏水/mL	0	0	0	1	1	1
3,5-二硝基水杨酸/mL	1.5	1.5	1.5	1.5	1.5	1.5

5. 注意事项

（1）提取还原糖时应控制水解温度和时间。

（2）标准曲线绘制与样品含糖量测定同时进行，一起显色和比色。

6．实训结果

1）实训结果记录

（1）测定标准曲线吸光度（表 1-5）。

表 1-5　标准曲线吸光度测定

管　号	0	1	2	3	4	5	6
葡萄糖浓度/(μg/mL)	0	200	400	600	800	1000	1200
吸光度 A							

（2）测定样品吸光度（表 1-6）。

表 1-6　样品吸光度测定

管　号	还原糖测定管号			总糖测定管号		
	①	②	③	1	2	3
吸光度 A						

2）数据处理

以管①、②、③的吸光度平均值和管 1、2、3 的吸光度平均值，分别在标准曲线上查出相应的还原糖毫克数，按下式计算出样品中还原糖和总糖的质量分数。

$$\omega_{还原糖}（以葡萄糖计）= \frac{c \times V}{m \times 1000} \times 100\%$$

$$\omega_{总糖}（以葡萄糖计）= \frac{c \times V}{m \times 1000} \times 100\%$$

式中：c——还原糖或总糖提取液的浓度，mg/mL；

　　　V——还原糖或总糖提取液的总体积，mL；

　　　m——样品质量，g；

　　　1000——mg 换算成 g 的系数。

思考与复习

（1）甘薯淀粉包括哪些糖类？

（2）影响测定结果的因素有哪些？

可选实训项目

实训一　焦糖的制作及食品非酶褐变程度的测定

1．实训目的

掌握焦糖的制作及食品非酶褐变程度的测定方法。

2. 实训原理

利用糖类热分解脱水的焦糖化反应和与氨基酸加热形成"类黑色素"的美拉德反应制作焦糖或发生非酶褐变生成褐色物质。由于非酶褐变的程度可由非酶褐变后产生物质的颜色深浅来表示，因此下面通过测定焦糖溶液在520nm下的吸光度，来测定食品非酶褐变的程度。

3. 样品、试剂与仪器

（1）样品：

① 25％葡萄糖溶液。

② 酱油。

（2）试剂：

① 20％甘氨酸溶液。

② 饱和赖氨酸溶液。

③ 25％谷氨酸钠溶液。

④ 10％盐酸溶液。

⑤ 10％氢氧化钠溶液。

（3）仪器：

① 试管（10mL×6）及试管架。

② 容量瓶（100mL、250mL）。

③ 移液管（1mL、2mL、10mL）。

④ 蒸发皿。

⑤ 玻璃棒。

⑥ 滴管。

⑦ 721型分光光度计。

⑧ 电子天平。

⑨ 恒温水浴锅。

⑩ 电炉。

4. 操作步骤

1）焦糖的制备（非酶褐变反应）

（1）称取葡萄糖25g放入蒸发皿中，加入1mL蒸馏水，在电炉上加热到150℃左右关掉电源。待温度上升至190～195℃，恒温10min左右，溶液呈褐色，稍冷后，加入少量蒸馏水溶解，冷却后定容至250mL，即得10％的焦糖溶液（a）。

（2）另称葡萄糖25g放入蒸发皿中，加入1mL蒸馏水，在电炉上加热到150℃左右关掉电源。加1mL酱油，再加热至180℃左右并恒温10min左右，溶液呈褐色，稍冷后，加入少量水溶解，冷却后定容至250mL，即得10％的溶液（b）。

（3）取三支试管，加入10％葡萄糖溶液和10％谷氨酸钠溶液各2mL。第一支试管加10％HCl 2滴，第二支试管加10％NaOH 2滴，第三支试管加蒸馏水2滴。将上述试管同时放入沸水浴中加热至沸腾，观察颜色变化。

（4）取三支试管，各试管均加入10％葡萄糖溶液2mL。第一支试管加入10％谷氨酸钠 2mL，第二支试管加入 10％赖氨酸 2mL，第三支试管加入 10％甘氨酸和赖氨酸各 1mL。将上述试管同时放入沸水浴中加热片刻，观察颜色变化。

2）非酶褐变程度的测定

（1）分别吸取 10％上述溶液（a）和（b）各 10mL，用蒸馏水稀释至 100mL，得 1％的溶液。吸取上述 1％的溶液，用分光光度计测定在 520nm 处的吸光度。

（2）观测酸碱度对颜色的影响及不同氨基酸对颜色的影响。

5. 注意事项

（1）在水浴中加热时，必须将容器绝大部分浸入水浴中，控制时间（15min）和温度（100℃或沸腾状），吸光度的测定要在 2h 内完成。

（2）用肉眼观测颜色变化时，以白色作为衬底，观察效果更佳。

6. 实训结果

将实训结果记录在表 1-7 中。

表 1-7　实训结果

待测焦糖溶液	吸光度 A
(a)	
(b)	

思考与复习

（1）不同酸碱度对颜色产生影响的原因有哪些？

（2）测定非酶褐变程度时有哪些注意事项？

实训二　淀粉糖浆的制备及其葡萄糖值的测定

1. 实训目的

掌握淀粉糖浆的制备及其葡萄糖值的测定方法。

2. 实训原理

淀粉糖是以淀粉为原料，通过酸或酶的催化水解反应制取的糖制品的总称，包括麦芽糖、葡萄糖、果葡糖浆等。

本实训利用 α-淀粉酶与糖化酶（葡萄糖淀粉酶）的协同作用来制备淀粉糖浆，前者随机水解 α-1,4-糖苷键，将高分子的淀粉切断成为短链糊精，后者迅速地把短链糊精中的 α-1,6 糖苷键和 α-1,4 糖苷键水解生成葡萄糖。

本实训采用菲林滴定法测定淀粉水解产品的还原力（RP）和葡萄糖值（DE）。DE 指用葡萄糖干基来表示还原糖的百分含量，如 DE 值为 42，表示淀粉糖浆中含 42％的葡萄糖。菲林滴定法是以亚甲基蓝作指示剂，利用淀粉糖溶液滴定已知量的混合菲林试剂，使 Cu^{2+} 全部被还原为 Cu^+，同时溶液的蓝色消失。

3. 样品、试剂与仪器

（1）样品：马铃薯淀粉。

（2）试剂：

① 液化型 α-淀粉酶（酶活力 6000 单位/g）。

② 糖化酶（酶活力 4～5 万单位/g）。

③ 菲林试剂 A：将五水硫酸铜（$CuSO_4 \cdot 5H_2O$）69.3g 加水溶解并定容至 1000.0mL。

④ 菲林试剂 B：四水合酒石酸钾钠（$KNaC_4H_4O_6 \cdot 4H_2O$）346.0g 和氢氧化钠（NaOH）100.0g，加水定容至 1000.0mL。若有沉淀，使用前要过滤。

⑤ 混合菲林溶液：将 100mL 菲林试剂 A 和 100mL 菲林试剂 B 倒入干燥试剂瓶中，并混合均匀。

⑥ 亚甲基蓝指示剂。

⑦ 0.6％D-葡萄糖标准溶液（0.6g 无水葡萄糖加水溶解并定容至 100mL）。

⑧ 5％Na_2CO_3 溶液。

⑨ 5％$CaCl_2$ 溶液。

（3）仪器：

① 烧杯（400mL）。

② 圆底烧瓶（250mL）。

③ 量筒（200mL）。

④ 移液管（1mL、10mL）。

⑤ 酸式滴定管（25mL）。

⑥ 搅拌器。

⑦ 恒温水浴锅。

⑧ 电炉。

4. 操作步骤

1）淀粉糖浆的制备

100g 淀粉置于 400mL 烧杯中，加水 200mL，搅拌均匀，配成淀粉浆。用 5％ Na_2CO_3 调节 pH 至 6.2～6.3，加入 2mL 5％$CaCl_2$ 溶液，于 90～95℃ 水浴中加热，并不断搅拌，淀粉浆开始糊化直至完全成糊。加入液化型 α-淀粉酶 60mg，不断搅拌使其液化，并使温度保持在 70～80℃。然后将烧杯移至电炉，加热到 95℃ 至沸，灭活 10min。过滤，滤液冷却到 55℃，加入糖化酶 200mg，调节 pH 至 4.5，于 60～65℃ 恒温水浴中糖化 3～4h（取样分析，控制 DE 约为 42），即为淀粉糖浆，若要浓浆，可进一步浓缩。

2）DE 的测定

（1）混合菲林试剂的标定。

① 吸取 25mL 混合菲林试剂加入烧瓶中，加入 18mL D-葡萄糖标准溶液，振荡后迅速升温，控制在 2min 左右的时间内沸腾，保持蒸汽充满烧瓶，以防止空气进入，沸腾持续 2min 后，加入 1mL 亚甲基蓝指示剂，用 D-葡萄糖标准溶液滴定至蓝色消失，记下耗用的总体积。

② 调整 D-葡萄糖初加量（＋0.3mL），其余步骤同上，但滴定过程要在 1min 之内完成，整个沸腾时间不超过 3min。记下耗用的体积。

③ 第三次滴定时，为达到时间上的要求，可再调整 D-葡萄糖初加量，其余步骤同上，终体积应在 $19\sim21\text{mL}$（若超出此范围，可适当调整菲林 A 液的浓度），重复操作，计算两次测定耗用的平均体积 V_1。

（2）样品的制备。

将样品混合均匀装入一个密封容器中，搅拌均匀。若表面有凝结，则除去表面凝结部分。

（3）样品的测定。

吸取 25mL 混合菲林试剂于烧瓶中，滴加 10mL 配好的样品，加热，使溶液在 2min 之内沸腾，并保持瓶内充满蒸汽，加 1mL 亚甲基蓝指示剂，再用样品液滴定至蓝色消失。如果在样品未加入任何指示剂时蓝色消失，那么就要降低样品液的浓度，重新滴定。记下耗用的体积 V_2（应不大于 25mL，如超过，就要增加样品溶液的浓度）。

5. 注意事项

（1）淀粉糖浆制备过程中，要严格控制 pH，以降低杂糖的生成量。

（2）整个滴定过程必须在沸腾状态下快速进行。

6. 结果计算

（1）样品大约还原力（g/100g，即 100g 样品中还原糖的质量）：

$$ARP=\frac{F\times100\times500}{V_2\times m_0}=\frac{300V_1}{V_2\times m_0}$$

式中：F——标定 25mL 混合菲林试剂所耗用的标准葡萄糖的量，g，为 $(0.6\times V_1)/100=0.006V_1$；

m_0——500mL 样品液中样品的质量，g；

V_1——标准葡萄糖液的耗用体积，mL；

V_2——滴定 25mL 混合菲林试剂所耗用样品液的体积，mL。

由于 V_1 与 V_2 相当，所以，$ARP\approx300/m_0$；那么估算样品质量 $m_0=300/ARP$。

称取 $m_0(\text{g})$ 样品，精确至 1mg，通过滴定确定样品中还原糖含量在 $2.85\sim3.15\text{g}$，并记下滴定所耗样品液的准确体积 V_2（应在 $19\sim21\text{mL}$），否则要调整样品浓度。

（2）样品还原力：

$$RP=\frac{300V_1}{V_2\times m}$$

式中：m——500mL 样品液中准确的样品质量，g；

其他同上。

（3）样品中的葡萄糖值（g/100g）：

$$DE=\frac{RP\times100}{DMC}$$

式中：RP——样品还原力，g；

DMC——样品中的干物质含量，%。

思考与复习

(1) 葡萄糖值的测定过程中有哪些注意事项?

(2) 为什么在样品测定过程中要保持沸腾,使蒸汽始终充满烧瓶?

实训三 食品中蔗糖含量的测定

1. 实训目的

掌握食品中蔗糖含量的测定方法。

2. 实训原理

样品脱脂后,用水或乙醇提取,提取液经澄清处理以除去蛋白质等杂质,再用盐酸进行水解,使蔗糖转化为还原糖。然后按还原糖测定方法分别测定水解前后样品液中还原糖的含量,两者差值即为由蔗糖水解产生的还原糖的量,即转化糖的含量,乘以换算系数 (0.95) 即为蔗糖的含量。

3. 样品、试剂与仪器

(1) 样品:含蛋白质样品、酒精性饮料、含大量淀粉的食品、汽水等含二氧化碳的饮料。

(2) 试剂:

① 盐酸 (1+1):量取 50mL 盐酸加水稀释至 100mL。

② 氢氧化钠溶液 (200g/L):称取 20g 氢氧化钠加水溶解后,冷却,并定容至100mL。

③ 甲基红指示液 (1g/L):称取甲基红 0.1g,用少量乙醇溶解后,定容至 100mL。

④ 碱性酒石酸铜甲液:称取 15g 硫酸铜 ($CuSO_4 \cdot 5H_2O$) 及 0.05g 亚甲基蓝,溶于水中并定容至 1000mL。

⑤ 碱性酒石酸铜乙液:称取 50g 酒石酸钾钠和 75g 氢氧化钠,溶于水中,再加入4g 亚铁氰化钾,完全溶解后,用水稀释至 1000mL,储存于橡胶塞玻璃瓶内。

⑥ 乙酸锌溶液 (219g/L):称取 21.9g 乙酸锌,加 3mL 冰乙酸,加水溶解并稀释至 100mL。

⑦ 亚铁氰化钾溶液 (106g/L):称取 10.6g 亚铁氰化钾,加水溶解并稀释至100mL。

⑧ 葡萄糖标准溶液 (1.0mg/mL):准确称取在 98~100℃烘箱中干燥 2h 后的葡萄糖1g,加水溶解后加入盐酸 5mL,并用水定容至 1000mL。每毫升此溶液相当于 1.0mg葡萄糖。

(3) 仪器:

① 酸式滴定管:25mL。

② 可调电炉:带石棉板。

4. 操作步骤

1) 样品处理

(1) 含蛋白质食品:称取 2.5~5g 固体样品 (吸取 5~25g 液体样品),精确至

0.001g，置于250mL容量瓶中，加50mL水，慢慢加入5mL乙酸锌溶液及5mL亚铁氰化钾溶液，加水至刻度，混匀。静置30min，用干燥滤纸过滤，弃去初滤液，滤液备用。

（2）酒精性饮料：吸取100g混匀后的样品，精确至0.01g，置于蒸发皿中，用氢氧化钠溶液（40g/L）中和至中性，在水浴上蒸发至原体积的1/4后，移入250mL容量瓶中，加50mL水，混匀。慢慢加入5mL乙酸锌溶液及5mL亚铁氰化钾溶液，加水至刻度，混匀。静置30min，用干燥滤纸过滤，弃去初滤液，滤液备用。

（3）含大量淀粉的食品：称取10～20g样品，精确至0.001g，置于250mL容量瓶中，加200mL水，在45℃水浴中加热1h，并时时振摇。冷却后加水至刻度，混匀，静置。吸取200mL上清液于另一250mL容量瓶中，慢慢加入5mL乙酸锌溶液及5mL亚铁氰化钾溶液，加水至刻度，混匀。静置30min，用干燥滤纸过滤，弃去初滤液，滤液备用。

（4）汽水等含有二氧化碳的饮料：吸取100g样品置于蒸发皿中，精确至0.01g，在水浴上除去二氧化碳后，移入250mL容量瓶中，并用水洗涤蒸发皿，洗液并入容量瓶中，再加水至刻度，混匀后备用。

2）酸水解

吸取两份50mL上述样品处理液，分别置于100mL容量瓶，向其中一份样品中加入5mL 6mol/L的盐酸，在68～70℃水浴中加热15min，取出于流动水下迅速冷却。冷后向溶液中加两滴甲基红指示剂，用氢氧化钠（200g/L）调至中性（由红变黄），加水至刻度，混匀。另一份直接加水稀释至100mL。

3）碱性酒石酸铜溶液的标定

（1）准确吸取碱性酒石酸铜甲液和乙液各5mL，置于250mL锥形瓶中，加水10mL，加玻璃珠3粒。

（2）从滴定管滴加约9mL葡萄糖标准溶液，加热使其在2min内沸腾，准确沸腾30s，趁热以1滴/2s的速度继续滴加葡萄糖标准溶液，直至溶液蓝色刚好退去。记录消耗葡萄糖标准溶液的总体积。平行操作3次，取平均值。按下式计算每10mL（甲液、乙液各5mL）碱性酒石酸铜溶液相当于葡萄糖的质量（mg）：

$$F = c \times V$$

式中：F——10mL碱性酒石酸铜溶液相当于葡萄糖的质量，mg；

c——葡萄糖标准溶液的浓度，mg/mL；

V——标定时消耗葡萄糖标准溶液的总体积，mL。

4）预测定

（1）吸取碱性酒石酸铜甲液和乙液各5mL，置于250mL锥形瓶中，加水10mL，加玻璃珠3粒，加热使其在2min内沸腾，准确沸腾30s，趁热以先快后慢的速度从滴定管中滴加样品溶液，滴定时要始终保持溶液呈沸腾状态。待溶液蓝色变浅时，以1滴/2s的速度滴定，直至溶液蓝色刚好退去。记录消耗样品溶液的体积。

（2）以同样的方式预测定另一份溶液。

5）测定

（1）吸取碱性酒石酸铜甲液和乙液各5mL，置于250mL锥形瓶中，加水10mL，加玻璃珠 3 粒，从滴定管中加入比预测时已水解样品溶液少 1mL 的样品溶液，加热使其在 2min 内沸腾，准确沸腾 30s，趁热以 1 滴/2s 的速度继续滴加样品溶液，直至溶液蓝色刚好退去。记录消耗样品溶液的总体积，平行操作 3 次，取平均值。

(2) 以同样的方法测定未水解的样品溶液。

5. 结果计算

(1) 试样中转化糖含量的（以葡萄糖计）计算：

$$R = \frac{A}{m \times \frac{50}{250} \times \frac{V}{100} \times 1000} \times 100$$

式中：R——试样中转化糖的质量分数，g/100g；

A——10mL 酒石酸铜溶液相当于转化糖的质量，mg；

V——滴定时平均消耗试样溶液的体积，mL；

m——样品的质量，g。

(2) 试样中蔗糖含量的计算：

$$X = (R_2 - R_1) \times 0.95$$

式中：X——试样中蔗糖的质量分数，g/100g；

R_1——转化前转化糖的质量分数，g/100g；

R_2——转化后转化糖的质量分数，g/100g；

0.95——转化糖（以葡萄糖计）换算为蔗糖的系数。

蔗糖含量 ≥ 10g/100g 时，计算结果保留 3 位有效数字；蔗糖含量 < 10g/100g 时，计算结果保留 2 位有效数字。

精密度：在重复性条件下获得的两次独立测定结果的绝对差值不得超过算术平均值的 10%。

6. 注意事项

(1) 为获得准确的结果，必须严格控制水解条件。取样品溶液的体积、酸的浓度及用量、水解温度和时间都不能随意改动，到达规定时间后应迅速冷却，以防止低聚糖、多糖及果糖分解。

(2) 用还原糖法测定蔗糖时，为减少误差，测得的还原糖含量应以转化糖表示。

(3) 滴定必须在沸腾条件下进行。

(4) 样品溶液必须进行预测定。

思考与复习

(1) 蔗糖水解的条件有哪些？

(2) 蔗糖水解的最终产物是什么？

(3) 为保证测定的准确性，样品水解过程中应注意哪些问题？

实训四　粗纤维含量的测定

1. 实训目的

掌握食品中粗纤维含量的测定方法。

2. 实训原理

纤维素是构成植物细胞壁的主要成分。纤维素与淀粉一样，也是由 D-葡萄糖构成的多糖，所不同的是纤维素是由 D-葡萄糖以 β-1,4-糖苷键连接而成的，分子无分支。纤维素的水解比淀粉困难得多，对稀酸、稀碱稳定，与较浓的盐酸或硫酸共热时，才能水解成葡萄糖。

样品脱脂后，经一定浓度的酸和碱处理后，可除去其中的糖类和蛋白质，再用乙醚或乙醇除去醚溶物，经高温燃烧去除矿物质，所得余量即为粗纤维。

3. 样品、试剂与仪器

（1）样品：粉碎麸皮。

（2）试剂：

① 硫酸溶液：(0.255 ± 0.005) mol/L，每 100mL 溶液含 1.25g 硫酸，用氢氧化钠标准溶液标定。

② 氢氧化钠溶液：(0.313 ± 0.005) mol/L，每 100mL 溶液含氢氧化钠 1.25g，用基准邻苯二甲酸氢钾标定。

③ 正辛醇：防泡剂。

④ 95％乙醇。

⑤ 无水乙醚。

⑥ 酸洗石棉：市售或自制中等长度酸洗石棉在 1∶3 盐酸中煮沸 45min，过滤后于 550℃灼烧 16h，用 (0.255 ± 0.005) mol/L 硫酸溶液浸泡且煮沸 30min，过滤，用水洗净；之后用 (0.313 ± 0.005) mol/L 氢氧化钠溶液煮沸 30min，过滤，用少量硫酸溶液洗一次，再用水洗净，烘干后于 550℃灼烧 2h 后备用。

（3）仪器：

① 电子天平。

② 恒温干燥箱。

③ 马弗炉。

④ 布氏漏斗及抽滤瓶。

⑤ 30mL 古氏坩埚：预先加入 30mL 酸洗石棉悬浮液，再抽干，以石棉厚度均匀、不透光为宜。

4. 操作步骤

（1）准确称取样品 1～2g，用无水乙醚脱脂后，移入 3 支带回流装置的 500mL 烧瓶内，加入煮沸的 200mL (0.255 ± 0.005) mol/L 硫酸及一滴正辛醇，连接回流冷凝管，立即加热使之沸腾，连续沸腾 30min，每隔 5min 摇动 3 支烧瓶一次，以充分混合。停止加热后，立即抽滤，以沸水洗涤残渣至洗液不呈酸性为止。

（2）用 200mL 煮沸的 (0.313 ± 0.005) mol/L 氢氧化钠溶液冲洗滤布上残存物至原 3 支烧瓶内，连接回流冷凝管，继续加热煮沸 30min，再经布氏漏斗抽滤，以沸水洗残渣至洗液不呈碱性为止。

（3）用蒸馏水将残渣移至铺有石棉的古氏坩埚上抽滤。用 15mL 乙醇洗涤残渣，待乙醇挥发后，将古氏坩埚和残渣放入烘箱，在 130℃下烘干 2h，称重。再于 550℃的马弗炉中灼烧 3h，于干燥器中冷却至室温后称重。

（4）按上述方法重复 3 次，恒重称量后求平均值。

5. 实训结果

1）数据记录

将实训数据记录在表 1-8 中。

表 1-8　数据记录表

样品号	1	2	3
130℃烘干后坩埚和残渣的质量 m_1			
550℃灼烧后坩埚和灰分的质量 m_2			

2）结果计算

计算公式如下：

$$粗纤维含量 = \frac{m_1 - m_2}{m} \times 100\%$$

式中：m——样品质量，g；

m_1——130℃烘干后坩埚和残渣的质量，g；

m_2——550℃灼烧后坩埚和灰分的质量，g。

6. 注意事项

若样品脂肪含量在 10% 以上，则必须脱脂后再进行粗纤维的测定。

思考与复习

（1）酸碱浓度对测定粗纤维有何影响？

（2）本实训结果的准确性、重复性取决于哪些因素？

实训五　果胶质含量测定（重量法）

1. 实训目的

掌握果胶质含量测定的方法。

2. 实训原理

根据结构和某些性质，果胶质分为水不溶性的原果胶及能溶于水的果胶酸和果胶酯酸。将这两类果胶质从样品中分别提取出来，加入氯化钙生成不溶于水的果胶酸钙，测其质量后换算成果胶的质量。

3. 样品、试剂和仪器

（1）样品：植物样品（干样或鲜样）。

（2）试剂：

① 0.05mol/L HCl。

② 0.1mol/L NaOH。

③ 1mol/L HAcO。

④ 0.1mol/L CaCl$_2$ 溶液。

⑤ 2mol/L CaCl$_2$ 溶液。

（3）仪器：

① 分析天平。

② 烧杯（1000mL×2，250mL×1）。

③ 量筒（500mL×1，50mL×1）。

④ 容量瓶（500mL×1，250mL×2）。

⑤ 玻璃漏斗 2 只。

⑥ 回流装置（250mL）1 套。

⑦ 吸管（10mL×2）。

⑧ 玻璃砂芯漏斗（1G2×2）。

⑨ 滤纸（11cm）。

4. 操作步骤

1）果胶质的提取

（1）总果胶物质。

① 新鲜样品：称取磨碎的样品 50g，置于 1000mL 烧杯中，加入 0.05mol/L HCl 400mL，在 80～90℃加热 2h，加热时随时补充蒸发损失的水分。冷却后，移入 500mL 容量瓶，加水定容。过滤，收集滤液并记录滤液体积。

② 干燥样品：称 60 目的干样 5g，置于 250mL 三角瓶中，加入加热至沸的 0.05mol/L HCl 150mL，连接冷凝器，加热回流 1h，冷却至室温，用水定容至 250mL，摇匀，过滤，收集滤液并记录滤液体积。

（2）水溶性果胶物质。

将样品研碎，新鲜样品准确称取 30～50g；干燥样品准确称取 5～10g。以 150mL 水将样品移入 250mL 烧杯中。加热至沸，保持沸腾 1h。加热时随时补足蒸发所损失的水分。最后把杯内物质全部移入 250mL 容量瓶内，加水定容。过滤，收集滤液并记录滤液体积。

2）测定

（1）吸取一定量滤液（其量应能生成果胶酸钙约 25mg），放入 1000mL 烧杯中。中和后，加水至 300mL，再加入 0.1mol/L NaOH 100mL，充分搅拌，放置过夜以皂化之（脱去甲氧基，生成果胶酸钠）。

（2）加入 1mol/L HAcO 溶液 50mL。5min 后，加入 0.1mol/L CaCl$_2$ 溶液 25mL，然后一边滴加 2mol/L CaCl$_2$ 溶液 25mL，一边充分搅拌，放置 1h。

（3）加热 5min，趁热以直径 11cm 的折叠滤纸过滤，用热水洗涤至不含氯化物。

（4）用热水把滤纸上的沉淀无损地洗入原烧杯中，加热煮沸数分钟，用已知质量的玻璃砂芯漏斗（1G2）过滤，在 105℃烘 1.5h 后称重。再放入烘箱继续干燥至恒重为止。

5. 注意事项

样品中存在果胶酶时，为了钝化酶的活性，可以加入热的 95％乙醇，使样品溶液的乙醇最终浓度调整到 70％以上。然后加热煮沸 1h，过滤后，以 95％乙醇洗涤多次，再以乙醚处理。这样可除去全部糖类、脂类及色素，最后提取果胶物质。

6. 实训结果

1）数据记录

将实训数据记录在表 1-9 中。

表 1-9　数据记录表

样品号	总果胶			水溶性果胶		
	1	2	3	1	2	3
样品处理滤液量/mL						
果胶质量（m_1-m_2）/g						

2）结果计算

结果计算有两种表示方式：

$$果胶酸钙 = \frac{(m_1-m_2) \times V}{V_1 \times m} \times 100\%$$

$$果胶酸 = \frac{0.9233 \times (m_1-m_2) \times V}{V_1 \times m} \times 100\%$$

式中：m_1——果胶酸钙质量和玻璃砂芯漏斗质量，g；

　　　m_2——玻璃砂芯漏斗质量，g；

　　　m——样品质量，g；

　　　V_1——用去提取液体积，mL；

　　　V——提取液总体积，mL；

　　　0.9233——由果胶酸钙换算成果胶酸的系数，果胶酸钙的实验式定为 $C_{17}H_{22}O_{16}Ca$，

　　　　　　　其中钙含量约为 7.67%，果胶酸含量约为 92.33%。

思考与复习

（1）在果胶质含量的测定实训中，如何减小实训误差？

（2）果胶质在实践中有哪些用途？

拓展知识

一、糖与食品加工技术的关系以及在食品工业中的应用

糖类与食品的加工、储藏关系十分密切。目前，糖类在食品工业中的应用主要有以下几个方面：

（1）食品所具有的甜味，大部分是由糖类引起的。

（2）还原糖能使食品发生褐变和焦糖化反应，在焙烤食品生产中，正是利用了糖的这一特性才使焙烤食品呈现出诱人的色泽和特殊的风味。

（3）在食品生产中，还可以通过调节糖的黏度来达到使食品增稠的目的，食品能保持黏性和弹性正是由于淀粉和果胶的作用。

（4）冰淇淋、雪糕类冷饮制品具有甜蜜、冰爽的口感，也是利用了糖可以使溶液冰点降低的原理。

（5）糖溶液具有抗氧化性，有利于保持水果的风味、颜色和维生素 C，不致因氧化反应而产生品质劣变。

糖还可以被特定的细菌发酵，形成乳酸，酸奶正是利用乳酸菌发酵乳糖制成的特殊口味和质地的产品。

1. 糖的甜度

一说到"糖"，人们往往会想到食物中的甜品。实际上，生物化学中的糖与日常生活的糖是两个不同的概念。不是所有的糖都有甜味；反过来，有甜味的物质也不一定都是糖。

一般来说，单糖、二糖有一定的甜味，多糖没有甜味。表 1-10 列出了部分常见糖的甜度系数。表 1-10 中以蔗糖为标准，设蔗糖甜度系数为 1。需要说明的是，甜度比较往往因个人口味而异，很难有一个准确的数值。

表 1-10　部分糖及糖的替代品的甜度系数

名　称	类　别	甜度系数
葡萄糖	单糖	0.75
果糖	单糖	1.75
乳糖	二糖	0.16
蔗糖	二糖	1.00
天冬甜素	合成品	1500
糖精	合成品	3500

天冬甜素　　糖精

图 1-20　糖的替代品

食品中常用的天冬甜素（阿斯巴甜）、糖精（图 1-20）等糖的替代品，实际上是合成的有机化合物，属于食品添加剂，称为甜味剂。这些甜味剂也有甜味，但没有营养，也不提供热量。如果长期食用这类甜味剂对健康可能造成不良影响。所以，这类糖的替代品应遵照国家添加剂使用标准慎用。

2. 褐变与糖

褐变对食品的质量有重要影响。有些食品正是利用褐变作用形成的品质特征，如酱油、茶叶等；有些食品一旦发生了褐变作用，品质就会下降，所以了解褐变作用是非常必要的。食品褐变按其发生的机制分为酶促褐变和非酶褐变两大类。

1）酶促褐变

酶促褐变是指多酚类物质在多酚氧化酶的作用下发生的一系列的氧化、聚合等作用，形成了大分子的褐色成分。酶促褐变主要发生在植物源食料中，当有多酚氧化酶和多酚类产物存在时，这类反应极易进行。例如，当苹果、马铃薯切片时就很容易看到这类反应的发生。

2）非酶褐变

非酶褐变是指食品中糖类成分在热的作用下，经过一系列的化学变化和聚合作用，生成大量有色成分的现象。就糖类而言，非酶褐变反应包括美拉德反应、焦糖化褐变及抗坏血酸褐变三种类型。

（1）美拉德反应。当还原糖与氨基化合物混合在一起加热时会形成褐色"类黑色素"，该反应称为羰氨反应，又称"美拉德反应"。非还原糖在不发生水解的条件下不会发生美拉德反应。自从人类开始烧烤食品以来，食品加工业就一直应用美拉德反应。除了传统食品外，现代食品工业生产中也有应用，如焙烤食品、咖啡等，美拉德反应为食品提供了可口的风味和诱人的色泽。

（2）焦糖化反应。在无氨基化合物存在下，糖类加热到其熔点以上，也会生成黑褐色的色素物质，这种作用称为焦糖化作用。热分解脱水作用主要引起左旋葡聚糖的形成或者在糖的环状结构中形成双键，后者可产生不饱和中间体，如呋喃环。共轭双键具有吸收光和产生颜色的特性，在不饱和环体系中，通常可发生缩合反应使之聚合，使食品产生色泽和风味。焦糖化作用若控制得当，可使产品得到悦人的色泽与风味。

（3）抗坏血酸褐变。柑橘类果汁在储藏过程中色泽变暗，放出二氧化碳，同时抗坏血酸含量降低，这是由抗坏血酸自动氧化而产生的褐变。其氧化有两种途径：有氧时，抗坏血酸被氧化形成脱氢抗坏血酸，再脱水形成2,3-二酮古洛糖酸，脱羧产生酮木糖，最终生成还原酮，极易参与美拉德反应的中间及最终阶段，此时抗坏血酸主要受溶解氧及上部气体的影响，分解反应相当迅速；当食品中存在比抗坏血酸氧化还原电位高的成分且无氧时，抗坏血酸会因失氢而被氧化，生成脱氢抗坏血酸或抗坏血酸酮式结构，在水参与下开环成2,3-二酮古洛糖酸，进一步脱羧、脱水生成呋喃醛或还原酮，从而参与美拉德反应，生成含氮的褐色聚合物或共聚物。

总之，糖类与我们的饮食密切相关，我们吃到的食品中几乎都有糖类，糖类作为食品生产加工必不可少的原料，必将创造出更多的精彩。

二、生化检测技术介绍：紫外-可见分光光度技术

分光光度技术是利用物质所特有的吸收光谱对物质进行定性或定量分析的一项技术。它具有灵敏度高、操作简便、快速等优点，是生物化学实训中常用的方法。

1. 分光光度技术的原理

许多物质的溶液具有颜色，有色溶液所呈现的颜色是溶液中的物质对光的选择性吸收所致。不同的物质由于其分子结构不同，对不同波长光的吸收能力也不同，因此具有其特有的吸收光谱。即使是相同的物质，由于含量不同，对光的吸收程度也不同。

利用物质对紫外-可见波段的光所特有的吸收光谱来鉴别物质或利用物质对这一波

长光的吸收程度来测定物质含量的技术，称为紫外-可见分光光度技术，所使用的仪器称为紫外-可见分光光度计，其原理基于朗伯-比尔定律。

1）朗伯-比尔定律

在一定的条件下，一束单色光通过吸收介质的溶液后，因吸收介质吸收部分光能，引起该单色光的强度降低。吸收介质的厚度和吸光物质的浓度与光强度降低的程度成正比，用公式表示：

$$A = KcL$$

式中：A——吸光值；

K——常数；

c——溶液浓度；

L——光程。

朗伯-比尔定律的意义：当一束单色光通过均匀溶液时，溶液对单色光的吸收程度与溶液浓度和液层厚度的乘积成正比。

2）朗伯-比尔定律的应用式

对标准溶液和待测溶液分别测定其吸光度，得 A_S 和 A_T，根据朗伯-比尔定律：

$$A_S = K_S c_S L_S$$
$$A_T = K_T c_T L_T$$

两式相除得：

$$\frac{A_S}{A_T} = \frac{K_S c_S L_S}{K_T c_T L_T}$$

由于同一类物质的 K 相同，且比色皿的厚度也相等，所以有 $K_S = K_T$，$L_S = L_T$，则朗伯-比尔定律的应用式如下：

$$\frac{A_S}{A_T} = \frac{c_S}{c_T}$$

$$c_T = \frac{A_T}{A_S} \times c_S$$

2. 分光光度技术的应用

利用分光光度技术对物质进行定量测定的常用方法如下。

1）标准管法

将待测溶液与已知浓度的标准溶液在相同条件下分别测定 A，然后按下式求得待测溶液中物质的含量：

$$c_T = \frac{A_T}{A_S} \times c_S$$

2）标准曲线法

朗伯-比尔定律常被用于测定有色溶液中物质的含量，其方法是先配制一系列浓度由小到大的标准溶液，分别测定它们的 A，以 A 为横坐标、浓度为纵坐标做标准曲线。在测定待测溶液时，操作条件应与制作标准曲线时相同，以待测液的 A 值从标准曲线上查出该样品的相应浓度。

3. 分光光度计

紫外-可见分光光度计的种类较多，型号各异，性能相差较远，但其结构基本相似，现以722型分光光度计为例加以说明。

1）主要部件

722型分光光度计的主要部件包括光源室、单色光器、试样室、光电池暗盒、电子系统及数字显色器等。

2）工作过程

如图1-21所示，由钨灯发出的连续辐射光经滤色片选择及聚光镜聚光后经入射光狭缝进入单色光器，进入单色光器的复合光通过平面反射镜反射及准直镜准直变成平行光射向色散元件光栅，光栅将入射的复合光通过衍射作用形成按照一定顺序均匀排列的连续单色光谱，此单色光重新回到准直镜上，由于仪器出射狭缝设置在准直镜的焦面上，这样从光栅色散出来的光谱经准直镜后利用聚光原理成像在出射狭缝上，通过调节与准直镜和光栅联动的波长调节旋钮，出射狭缝可选出指定带宽的单色光。单色光通过聚光镜落在试样室被测样品中心，一部分被吸收，一部分透过，透射光经光门射向光电池，产生光电流，光电流经检流计显示出来。

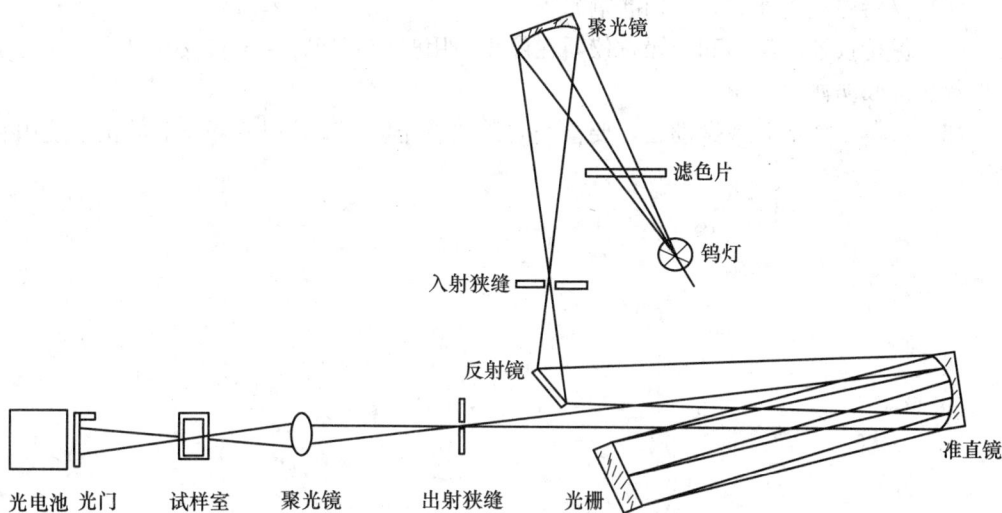

图 1-21 722型分光光度计光学系统图

3）波长的选择

朗伯-比尔定律只适用于单色光，不同颜色的溶液，吸收的单色光是不同的。因此，不同颜色的待测溶液，应选择不同波长的单色光。其选择原则是使被测溶液的单位浓度的吸光度变化最大，也即最容易被溶液吸收的波长。通常根据其光吸收曲线来选择最佳测定波长。

4）操作方法

（1）将灵敏度旋钮调至"1"挡。

（2）打开电源开关，接通电源。

（3）选择开关置于"T"，选择需要的波长。仪器预热 20min。

（4）打开试样室盖（光门自动关闭），调节"0"旋钮，使数字显示为"00.0"。将空白液、标准液和待测液分别装入比色皿中，使空白液对准光路。盖上试样室盖，调节透光率"100％"旋钮，使数字显示为"100.0"，如不显示"100.0"可适当增加灵敏度的挡数。

（5）吸光度 A 的测量：将选择开关置于"A"，调节吸光度调节旋钮，使数字显示"0.00"，然后将标准液和待测液分别推入光路，读取其吸光度。

（6）浓度 c 的测量：将选择开关由"A"旋置"c"，将标准液推入光路，调节浓度旋钮，使数字显示为标准液浓度，将待测液推入光路，读出被测样品的浓度值。

（7）比色完毕后，关闭电源开关，将比色皿冲洗干净，倒置于实验台上。

5）注意事项及维护

（1）使用仪器前，应先了解本仪器的结构和工作原理以及各个操作旋钮的功能。

（2）在未接通电源前，应对仪器进行检查，电源接地要良好，各个调节旋钮应在起始位置。放大器暗盒的硅胶如变红色应及时更换或烘干后再用。

（3）每台仪器所配套的比色杯不能与其他仪器上的比色杯调换。

（4）仪器停止工作时，应切断电源。

（5）保持仪器的清洁和干燥，仪器在停止使用时应用塑料套子将仪器罩住，在套子内放数袋硅胶防潮。

（6）仪器工作数月或搬动后，要检查波长和吸光度精度，以确保仪器的正常使用和精度。

脂　类

背景知识

复习与回忆

脂类是生物体内一大类微溶于水，能溶于有机溶剂（如氯仿、乙醚、丙酮、苯等）的重要有机化合物，是脂肪（俗称油脂）和类脂的总称。它是由脂肪酸与醇作用生成的酯及其衍生物，是动物和植物体的重要组成成分。脂类广泛存在于自然界，食物中常接触的是食用油脂。

食用油脂有两种存在形式，一种是从植物和动物中分离出来的"可见脂肪"，如奶油、猪油、花生油、葵花油、胡麻油、橄榄油等；另一种存在于食品中，如乳、大豆、肉以及菜籽中均含有油脂。

油脂是食品中重要的组成成分和人类不可或缺的营养素，具有重要的营养价值：它提供热量和必需脂肪酸；是风味物质的载体，能改善食品的风味；是脂溶性维生素的载体，赋予食品滑润的口感、光润的外观和油炸食品的香酥风味；塑性脂肪还具有造型功能等。

基础知识

一、脂类的分类及生理功能

1. 脂类分类

脂类根据其化学组成、结构的不同可分为脂肪和类脂两大类。

（1）脂肪。即甘油三酯（又称为脂酰甘油），它是由 1 分子甘油与 3 分子脂肪酸通过酯键相结合而成的。人体内脂肪酸种类很多，因此，可形成多种形式的甘油三酯，它是生物体重要的能源物质。1g 脂肪在体内完全氧化时可释放出 38kJ 热量，比氧化 1g 糖或蛋白质所放出的能量高 2 倍以上。脂肪组织是体内专门用于储存脂肪的组织，当机体需要时，脂肪组织中储存的脂肪可动员出来分解供给机体能量。此外，脂肪组织还可起到保持体温，保护内脏器官的作用。

（2）类脂。包括磷脂、糖脂和胆固醇及其酯三大类。磷脂是含有磷酸的脂类，包括由甘油构成的甘油磷脂和由鞘氨醇构成的鞘氨醇磷脂；糖脂是含有糖基的脂类。这三大类类脂是生物膜的主要组成成分，构成疏水性"屏障"，分隔细胞水溶性成分和细胞器，维持细胞的正常结构与功能。此外，胆固醇还是脂肪酸盐和维生素 D_3 以及类固醇激素合成的原料，对于调节机体脂类物质的吸收，尤其是脂溶性维生素（维生素 A、维生素 D、维生素 E、维生素 K）的吸收以及钙磷代谢等均起着重要作用。

2. 脂类的主要生理功能

（1）提供能量。

（2）起到保护和御寒作用。

（3）为脂溶性物质提供溶剂，促进人及动物体吸收脂溶性物质。

（4）提供必需的脂肪酸。

（5）构建生物膜。

（6）脂类作为细胞表面的物质，与细胞识别、免疫等密切相关。

（7）有些脂类还具有维生素和激素的功能。

二、脂肪的结构和性质

1. 脂肪的组成和结构

脂肪是由脂肪酸与甘油的三个醇羟基脱水缩合而形成的，其中三个脂肪酸可以是相同的，也可以是不同的。前者生成的酯称为简单甘油酯，后者生成的酯称为混合甘油酯，其结构通式如下：

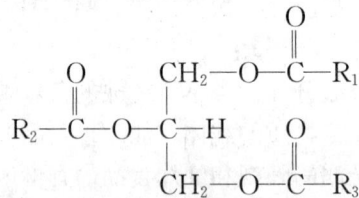

$$
\begin{array}{c}
\qquad\qquad\qquad\qquad\quad O \\
\qquad\qquad\qquad\qquad\quad \| \\
O \qquad\quad CH_2-O-C-R_1 \\
\| \qquad\qquad\qquad\qquad\quad \\
R_2-C-O-C-H \qquad\quad O \\
\qquad\qquad\qquad\qquad\quad \| \\
\qquad\qquad CH_2-O-C-R_3
\end{array}
$$

2. 脂肪酸的分类

脂肪酸是具有长碳氢链和一个末端羧基的有机化合物的总称。目前，从动植物及微生物中分离到的脂肪酸有 100 多种，它们之间的差别主要在于碳氢链的长度、饱和与否以及双键的数目与位置。

脂肪酸的分类方法较多。按脂肪酸分子中是否含有不饱和键可将脂肪分为饱和脂肪酸和不饱和脂肪酸两大类；按在动物体内合成与否，可分为非必需脂肪酸和必需脂肪酸，其中必需脂肪酸是指人和哺乳动物不可缺少但又不能合成的脂肪酸，必须从食物中摄取（如亚油酸、亚麻酸、花生四烯酸等）。

3. 脂肪的理化性质

1）物理性质

纯脂肪是无色、无味的，而天然脂肪往往带有一定的颜色和风味，这是由于存在色素物质和某些非脂成分。一般情况下，脂肪的相对密度小于1，并与其相对分子质量成反比。不饱和脂肪酸的甘油酯熔点较低，一般为 $-20\sim-1℃$，而饱和脂肪酸的甘油酯熔点较高，一般为 $30\sim40℃$，且随着碳原子数增加，熔点升高。

2）皂化与皂化值

当脂肪与酸或者碱共煮或经脂酶作用可发生水解。酸水解反应可逆，而碱水解反应不可逆。当用碱水解脂肪时，由于产物之一为脂肪酸盐类，即肥皂，故此反应称皂化。完全皂化 1g 脂肪所消耗的氢氧化钾的质量（mg）称为皂化价，它反映组成脂肪的脂肪酸相对分子质量的大小。

3）酸败和酸值

油脂在空气中暴露时间过久，由光、热或微生物的作用而产生难闻气味的现象称为酸败，其化学本质为油脂水解产生的脂肪酸被氧化为醛、酮、醇。氧化主要发生在脂肪酸的双键处。酸值是指中和 1g 油脂中游离脂肪酸所消耗的氢氧化钾的质量（mg），用来表示酸败程度。

4）卤化和碘值

油脂中的不饱和脂肪酸的双键可与卤素发生加成作用，生成卤代脂肪酸，这一作用称为卤化。碘值是指 100g 油脂所能吸收的碘的质量（g），用于表示脂肪酸的不饱和程度。

三、乳化作用

脂肪不溶于水，若加入另外一种物质（如肥皂、蛋白质、磷脂、胶质等），则可使脂肪以脂肪滴的形式均匀分散于水中或水以水滴的形式均匀分散于脂肪中形成均一、稳定的乳浊液，此过程称为乳化作用，加入的物质称为乳化剂。它是一种表面活性物质，能降低水/油两相界面的表面张力或增加水相的黏度使乳浊液稳定。乳化作用有水包油（O/W）和油包水（W/O）两种类型。

乳化剂之所以能起乳化作用，主要是由于分子中既具有亲水基又具有疏水基。例如，肥皂是高级脂肪酸的钠盐或钾盐（RCOONa 或 RCOOK），R 基为疏水基，—COONa 为亲水基，因而当肥皂与脂肪和水两相作用时，在脂肪滴上形成一个肥皂分子的薄膜，分子的疏水基一端朝向脂肪内，亲水基一端则朝向水中。由于每个脂肪滴表面都具有这样一层薄膜，因而降低了油/水间的界面张力，使乳浊液中的各个脂肪滴不直接接触，因而不能相互融合分层，而使乳浊液保持稳定。

四、常见的类脂

1. 磷脂

磷脂是含有磷酸基的复合脂类，可分为甘油磷脂和鞘氨醇磷脂。

1）甘油磷脂

甘油磷脂的通式如下（式中 X＝胆碱、乙醇胺、丝氨酸、肌醇等）：

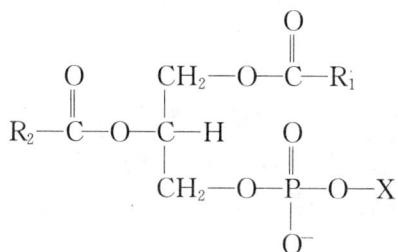

磷脂酰胆碱是甘油磷脂的代表，也称卵磷脂，其结构式如下：

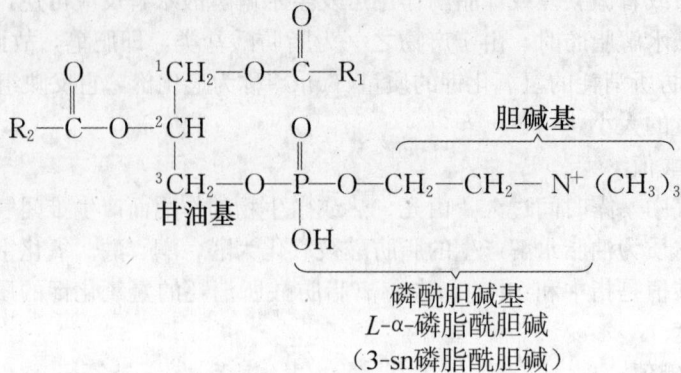

$$\begin{array}{c}
\text{CH}_2-\text{O}-\overset{\displaystyle O}{\overset{\|}{\text{C}}}-\text{R}_1 \\
\text{R}_2-\overset{\displaystyle O}{\overset{\|}{\text{C}}}-\text{O}-\text{CH} \\
\text{CH}_2-\text{O}-\overset{\displaystyle \text{O}}{\underset{\text{OH}}{\overset{\|}{\text{P}}}}-\text{O}-\text{CH}_2-\text{CH}_2-\text{N}^+(\text{CH}_3)_3
\end{array}$$

甘油基　　磷酰胆碱基　　胆碱基

L-α-磷脂酰胆碱
（3-sn磷脂酰胆碱）

磷脂酰胆碱具有较强的还原性，容易被氧化，易溶于乙醇、乙醚。分子中既含有极性基团，又含有非极性基团，是良好的乳化剂。

磷脂酰胆碱是重要的神经递质，传导神经冲动，具有预防脂肪肝的作用，同时又是生物体内的甲基供体。

2）鞘氨醇磷脂

由神经鞘氨醇、脂肪酸、磷酸、胆碱（或胆胺）各一分子组成，是一种不含甘油的磷脂。

鞘氨醇磷脂对光及空气皆稳定，可经久不变，不溶于丙酮、乙醚，而溶于热乙醇；可解离成两性离子型或带电荷的分子，也是良好的乳化剂。

2. 糖脂

糖脂是指糖通过半缩醛羟基以糖苷键与脂质结合所形成的化合物。糖脂在生物体分布甚广，但含量较少，仅占脂质总量的极少部分，通常制得的成品为白色结晶粉末，与水能形成稳定的乳浊液，随着糖基数的增加，变成透明的微胶粒溶液。鉴于脂质部分不同，糖脂可分为以神经鞘氨醇为共同成分的神经鞘氨醇糖脂和以甘油为共同成分的甘油糖脂两大类。前者主要是具有动物特征的糖脂，后者主要是具有植物和细菌特征的糖脂。大部分糖脂都是生物膜的主要组成成分，同时糖脂与细胞膜抗原、血型物质，以及相互识别、增殖控制等重要的膜机能有关。

3. 胆固醇和胆酸

胆固醇又称胆甾醇，是一种环戊烷多氢菲的衍生物。广泛存在于动物体内，尤以脑及神经组织中最为丰富，在肾脏、脾脏、皮肤、肝脏和胆汁中含量也较高。其溶解性与脂肪类似，不溶于水，易溶于乙醚、氯仿等溶剂。胆固醇是动物组织细胞所不可缺少的重要物质，它不仅参与形成细胞膜，而且是合成胆汁酸、维生素 D 以及甾体激素的原料。

胆酸是由动物胆囊合成、分泌的物质。胆汁酸是胆酸的衍生物。在肝脏中，胆汁酸的羧基与牛磺酸或甘氨酸连接，所形成的牛磺酸结合物或甘氨酸结合物是胆汁的主要成分。胆盐是这些结合物的钾盐或钠盐，是一种乳化剂，可促进脂肪的消化和吸收。

思考与复习

（1）脂类物质有哪些种类？脂类有什么生理功能？
（2）写出 5 种良好的脂肪溶剂。

技能训练

实训项目举例

油脂酸价的测定

一、实训任务书

1. 学习目标
通过学习与实训，了解测定油脂酸价的意义，掌握测定油脂酸价的原理和方法。

2. 实训任务
（1）选择植物油。
（2）熟练采用国标法测定油脂酸价。
（3）能对检测结果进行正确评价。

3. 查阅资料
（1）油脂酸败的现象及影响因素。
（2）油脂酸价的测定方法和常见油脂酸价的标准。
（3）测定油脂酸价的注意事项。

二、实训程序

1. 实训方案实施过程
学生通过学习本项目的实训方法以及查阅资料完成最优实训方案→小组讨论→教师点评→实训操作→总结。

2. 实训原理
油脂在空气中暴露过久，部分油脂会被水解产生游离脂肪酸和醛、酮等物质，这些物质具有刺激性气味，使油脂产生酸败。油脂酸败的程度是以水解产生的游离脂肪酸的多少为指标的，常以酸价（或酸值）来表示。油脂的酸价是指中和 1g 脂肪中游离脂肪酸所需氢氧化钾的毫克数。酸价是检验油脂的重要指标。食用植物油的酸价不超过 3。同一种油脂若酸价高，则说明油脂水解产生的游离脂肪酸多。酸价越高，油脂的质量就越差。

3. 样品、试剂与仪器
（1）样品：植物油。
（2）试剂：
① 中性乙醚-95％乙醇（2∶1）混合溶剂：临用前用 0.1mol/L KOH 标准溶液滴定

至中性。

②1%酚酞乙醇溶液。

③0.1mol/L KOH 标准溶液。

（3）仪器：

①1/1000 电子天平。

②25mL 碱式滴定管。

③250mL 锥形瓶。

④50mL 量筒。

4．操作步骤

（1）准确称取 3～5g（精确到 0.001g）植物油于 250mL 锥形瓶中，另取一个锥形瓶不加油脂做空白对照。

（2）在 2 个锥形瓶中加入中性乙醚-乙醇溶液 50mL，小心旋转摇动，使油样完全溶解成为透明溶液。

（3）加 2～3 滴酚酞指示剂，用 0.1mol/L 氢氧化钾标准溶液滴定至出现微红色并在 30s 内不退色为终点。记录消耗氢氧化钾的体积，并按公式计算酸价。

5．注意事项

（1）一定要做空白对照实验，且要求每组做 3 次平行测定，取其平均值，作为油脂酸价的最终结果。

（2）测定深色油的酸价，可减少试剂用量，或适当增加混合溶剂的用量，以百里酚酞或麝香草酚酞作指示剂，以使测定终点的变色明显。

（3）滴定过程中如出现浑浊或分层，表明由碱液带进的水过多，乙醇量不足以使乙醚与碱溶液互溶。一旦出现此现象，可补加 95% 的乙醇，促使均一相体系形成。

6．实训结果

1）数据记录

将实训数据记录在表 2-1 中。

表 2-1 数据记录表

试管号	空白	1	2	3
油样/g	0			
乙醚与乙醇混合液				
1%酚酞指示剂	2～3 滴旋转振动			
0.1mol/L 氢氧化钾标准溶液/mL				

2）结果计算

酸价（AV）可按下列公式计算

$$AV(\text{mg KOH/g 油}) = \frac{(V_2 - V_1) \times c \times 56.1}{m}$$

式中：V_1——滴定空白消耗 KOH 溶液体积，mL；

V_2——滴定试样消耗 KOH 溶液体积，mL；

c——标准氢氧化钾溶液的摩尔浓度，mol/L；

56.1——氢氧化钾的毫摩尔质量；

m——油样重，g。

思考与复习

(1) 测定油脂酸价时，装油的锥形瓶和油样中均不得混有无机酸，为什么？

(2) 为什么酸价的高低可作为衡量油脂好坏的重要指标？

可选实训项目

实训一 卵磷脂的制备及鉴定

1. 实训目的

(1) 熟悉从蛋黄中制备卵磷脂的原理。

(2) 熟悉旋转蒸发仪的使用方法。

2. 实训原理

利用卵磷脂可溶于乙醇的性质，将卵黄溶于乙醇中，使卵磷脂从卵黄中转移到乙醇溶液中，进而分离提取出来，而将蛋白质等某些杂质从沉淀物中除去。但由于乙醇溶剂抽提时，其他脂质也一起被抽提，如甘油三酯、甾醇等。利用卵磷脂不溶于丙酮的性质，用丙酮从粗卵磷脂溶液中沉淀磷脂，能使卵磷脂与其他脂质和胆固醇分离开来。无机盐和卵磷脂可生成络合物沉淀，因此可利用金属盐沉淀剂将卵磷脂从溶液中分离出来，由此除去蛋白质、脂肪等杂质，再用适当溶剂萃取出无机盐和其他磷脂杂质，这样可大大提高卵磷脂纯度。

3. 样品、试剂与仪器

(1) 样品：

① 新鲜鸡蛋。

② 卵磷脂对照品。

(2) 试剂：

① 10%氯化锌溶液。

② 2%氯仿溶液。

③ 无水乙醇。

④ 95%乙醇。

⑤ 0.1%乙醇。

⑥ 丙酮（冰）。

⑦ 甲醇。

⑧ 碘。

(3) 仪器：

① 离心机。

② 旋转蒸发仪。

③ 布氏漏斗。

④ 抽滤瓶。

⑤ 真空干燥箱。

⑥ 层析缸。

⑦ 紫外分光光度计。

⑧ 坩埚。

⑨ GF254 硅胶板。

4. 操作步骤

1）粗提

室温下，取适量的鸡蛋卵黄用 2 倍于卵黄体积的 95％乙醇进行提取，混合搅拌，离心分离（3000r/min，5min），将沉淀物重复提取 3 次，回收上清液；然后减压蒸馏（45℃）至近干，用少量石油醚洗下粘壁的黄色油状物质；加入丙酮，抽滤，分离出沉淀物，真空干燥（40℃，30min），得到淡黄色的粗卵磷脂，称重。

2）精制

取一定量的卵磷脂粗品，用无水乙醇溶解，得到约 10％乙醇粗提液，加入相当于卵磷脂质量 10％的氯化锌水溶液，室温搅拌 0.5h；分离沉淀物，加入适量冰丙酮（4℃）洗涤，搅拌 1h，再用丙酮复研洗，直到丙酮洗液为近无色止，得到白色蜡状的精卵磷脂；干燥；称重。

3）鉴定

薄层色谱分析：将卵磷脂样品与对照品分别配成 2％氯仿溶液，用 GF254 硅胶板进行层析，展开剂为氯仿∶甲醇∶水（65∶25∶4），层析完毕后，取出薄板，干燥，碘蒸气显色。

紫外吸收光谱测定：将一定量卵磷脂样品溶于无水乙醇，配成 0.1％乙醇溶液，用紫外分光光度计扫描其在 90～400nm 的吸收光谱，可测得卵磷脂的紫外最大吸收峰。卵磷脂紫外最大吸收峰波长在 215nm。

5. 注意事项

（1）碘蒸气显色时，应保证层析缸干燥，碘蒸气量不可过浓。

（2）紫外吸收光谱测定时样品与对照品溶液的浓度应相同。

思考与复习

（1）讨论影响卵磷脂得率的主要因素。

（2）为什么说卵磷脂是良好的乳化剂？

实训二　脂肪皂化价的测定

1. 实训目的

（1）了解脂肪皂化价测定的原理和方法。

（2）掌握皂化价的意义。

2. 实训原理

脂肪的碱水解称为皂化作用。皂化 1g 脂肪所需 KOH 的毫克数，称为皂化价。脂肪的皂化价与其相对分子质量成反比，因此，由皂化价的数值可知混合脂肪的平均相对分子质量。

3. 样品、试剂与仪器

（1）样品：脂肪（猪油、豆油等均可）。

（2）试剂：

① 0.5mol/L 氢氧化钾乙醇溶液。

② 0.5mol/L 盐酸标准溶液。

③ 1%酚酞乙醇溶液。

④ 丙酮（冰）。

⑤ 甲醇。

⑥ 碘。

（3）仪器：

① 分析天平（万分之一）。

② 250mL 锥形瓶。

③ 50mL 酸式滴定管。

④ 50mL 碱式滴定管。

⑤ 冷凝管。

⑥ 橡皮管。

⑦ 恒温水浴锅。

4. 操作步骤

（1）在分析天平上称取 1g 左右脂肪（准确至 0.001g），注入 250mL 锥形瓶中，加入 0.5mol/L KOH 乙醇溶液 50mL。

（2）接上冷凝管，在水浴锅上煮沸回馏 30～60min，煮至溶液清澈透明后，停止加热。皂化完毕，取下锥形瓶，冷至室温，加 2 滴 1%酚酞指示剂，用 0.5mol/L 盐酸溶液滴定至红色消失为止，记录盐酸的用量。

（3）同时进行空白实验，除不加脂肪外，其余操作同上，记录空白实验盐酸的用量。

5. 注意事项

每个样品做两个平行样，实训结果允许偏差不超过 1.0mgKOH/g，求其平均值，即为测定结果。测定结果精确到小数点后一位。

6. 实训结果

1）数据记录

将实训数据记录在表 2-2 中。

表 2-2 脂肪皂化价测定记录表

管号	0	1	2	3
脂肪/g	0	1	1	1
0.5mol/L KOH 乙醇溶液/mL	50	50	50	50
回馏	煮沸回馏 30～60min			

续表

管号	0	1	2	3
1%酚酞指示剂	2滴			
0.5mol/L 盐酸溶液/mL				

2）结果计算

皂化价按下列公式计算：

$$皂化价(mgKOH/g\ 油) = \frac{(V_2 - V_1) \times 0.5 \times 56.1}{m}$$

式中：V_1——滴定试样用去的 0.5mol/L 盐酸溶液体积，mL；

V_2——滴定空白对照用去的 0.5mol/L 盐酸溶液体积，mL；

0.5——盐酸溶液的当量浓度；

m——试样质量，g；

56.1——氢氧化钾的毫克当量。

思考与复习

(1) 皂化反应中 KOH 起什么作用？

(2) 乙醇在皂化过程中起什么作用？

实训三　食品中粗脂肪含量的测定

1. 实训目的

(1) 了解索氏抽提法测定脂肪的原理与方法。

(2) 掌握索氏抽提法的基本操作要点及影响因素。

2. 实训原理

利用脂肪能溶于有机溶剂的性质，在索氏提取器中将样品用无水乙醚或石油醚等溶剂反复萃取，提取样品中的脂肪后，蒸去溶剂，所得的物质是脂类的混合物，故称粗脂肪。

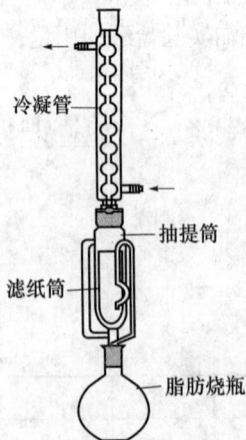

图 2-1　索氏提取器

3. 样品、试剂与仪器

(1) 样品：油料作物种子。

(2) 试剂：无水乙醚（不含过氧化物）或石油醚（沸程 30～60℃）。

(3) 仪器。

① 索氏提取器（图 2-1）。

② 电热恒温鼓风干燥箱。

③ 干燥器。

④ 恒温水浴箱。

⑤ 滤纸筒。

4. 操作步骤

1）样品处理

固体样品：准确称取均匀样品 2～5g（精确至 0.01mg），装入滤纸筒内。

液体或半固体：准确称取均匀样品 5～10g（精确至 0.01mg），置于蒸发皿中，加入海砂约 20g，搅匀后于沸水浴上蒸干，然后在 95～105℃下干燥。研细后全部转入滤纸筒内，用沾有乙醚的脱脂棉擦净所用器皿，并将棉花放入滤纸筒内。

2）洗涤仪器并烘干

将索氏提取器各部位充分洗涤并用蒸馏水清洗后烘干。脂肪烧瓶在（103±2）℃的烘箱内干燥至恒重（前后 2 次称量差不超过 2mg）。

3）抽提

将滤纸筒放入索氏提取器的抽提筒内，连接已干燥至恒重的脂肪烧瓶，由提取器冷凝管上端加入乙醚或石油醚至瓶内容积的 2/3 处，通入冷凝水，将底瓶浸没在水浴中加热，用一小团脱脂棉轻轻塞入冷凝管上口。

抽提温度的控制：水浴温度应控制在使提取液在每 6～8min 回流一次为宜。

抽提时间的控制：抽提时间视试样中粗脂肪含量而定，一般样品提取 6～12h，坚果样品提取约 16h。提取结束时，用毛玻璃板接取一滴提取液，如无油斑则表明提取完毕。

4）称量

取下脂肪烧瓶，回收乙醚或石油醚。待烧瓶内乙醚仅剩下 1～2mL 时，在水浴上赶尽残留的溶剂，于 95～105℃下干燥 2h 后，置于干燥器中冷却至室温，称量。继续干燥 30min 后冷却称量，反复干燥至恒重（前后两次称量差不超过 2mg）。

5. 注意事项

（1）抽提剂乙醚是易燃、易爆物质，应注意通风并且不能有火源。

（2）样品滤纸筒的高度不能超过虹吸管，否则上部脂肪不能提尽而造成误差。

（3）样品和醚浸出物在烘箱中干燥时，时间不能过长，以防止极不饱和的脂肪酸受热氧化而增加质量。

（4）脂肪烧瓶在烘箱中干燥时，瓶口侧放，以利于空气流通。而且先不要关上烘箱门，于 90℃以下鼓风干燥 10～20min，驱尽残余溶剂后再将烘箱门关紧，升至所需温度。

（5）乙醚若放置时间过长，会产生过氧化物。过氧化物不稳定，当蒸馏或干燥时会发生爆炸，故使用前应严格检查，并除去过氧化物。

（6）反复加热可能会因脂类氧化而增重，质量增加时，以增重前的质量为恒重。

6. 实训结果

1）数据记录

将实训数据记录在表 2-3 中。

表 2-3　数据记录表

样品的质量 m/g	脂肪烧瓶的质量 m_0/g	脂肪和脂肪烧瓶的质量 m_1/g			
		第一次	第二次	第三次	恒重值

2）结果计算

样品中粗脂肪的质量分数用下式计算：

$$X = \frac{m_1 - m_0}{m} \times 100\%$$

式中：m——样品的质量，g；

m_0——脂肪烧瓶的质量，g；

m_1——脂肪和脂肪烧瓶的质量，g。

思考与复习

（1）简述索氏提取器的提取原理及应用范围。

（2）潮湿的样品可否采用乙醚直接提取？为什么？

（3）使用乙醚作脂肪提取溶剂时，有哪些应注意的事项？为什么？

拓展知识

一、脂质与食品加工技术的关系以及在食品工业中的应用

1. 油脂热分解及油炸过程中的化学变化

食品油炸时，水分不断从食品中释放到热油中，相当于水蒸气蒸馏，将油中挥发性氧化产品带走。释放出来的水分起到搅拌油与加速水解的作用，在油表面形成蒸汽层可以减少氧化作用所需的氧量。

油炸过程中，食品自身或食品与油相互作用产生一些挥发性物质，如马铃薯中硫化合物与吡嗪衍生物，在深度油炸过程中，食品吸收不同量的油，以快速达到稳定状态。食品自身也能释放一些内在的脂肪（如鸡的脂肪）到油炸的脂肪中，因此新混合脂肪的氧化稳定性与原有的油炸脂肪就大不相同了，而食品的存在也加快了油变暗的速率。

1）脂肪在高温下的反应

脂肪在高温下除聚合、缩合、水解、氧化等化学反应外，还有热分解反应，金属离子如 Fe^{2+} 的存在可催化热解。所以，食品工业要求控制油温在150℃左右，并且油炸油不宜长期连续使用。

油脂加热后，黏度增大，逐渐由稠变胨以至凝固，同时油脂起泡性也增加（由加热聚合引起）。油脂的聚合分为热聚合和热氧化聚合。

2）油脂在油炸过程中产生的化合物

（1）挥发性化合物：饱和与不饱和醛、酮、烃、内酯、醇、酸、酯等化合物。

（2）中等挥发性非聚合的极性化合物：羟基酸和环氧酸由各种不同氧化途径形成的化合物。

（3）二聚酸和多聚酸以及二聚甘油酯和多聚甘油酯：使油脂黏度明显增大。

（4）游离脂肪酸：三酰基甘油在有水和加热条件下水解产生游离脂肪酸。

2.电离辐射对脂肪的影响

1）辐解产物

油脂辐解主要决定于原来油脂的脂肪酸组成，天然脂肪或脂肪酸及其衍生物在无氧和不同剂量的辐射条件下所产生的挥发性产物有烃、醛、甲酯、乙酯以及游离脂肪酸。在有氧条件下，辐射会加速脂肪的自动氧化过程。

2）辐射与热效应的比较

脂肪辐解产生的许多化合物与加热形成的产物有些相似。但加热形成的分解产物比辐射形成的多得多。辐射可引起脂溶性维生素部分破坏，以生育酚（维生素 E）最为敏感。

二、生化检测技术介绍：气相色谱层析

气相色谱法（gaschromatography）是基于色谱柱（column）分离样品中各组分，检测器连续响应，同时对各组分进行定性、定量的一种分离分析方法，所以气相色谱法具有分离效率高、灵敏度高、分析速度快、应用范围广、样品用量少、易自动化等优点。

气相色谱层析是以气体作为流动相对混合组分进行分离分析的柱色谱方法之一。根据所用固定相状态的不同分为气-固色谱（GSC）和气-液色谱（GLC）。

基本原理：混合样品的气流通过固定相时，根据各组分对固定相的吸附强弱不同使不同成分得到分离。

1）气相色谱仪的基本部件

（1）载气系统。载气系统包括气源、气体净化、气体流速控制和测量。常用的载气主要有氮、氩、氢和二氧化碳等。这些气体一般都由高压气瓶供给。

（2）进样系统。进样系统包括进样器、汽化室。气相色谱仪可以用于分离固相、气相和液相标本。液相标本采用微量注射器穿过橡皮隔片注入，气相标本采用特种气相注射器注入。

（3）色谱柱及加热炉。色谱柱一般由金属或玻璃制成，通常采用的柱长为 2～4m，内径为 2mm，毛细管柱长度可达 20～150m，内径为 0.2mm。

载体一般采用惰性、多孔的固体颗粒，多由硅藻土或玻璃珠制成，用于分析不同极性的化合物。为了获得最适的分离条件，要求有不同固定相的载体。目前比较常用的载体有聚乙二醇（CarbOwax 20M）、FFAP（聚乙二醇 20mol/L 和 2-硝基对苯二甲酸的反应产物）、OV-17（苯基甲基硅酮）、OV-210、SE-30（甲基硅酮）、Chromosorb G（白色硅藻土载体）等。柱加热炉在温度控制上有重要作用。

（4）检测系统。检测系统包括检测器和控温装置。

（5）数据处理装置。数据处理装置包括放大器、记录仪、数据处理计算机、工作站。

2）实验条件的选择

（1）色谱柱的选择。要注意极性及最高使用温度，柱温不能超过最高使用温度。固定相按极性相似的原则选择。色谱柱的内径大小、长度都能影响分离率。一般而言，内

径越小，长度越长，分离效果越好，一般柱长为 1～5m（毛细管柱长为 20～100m）。

填充剂颗粒一般采用 40～60 目、60～80 目及 80～100 目大小。长柱子宜用粒度大些的颗粒，以减少柱压降，短柱子则用粒度小的颗粒。

气相色谱中固定液的含量对分离效率的影响较大。一般采用固定液与载体质量之比为（15∶100）～（25∶100）。采用高灵敏度的检测器，由于进样量减少，固定液含量可以降至 5∶100 以下。这样可以使用较低柱温，从而提高柱效，缩短分析时间。但固定液用量太少会引起吸附。

（2）柱温选择。柱温选择对分离度影响很大，常是条件选择的关键。选择的基本原则是：在使最难分离的组分有尽可能好的分离度的前提下，尽可能采取较低温度，但以保留时间适宜及不拖尾为度。

① 高沸点混合物（200～400℃），若需在较低的柱温下分析，可采用低固定液配比（1%～3%）。采用高灵敏检测器时，柱温可比沸点低 100～150℃，即在 200～250℃ 的柱温下分析。

② 沸点<300℃ 的样品，可用 3%～25% 固定液配比。沸点越低，所用配比越高，柱温可在比平均沸点低 50℃ 至平均沸点的范围选择。

（3）载体选择。载体采用低线速时，宜用氮气；采用高线速时用氢气。柱越长，柱内压力较大，宜用氢气。载气采用低线速时为 20～80mL/min。

（4）其他条件。

① 气化室温度及检测室温度选择：气化温度取决于样品的挥发性、沸点、稳定性以及进样量，一般选择稍高于样品沸点，但不要超过沸点 50% 以上，以防分解。检测室温度需高于柱温，一般高于柱温 30℃ 左右或与气化室同温。

② 进样量：固定相在配比 15%～35% 的层析柱时，最大进样量液体为 10μL，气体为 10mL。一般样品量：液体为 4μL，气体为 0.5～3mL，固体小于 1mg。

③ 桥电位选择：在灵敏度相同的情况下，应尽量选择低桥电位，以保护热敏元件。

3）填充柱的制备

（1）称取一定量的载体于蒸发皿中，加 2 倍于载体体积的低沸点溶剂（氯仿丙酮、三氯甲烷等），使之溶解。

（2）取适量的固定液，倒入蒸发皿中，拌匀。注意应使载体全部覆盖在液面下，于红外灯下缓缓加热，不时轻轻搅拌，待溶液全部挥发。

（3）先将柱的一端用玻璃毛轻轻堵上，接上吸滤真空泵，柱的另一端接上漏斗，将填充剂从漏斗加入，同时启动真空泵，不时轻敲柱子各部，使填充均匀。装满后，关闭真空泵，取下色谱柱，将加样的一端也填上一小团玻璃毛。

（4）将柱装入色谱柱中，在通载气前，先将炉温升至略高于操作温度，保持约 1h，以使固定液受热熔化或黏度减小，在载体表面流布均匀，然后再通入载气，使色谱柱在操作温度下通载气数小时。

4）操作方法

（1）参考仪器使用说明书，将有关设备安装好，检查各系统接头是否漏气，确定无误后，可开始操作。

（2）开气流总阀门，调节表头上的减压阀，使气体压力为0.4MPa左右，调节稳压器针形阀，使载气流速控制在所需要的流速值。

（3）设定柱温（根据仪器恒温箱的性能控制温度波动值在一定的范围之内，如±0.5℃）。一般所用的柱温是在被分析物质的平均沸点左右或更低一些。若被分析物的沸程太宽，则可用程序升温法来升高柱温。

（4）加热进样器（气化室），使温度高于样品中沸点最高组分的沸点。

（5）加热检测器恒温箱，使温度与柱温一样或高于一定的值。

（6）气流和温度均达到稳定后，给检测器通电流。若采用氢火焰离子化检测器，则启动微电流放大器部分。

（7）检样器为零点，待稳定后，即可开始进样。

5）结果分析

气相色谱层析（gas chromatography，GC）是一种分离分析方法，它的特点是适合于多组分混合物的定性和定量分析。

（1）定性。对于已知范围的混合物，用此法定性很容易；但对于范围未知的混合物，则需要配合化学分析及其他仪器分析。

① 保留值定性法：原理是同一种物质在一根层析柱上的保留时间相同。取样品各可能组分的纯物质加入样品中，混合进样，对比加入后的色谱图，若某色谱峰相对较高，则该色谱峰的组分与纯物质可能为同一物质。

② 化学反应定性法：在色谱柱的流出物中加入官能团试剂进行反应，观察试剂的颜色是否发生变化或是否有沉淀，而判断该组分含什么官能团或属于何类化合物。

③ 两谱联用定性法：即结合质谱仪、红外分光光度计等进行分析、定性。

（2）定量。在实验条件恒定时，峰面积或峰高与组分的含量成正比，因此可以利用峰面积或峰高来进行定量。同时与标准化合物的相对保留时间进行对比，对某化合物做出鉴定。

实训模块三

蛋　白　质

背景知识

复习与回忆

生物体最主要的特征是生命活动，蛋白质是生命活动的物质基础，几乎在一切生命活动过程中都起着非常重要的作用。蛋白质是一类有机大分子化合物，种类繁多。每一种蛋白质都有着特殊的结构和功能，它们在生命活动中发挥着催化、代谢调节、免疫保护、物质的运输和储存、运动与支持、参与细胞间信息传递等重要的生物学功能。从食品科学的角度看，蛋白质是食物的主要营养成分之一，除了为机体提供必需氨基酸和构成其他含氮物质所需的氮源外，在决定食物的色、香、味及结构等特征上也起着重要的作用。因此，了解蛋白质的组成、结构、功能以及其在加工过程中所发生的变化等，有非常重要的意义。

基础知识

一、蛋白质的分子组成

1. 元素组成

蛋白质是生物体最基本的物质之一，是细胞组分中含量丰富、功能最多的生物大分子。许多蛋白质已经获得结晶纯品。通过对蛋白质的元素组成进行分析研究发现，组成蛋白质的主要元素为碳、氢、氧、氮。另外，大部分蛋白质含硫，许多蛋白质中还含有微量的磷以及铁、铜、锌、钼、碘、硒等。其中，氮元素的含量在各种蛋白质中比较接近，平均为 16%，这是凯氏定氮法测定蛋白质含量的依据，即通过测定样品的含氮量来推算蛋白质的含量，计算公式如下：

$$蛋白质含量＝含氮量×6.25$$

2. 组成蛋白质分子的基本单位——氨基酸

蛋白质可在酸、碱或酶的作用下进行逐级水解，最终水解产物是氨基酸。因此，组成蛋白质的基本结构单位是氨基酸。蛋白质的水解式如下：

$$蛋白质 \xrightarrow{\text{酸、碱或酶}} 胨 \longrightarrow 多肽 \longrightarrow 氨基酸$$

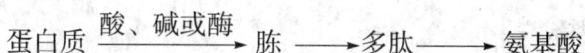

胨是蛋白质和多肽之间的蛋白质水解产物。一般情况下,少于 50 个氨基酸的低分子量氨基酸多聚物称为肽、寡肽或生物活性肽,有时也称多肽;但有时也把含有一条肽链的蛋白质不严谨地称为多肽,此时,多肽一词着重于结构意义,而蛋白质原则上强调其功能意义。

二、蛋白质的分类

天然蛋白质的种类繁多,人们可以从不同的角度对蛋白质进行分类。常用的分类方法有以下几种。

1. 根据分子形状分类

根据蛋白质分子形状可分为球状蛋白质(简称球蛋白)和纤维状蛋白质(简称纤维蛋白)。

1)球蛋白

球蛋白形状接近于球形(分子长短轴比小于 10:1),动植物体内含有大量的球蛋白,包括血红蛋白、肌红蛋白等大多数蛋白质。

2)纤维蛋白

纤维蛋白分子呈线条形或纤维状(分子长短轴比大于 10:1),在动物体内广泛存在,包括胶原蛋白、弹性蛋白、角蛋白、丝蛋白等。

2. 根据蛋白质的组成及其溶解度分类

根据蛋白质的组成及其溶解度,可将蛋白质分为单纯蛋白质和结合蛋白质两类(表 3-1)。

表 3-1 蛋白质按组成和溶解度分类

	类别	依据	代表
单纯蛋白质	清(白)蛋白	溶于水、稀酸、稀碱、稀盐	血清白蛋白、乳清蛋白、麦清蛋白
	球蛋白	溶于稀酸、稀碱、稀盐	血清球蛋白、肌球蛋白、大豆球蛋白
	谷蛋白	溶于稀酸、稀碱,不溶于水、醇及中性盐	米谷蛋白、麦谷蛋白
	醇溶蛋白	溶于 70%~80% 的乙醇,不溶于水	玉米醇溶蛋白、麦醇溶蛋白
	组蛋白	溶于水和稀酸	牛胸腺蛋白、核小体蛋白
	精蛋白	溶于水和酸	鲑鱼精蛋白
	硬蛋白	不溶于水、稀酸、稀碱、盐,部分溶于热的强酸、强碱	角蛋白、胶原蛋白、弹性蛋白、丝蛋白
结合蛋白质	核蛋白	与核酸结合	核糖体、烟草花叶病毒
	糖蛋白	与糖类结合	豌豆 β 球蛋白、血清黏蛋白
	脂蛋白	与脂类结合	卵黄球蛋白、血浆脂蛋白、膜脂蛋白
	磷蛋白	与磷酸结合	酪蛋白、胃蛋白酶
	血红素蛋白	与血红素(铁卟啉)结合	血红蛋白、血蓝蛋白、细胞色素 C
	黄素蛋白	与黄素核苷酸结合	琥珀酸脱氢酶、D-氨基酸氧化酶
	金属蛋白	结合金属原(离)子	铁蛋白、谷胱甘肽过氧化物酶(含硒)

3. 从营养学角度分类

从营养学角度，可将蛋白质分为三类，即完全蛋白质、半完全蛋白质和不完全蛋白质。

完全蛋白质是指该蛋白质含有人体所有的必需氨基酸，并且所含必需氨基酸的数量充足、比例适宜，能维持人的生命健康，并能促进儿童的生长发育。

半完全蛋白质是指该蛋白质所含的必需氨基酸种类齐全，但相互之间的比例不适宜。若作为唯一蛋白质来源时可以维持人的生命活动，但不能促进儿童的生长发育。

不完全蛋白质是指该蛋白质所含的必需氨基酸种类不全，若作为唯一蛋白质来源时既不能促进儿童的生长发育，也不能维持人体的生命活动。

多数动物蛋白质如肉类、鱼类和奶类的酪蛋白及蛋类中的卵白蛋白和卵黄蛋白等都是完全蛋白质。小麦、大麦中的麦胶蛋白属于半完全蛋白质。玉米中的胶蛋白、动物结缔组织中的胶蛋白和豌豆中的豆球蛋白等则属于不完全蛋白质。

三、氨基酸简介

1. 结构特点

从蛋白质水解产物的分离结果可知，蛋白质是由氨基酸组成的，氨基酸是蛋白质的基本结构单位。组成天然蛋白质的氨基酸有 20 多种，大多数氨基酸（脯氨酸除外）都有一个氨基和一个羧基且连在同一个碳原子（即 α-碳原子）上，因而称为 α-氨基酸，其结构通式如图 3-1 所示。

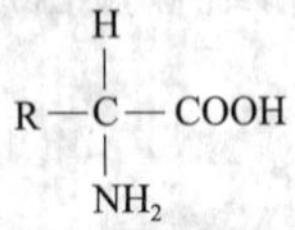

$$\begin{array}{c} H \\ | \\ R-C-COOH \\ | \\ NH_2 \end{array}$$

图 3-1 氨基酸的结构通式

从结构通式可见，构成天然蛋白质的 α-氨基酸除甘氨酸外，都含有不对称碳原子，因此都具有旋光性。

到目前为止，所发现的游离氨基酸和蛋白质温和水解产生的氨基酸绝大多数为 L-氨基酸，D-氨基酸主要存在于微生物中。

2. 分类及命名

氨基酸的分类方法有多种，现介绍如下。

（1）根据 R 基团的化学结构，可分为脂肪族氨基酸、芳香族氨基酸、杂环族氨基酸。

（2）根据 R 基团的酸碱性，可分为中性氨基酸、酸性氨基酸、碱性氨基酸。

（3）根据 R 基团的带电性质，可分为非极性氨基酸、极性带电荷氨基酸、极性不带电荷氨基酸（各种氨基酸的分类见表 3-2）。

此外，从营养学的角度可将氨基酸分为非必需氨基酸和必需氨基酸，前者可由机体自行合成，后者在某些生物体内（如人类和大白鼠）不能合成或合成量不足以维持正常的生长发育，因此必须依靠食物供给。在天然蛋白质的氨基酸中有 10 种是必需氨基酸，在这 10 种必需氨基酸中 L-精氨酸和 L-组氨酸在生物体内尚可少量合成，因此也称为半必需氨基酸。

表 3-2 蛋白质中氨基酸的分类、结构、等电点、名称及其缩写符号

分类	名称	缩写符号	结构	pI	分类	名称	缩写符号	结构	pI
非极性氨基酸	甘氨酸 glycine	Gly (G)	$H_2N-CH-COOH$ $\vert$ H	5.97	极性带正电荷氨基酸	*赖氨酸 lysine	Lys (K)	$H_2N-CH-COOH$ $\vert$ $(CH_2)_4$ $\vert$ NH_2	9.74
	丙氨酸 alanine	Ala (A)	$H_2N-CH-COOH$ $\vert$ CH_3	6.02	极性不带电荷氨基酸	丝氨酸 serine	Ser (S)	$H_2N-CH-COOH$ $\vert$ CH_2 $\vert$ OH	5.68
	*缬氨酸 valline	Val (V)	$H_2N-CH-COOH$ $\vert$ $CH-CH_3$ $\vert$ CH_3	5.97		*苏氨酸 threonine	Thr (T)	$H_2N-CH-COOH$ $\vert$ $CH-OH$ $\vert$ CH_3	6.53
	*亮氨酸 leucine	Leu (L)	$H_2N-CH-COOH$ $\vert$ CH_2 $\vert$ $CH-CH_3$ $\vert$ CH_3	5.98		天冬酰胺 asparagine	Asn (N)	$H_2N-CH-COOH$ $\vert$ CH_2 $\vert$ $C=O$ $\vert$ NH_2	5.41
	*异亮氨酸 isoleucine	Ile (I)	$H_2N-CH-COOH$ $\vert$ $CH-CH_3$ $\vert$ CH_2 $\vert$ CH_3	6.02		谷氨酰胺 glutamine	Gln (Q)	$H_2N-CH-COOH$ $\vert$ CH_2 $\vert$ CH_2 $\vert$ $C=O$ $\vert$ NH_2	5.65
	*苯丙氨酸 phenylalanine	Phe (F)	$H_2C-CH-COOH$ (NH$_2$, 苯环)	5.48		半胱氨酸 cysteine	Cys (C)	$H_2N-CH-COOH$ $\vert$ CH_2 $\vert$ SH	5.02
	*甲硫氨酸（蛋氨酸）methionine	Met (M)	$H_2N-CH-COOH$ $\vert$ $(CH_2)_2$ $\vert$ S $\vert$ CH_3	5.75		酪氨酸 tyrosine	Tyr (Y)	$H_2N-CH-COOH$ $\vert$ CH_2 $\vert$ (苯环) $\vert$ OH	5.66
	*色氨酸 tryptophan	Trp (W)	$H_2N-CH-COOH$ $\vert$ H_2C (吲哚环 NH)	5.89	极性带负电荷氨基酸	天冬氨酸 aspartic acid	Asp (D)	$H_2N-CH-COOH$ $\vert$ CH_2 $\vert$ $COOH$	2.97
	脯氨酸 proline	Pro (P)	COOH，HN（吡咯环）	6.30		谷氨酸 glutamic acid	Glu (E)	$H_2N-CH-COOH$ $\vert$ CH_2 $\vert$ H_2C $\vert$ $COOH$	3.22
极性带正电荷氨基酸	*精氨酸 arginine	Arg (R)	$H_2N-CH-COOH$ $\vert$ $(CH_2)_3$ $\vert$ NH $\vert$ $C=O$ $\vert$ NH_2	10.7					
	*组氨酸 histidine	His (H)	$H_2N-CH-COOH$ $\vert$ H_2C (咪唑环 N NH)	7.59					

注：*为必需氨基酸。

氨基酸通常是根据其来源或性质等来命名的，如氨基乙酸因具有甜味而称为甘氨酸，丝氨酸最早来源于蚕丝因而称为丝氨酸。在使用中为了方便，常用英文名称缩写符号（通常为前3个字母）表示。例如，甘氨酸可用Gly来表示（表3-2）。

3. 理化性质

氨基酸的性质是由它的组成和结构决定的，不同氨基酸之间的差异只是在侧链上，因此氨基酸具有许多共同性质。

1）物理性质

氨基酸都是无色结晶，每种氨基酸都有其特殊的结晶形状，利用结晶形状可以鉴别各种氨基酸。氨基酸晶体的熔点通常都较高，一般在 $200 \sim 300 °C$。除胱氨酸和酪氨酸外，其他氨基酸都能溶于水，脯氨酸和羟脯氨酸还能溶于乙醇或乙醚中。所有氨基酸都溶于稀酸、稀碱，但一般不溶于乙醚，微溶于乙醇。许多氨基酸都有自己不同的味感。

在20种氨基酸中，有三种芳香族氨基酸：酪氨酸、色氨酸和苯丙氨酸。它们均有紫外光吸收性质，其吸收峰分别为 $278nm$、$279nm$、$259nm$。蛋白质分子含有这三种氨基酸，因此在 $280nm$ 处有最大吸收值，这是紫外分光光度法测定蛋白质含量的基础。

2）化学性质

氨基酸分子中既含有氨基又含有羧基，因此它具有羧酸和胺类化合物的性质；同时，由于氨基与羧基之间相互影响及分子中 R 基团的某些特殊结构，又显示出一些特殊的性质。

（1）两性解离及等电点。氨基酸的分子中既有碱性的氨基，又有酸性的羧基，它们可分别解离形成带正电荷的阳离子（$-NH_3^+$）及带负电荷的阴离子（$-COO^-$），因此氨基酸是两性电解质，其解离方程如下：

$$\underset{\substack{| \\ H}}{\overset{\substack{R \\ |}}{NH_2-C-COO^-}} \underset{OH^-}{\overset{H^+}{\rightleftharpoons}} \underset{\substack{| \\ H}}{\overset{\substack{R \\ |}}{^+H_3N-C-COO^-}} \underset{OH^-}{\overset{H^+}{\rightleftharpoons}} \underset{\substack{| \\ H}}{\overset{\substack{R \\ |}}{^+H_3N-C-COOH}}$$

氨基酸在溶液中的解离方式及带电状态取决于其所处溶液的酸碱度。在某一 pH 条件下，氨基酸解离成阳离子和阴离子的数目相等，分子呈电中性，在电场中，分子既不向正极移动也不向负极移动，此时溶液的 pH 称为氨基酸的等电点（pI）。氨基酸在等电点时以两性离子（或兼性离子）形式存在，此时氨基酸在其溶液中溶解度最小。利用这一性质，可以在工业上提取氨基酸产品。

每一种氨基酸都有其各自不同的等电点，如表3-2所示。氨基酸的等电点由氨基酸分子中氨基和羧基的解离程度所决定，其大小可用兼性离子两端的解离常数的负对数的算术平均值表示，即

$$pI = \frac{pK_1 + pK_2}{2}$$

（2）与甲醛反应。氨基酸分子中既有酸性基团又有碱性基团，但不能直接用酸、碱进行中和滴定，其主要原因是滴定终点的 pH 过高（12～13）或过低（1～2），不能找到适合的指示剂。然而加入过量的甲醛，形成羟甲基氨基酸，可促进氨基酸的解离，使

滴定终点 pH 下降 2～3 个单位，因而可用碱直接进行酸碱中和滴定，其反应方程式如下：

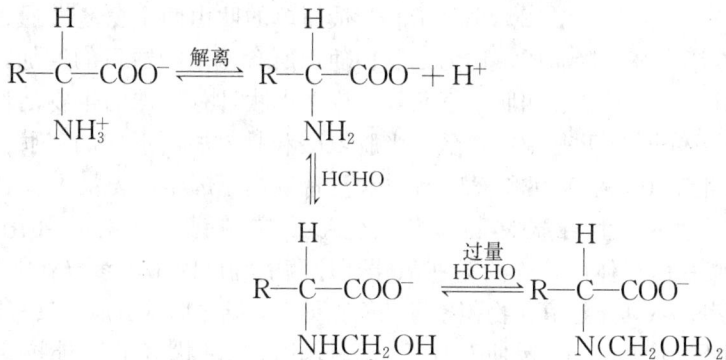

$$
\begin{array}{ccc}
\underset{\underset{NH_3^+}{|}}{\overset{\overset{H}{|}}{R-C-COO^-}} & \overset{解离}{\rightleftharpoons} & \underset{\underset{NH_2}{|}}{\overset{\overset{H}{|}}{R-C-COO^-}} + H^+
\end{array}
$$

$$\Updownarrow HCHO$$

$$
\underset{\underset{NHCH_2OH}{|}}{\overset{\overset{H}{|}}{R-C-COO^-}} \underset{HCHO}{\overset{过量}{\rightleftharpoons}} \underset{\underset{N(CH_2OH)_2}{|}}{\overset{\overset{H}{|}}{R-C-COO^-}}
$$

（3）与亚硝酸反应。大多数氨基酸中含有伯氨基，可以定量与亚硝酸反应，生成 α-羟基酸，并放出氮气。

该反应定量进行，从释放出氮气的体积可计算分子中氨基的含量。这个方法称为范斯莱克（Van Slyke）氨基测定法，可用于氨基酸定量和蛋白质水解程度的测定。

（4）茚三酮反应。氨基酸中的氨基与茚三酮水合物反应可生成蓝紫色化合物，此化合物最大吸收峰在 570nm 波长处。由于此吸收峰值的大小与氨基酸释放出的氨量成正比，因此可作为氨基酸定量分析的方法。

（5）羰氨反应。氨基酸能与单糖及糖的分解产物（如羟甲基糠醛、糠醛等）在高温条件下缩合形成一类呈黑色的化合物，即发生美拉德反应，这类物质称为黑色素。黑色素部分溶于水，有芳香味，呈酸性及具有还原性，对调和酿造产品风味有一定作用。但黑色素是一种不发酵性物质，它的形成意味着原料的浪费，此物质的形成对发酵利少弊多。另外，许多食品在制造、干燥及储存时发生褐变现象，美拉德反应就是原因之一。

四、蛋白质的分子结构

蛋白质是生物大分子，虽然组成蛋白质的天然氨基酸有 20 种，但不同蛋白质的氨基酸残基数目变化很大，少则 50 多个，多则成千上万，加之氨基酸排列顺序的差异及组合肽链数的不同，就形成了结构和功能都十分复杂和多样的蛋白质。目前已确认的蛋白质结构层次分为一级结构、高级结构。

1. 蛋白质的一级结构

蛋白质是由许多氨基酸通过肽键连接而成的多肽链。不同的蛋白质，其氨基酸组成、排列顺序都不同，同时蛋白质的多肽链还可高度卷曲、折叠形成特定的空间结构，从而构成具有生物活性的蛋白质。

1）肽键和肽

（1）肽键。在适当条件下，一个氨基酸的氨基与另一氨基酸的羧基通过脱水缩合而形成的酰胺键，称为"肽键"，由此而形成的化合物称为"肽"，如图 3-2 所示。

图中的肽键是指 C 与 N 之间的连接键，虽然表面上看是一单键，但它不能自由旋转，具有双键的性质，同时 C、N、O、H、$C_{\alpha1}$、$C_{\alpha2}$ 同处于一个平面内，故将此平面称为"酰胺面"。

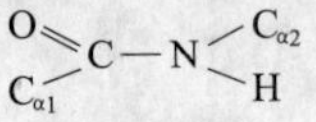

$$O=C-N\begin{matrix} C_{\alpha2} \\ H \end{matrix}$$
$$C_{\alpha1}$$

图 3-2　酰胺面示意图

（2）小分子肽。最简单的肽由两个氨基酸通过一个肽键连接而成，称为二肽；随着所含氨基酸数目的增加，依次称为三肽、四肽、五肽等。许多小肽具有特殊的生物活性，如谷胱甘肽是由谷氨酸、半胱氨酸和甘氨酸所形成的三肽，普遍存在于动物和微生物细胞中，小麦胚和酵母菌中含量特别高。因半胱氨酸上存在还原性巯基（—SH），故称为还原型谷胱甘肽，当氧化形成二硫键时，生成氧化型谷胱甘肽（GSSG）。谷胱甘肽在体内可作为某些氧化还原酶的辅助因子，参与氧化还原过程，同时具有保护巯基酶或防止过氧化物积累等功能；另外，脑啡肽（五肽）具有比吗啡更强的镇痛作用，但不会像吗啡那样易使人上瘾。短杆菌肽 S（环状 10 肽）能抗革兰氏阳性菌，对阴性菌（如绿脓杆菌、变形杆菌）也有效，临床上用于治疗和预防局部化脓性病症。

2）蛋白质的一级结构

蛋白质的一级结构是指蛋白质分子中氨基酸的排列顺序和连接方式，它也是蛋白质最基本的结构。虽然组成蛋白质的氨基酸只有 20 种，但是不同种类和数目的氨基酸以不同的顺序排列，就可构成数量巨大的具有特定结构和功能的不同蛋白质分子。

2. 蛋白质的高级结构

蛋白质的高级结构也称为空间结构。通常情况下蛋白质多肽链并不是以完全延伸的形式存在的，而是在蛋白质一级结构的基础上通过分子中若干单键的旋转而盘曲、折叠形成特定的空间三维结构。

1）蛋白质的二级结构

蛋白质的二级结构是指多肽链本身沿一定方向盘绕折叠而形成的构象。天然蛋白质的二级结构一般有 α-螺旋、β-折叠、β-转角、无规卷曲、U 形回折等类型。其中主要形式是 α-螺旋、β-折叠结构。

（1）α-螺旋。α-螺旋是 Pauling 和 Coroy 等人在研究羊毛、马鬃、猪毛等 α-角蛋白后，于 1951 年提出来的。α-角蛋白属于纤维蛋白，这种蛋白质几乎全是 α-螺旋结构。在球状蛋白中，α-螺旋是肽链的区段性局部构象，其结构要点如下：

多肽链的主链围绕一个中心轴盘绕成螺旋状，每 3.6 个氨基酸残基螺旋上升一圈，螺旋上升一圈的距离是 0.54nm，即每个氨基酸残基沿螺旋中心轴垂直上升的距离为 0.15nm（图 3-3）；α-螺旋结构中氨基酸残基侧链基团伸向外侧（图 3-4），相邻的螺圈之间形成氢键，氢键的取向几乎与中心轴平行。由于肽链中的所有肽键都可参与氢键的形成，因此，α-螺旋结构是相当稳定的，氢键是维持 α-螺旋结构稳定的主要因素。绝大多数天然蛋白质为右手螺旋。

α-螺旋是天然蛋白质中最常见的二级结构，它是 α-角蛋白中主要的构象形式，也广泛存在于其他球蛋白和纤维蛋白中。

（2）β-折叠。β-折叠结构也是 Pauling 等人提出的，又称 β-片层，是一种肽链相当伸展的结构。

β-折叠结构是由两条或多条多肽链（或一条肽键的若干肽段）侧向聚集，通过相邻肽链（或肽段）主链上的 N—H 与 C=O 之间有规则的氢键形成的。这种构象可分为平行式和反平行式两种类型，前者所有肽链的 N 端在同一方向，后者的 N 端按一顺一反交替排列（图 3-5）。在 β-折叠结构中，多肽链主链呈锯齿状折叠构象。侧链某团与-Cα-间的键几乎垂直于折叠平面，R 基团交替地分布于片层平面两侧。反平行式构象的肽链比平行式构象更为伸展，从能量的角度而言，反平行式的 β-折叠更为稳定。纤维蛋白的β-折叠主要为反平行式，而球蛋白中这两种类型的 β-折叠几乎同样广泛存在。

很多纤维蛋白往往由单一的二级结构构成。例如，毛发、鳞、角、蹄、喙甲、爪等主要由几条 α-螺旋肽链缠绕而成，因此，毛发和羊毛等纤维有弹性。丝心蛋白则由几条反向平行的 β-折叠肽链组成。

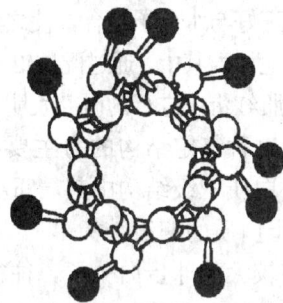

图 3-4　α-螺旋的俯视图

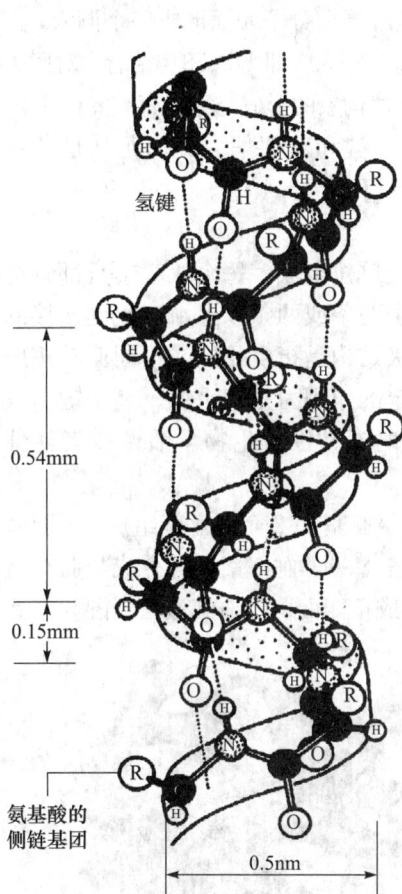

图 3-3　α-螺旋的尺寸和氢键

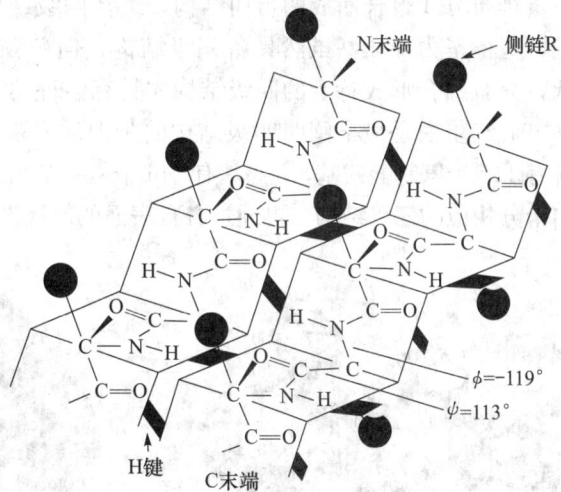

图 3-5　β-折叠结构

2）蛋白质的三级结构

三级结构指的是多肽链在二级结构的基础上，通过侧链基团的相互作用进一步卷曲折叠，借助次级键维系使二级结构相互配置而形成的特定构象。三级结构的形成使肽链中所有原子都达到空间上的重新排布。原来在一级结构的顺序排列上相距甚远的氨基酸残基可能在特定区域内彼此靠近。对许多球蛋白分子的研究表明，通过三级结构的形成，在分子内部往往集中着大量的疏水氨基酸残基，它们之间的疏水作用维系并稳定已经形成的三级结构；极性氨基酸残基则多分布于分子表面，以赋予蛋白质亲水性质。许多具有特定生物活性的球蛋白分子的表面有明显的凹陷或裂隙，其中以特定方式排布的某些极性氨基酸残基参与和决定着该蛋白质的生理活性。

肌红蛋白是由一条多肽链（含 153 个氨基酸残基）和一个血红素辅基构成的，英国的 J. Kendrew 用 X 射线晶体衍射分析，于 1963 年完成了抹香鲸肌红蛋白的空间结构分析（图 3-6）。肌红蛋白多肽链先折叠成 8 段长度为 7～23 个氨基酸残基的 α 螺旋，螺旋区之间的拐角处为 1～8 个残基的无规则卷曲，C 末端的 5 个残基也形成无规则卷曲，这些构象元件组合成扁平的菱形。肌红蛋白分子显得十分致密，分子内部只有一个能容纳 4 个水分子的空间。亲水的氨基酸残基几乎全分布在分子的表面，而疏水的残基几乎全被埋在分子内部。分子表面的极性基团正好与水分子结合，使之成为水溶性蛋白质。肌红蛋白分子表面形成一个洞穴，血红素垂直地伸入其中，通过配位键与肽链中的组氨酸残基（His-93 即 His-F8）结合。对脱去血红素的肌红蛋白进行的研究表明，血红素对肌红蛋白天然构象的形成与稳定有重要作用。

维系这种特定结构的力主要有氢键、疏水键、离子键和范德华力等。尤其是疏水键，在蛋白质三级结构中起着重要作用。

3）蛋白质的四级结构

有些较大的球蛋白分子，往往由几个称做亚基的亚单位组成，每个亚基本身都具有球状三级结构。亚基一般只包含一条多肽链，也有的由两条或两条以上由二硫键连接的肽链组成。由几个亚基组成的蛋白称为寡聚蛋白。四级结构是指由相同或不同亚基按照一定排布方式聚合而成的蛋白结构，维持四级结构稳定的作用力是疏水键、离子键、氢键、范德华力。亚基虽然具备三级结构，但单独存在时通常没有生物学活性或者活性低，只有缔合形成特定的四级结构才具有生理功能。

血红蛋白是最早阐明四级结构的蛋白质，由 2 个 α 亚基和 2 个 β 亚基组成，α 亚基含有 141 个氨基酸残基，β 亚基有 146 个氨基酸残基，各含一个血红素，折叠成与肌红蛋白十分相似的三级结构，再通过各自表面的次级键缔合成正四面体的血红蛋白（图 3-7）。

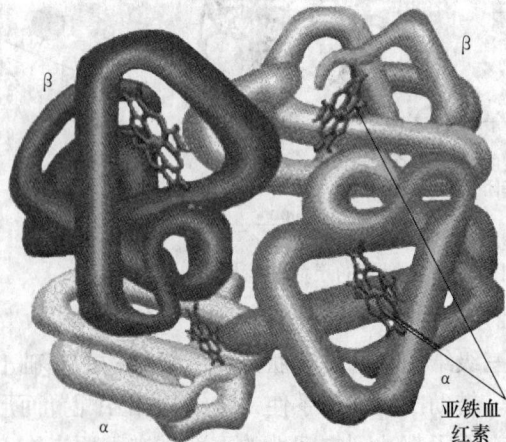

图 3-6　蛋白质的三级结构示意图

图 3-7　蛋白质的四级结构示意图

综上所述，球蛋白空间结构的形成可概括为：多肽链的主链首先折叠成系列二级结构（构象单元），相邻的构象单元随即组合成规则的超二级结构，若干超二级结构进一步盘旋产生结构域，两个或多个结构域形成具有独立三级结构的单体或亚基，若干亚基组装成具有特定四级结构的寡聚体。

3. 稳定蛋白质构象的作用力

多肽链主链中的肽键及 C_α—N 和 C—C_α 从表面上看都是单键，有形成无数不同构象的可能性，而且任何一种构象都将随环境的改变和热运动不断改变。事实上，天然蛋白质在生物体内只保持一种或几种构象，从而保证其特有的性质与功能。蛋白质天然构象的稳定性主要是靠一系列弱作用力维持的，这些弱作用力主要有氢键、离子键、疏水作用、范德华力等次级键，此外还有二硫键、酯键和配位键（图 3-8）。

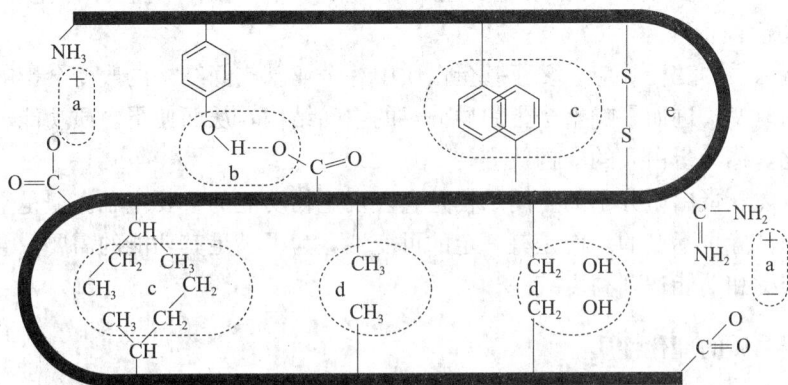

图 3-8 维持蛋白质构象的作用力

a—离子键；b—氢键；c—疏水作用；d—范德华力；e—二硫键

虽然它们单独存在时是比较弱的作用力，但大量的次级键加在一起，就产生了足以维持蛋白质天然构象的作用力。

4. 蛋白质结构与功能的关系

1）蛋白质的一级结构与功能的关系

蛋白质的构象归根结底取决于它的氨基酸序列和周围环境的影响，因此研究一级结构与功能的关系有十分重要的意义。

（1）一级结构的种间差异与分子进化。对比不同有机体中表现同一功能的蛋白质（同源蛋白质）的氨基酸序列，发现它们不仅长度相同或相近，而且其中许多位置的氨基酸对于不同种属来源的蛋白质来说都相同，称为不变残基；其他部位的残基对于不同种属则有相当大的变化，称可变残基。同源蛋白质的氨基酸序列中的这种相似性被称为顺序同源性。不变残基对于同源蛋白质的功能是必需的；可变残基的变换虽然不影响蛋白质的功能，却反映了这些种属在系统发生上的联系。

（2）一级结构的变异与分子病。由于基因突变导致蛋白质一级结构发生变异，使蛋白质的生物学功能减退或丧失，甚至造成生理功能的变化而引起的疾病，称为分子病。镰刀状细胞贫血病是最早被认识的一种分子病，在血红蛋白 4 条肽链的 574 个氨基酸残基中，2 条 β 链第六位的 Glu 被 Val 取代，就会造成如此严重的病态。可见每种蛋白质都具有特定的结构来行使其特定的功能，甚至一级结构上个别氨基酸的变化都会引起功能的改变或丧失，这表明蛋白质结构与功能的高度统一。

2）蛋白质的高级结构与功能的关系

（1）蛋白质的变性与空间结构的关系。研究发现，即使在蛋白质一级结构不变的情况下，如果蛋白质的空间结构发生改变，蛋白质的功能也会改变，有时甚至使蛋白质的生物活性完全丧失。因此，蛋白质的空间结构对保持蛋白质的生物活性是十分重要的。有些物理因素（如温度、压力、射线等）和化学因素（如强酸、强碱和有机溶剂等）会破坏蛋白质的空间结构，导致蛋白质生物活性丧失，同时还会引起某些物理化学性质的变化（如溶解度降低、发生沉淀等），这类现象称为蛋白质的变性作用。有时变性作用是可逆的，只要除去变性因素，蛋白质空间结构就可以逐渐恢复，并重新恢复生物活性。

（2）蛋白质的变构效应。多亚基蛋白质中一个亚基空间结构的改变会影响其他亚基空间结构的改变，进而影响整个蛋白质分子的空间结构，从而使蛋白质功能、性质发生一定的变化，称为蛋白质的变构效应。

综上所述，蛋白质分子的空间结构是它表现生物功能的重要基础。但是空间结构也不是僵死的、静止不变的，而是有一定的可变性，为了满足其功能的需要，会发生变构效应，使结构和功能达到高度统一。

五、蛋白质的理化性质

蛋白质是由数以百计的氨基酸组成的生物大分子，因此它保留着氨基酸的某些性质。但由于它是具有复杂高级结构的有机大分子，与氨基酸和寡肽这些小分子有着质的区别，因而又具有一些特殊的性质。

1. 两性解离和等电点

在蛋白质分子中，除了 N 端的 α-氨基和 C 端的 α-羧基外，还有许多可解离的侧链基团，如 β-羧基、γ-羧基、ε-氨基、咪唑基、胍基、酚基、巯基等，因此蛋白质是一个含多价离子的两性电解质，所带电荷性质和数量取决于其分子中可解离集团的种类和数量及溶液的 pH。

对某一蛋白质来说，调整溶液的 pH，使蛋白质分子所带的正、负电荷数恰好相等，即净电荷为零，在电场中既不向阳极移动，也不向阴极移动，此时溶液的 pH 称为该蛋白质的等电点（pI）。其反应式如下：

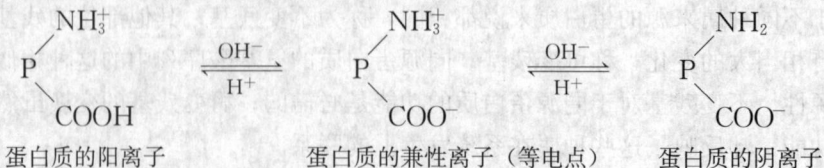

$$\begin{array}{ccccc}
\text{NH}_3^+ & & \text{NH}_3^+ & & \text{NH}_2 \\
| & \xrightleftharpoons[\text{H}^+]{\text{OH}^-} & | & \xrightleftharpoons[\text{H}^+]{\text{OH}^-} & | \\
\text{P} & & \text{P} & & \text{P} \\
| & & | & & | \\
\text{COOH} & & \text{COO}^- & & \text{COO}^-
\end{array}$$

蛋白质的阳离子　　　　蛋白质的兼性离子（等电点）　　　蛋白质的阴离子

表 3-3 列举了一些蛋白质的等电点。在等电点时蛋白质的溶解度最低，同时其黏度、渗透压、膨胀性和导电能力均最小。

表 3-3　蛋白质的等电点值

蛋白质	等电点	蛋白质	等电点
鱼精蛋白	12.00～12.40	胰岛素（牛）	5.30～5.35
胸腺组蛋白	10.8	明胶	4.7～5.0
溶菌酶	11.0～11.2	血清白蛋白（人）	4.64
细胞色素 C	9.8～10.3	鸡蛋白蛋白	4.55～4.90
血红蛋白	7.07	胰蛋白酶（牛）	5.0～8.0

在非等点状态下，由于蛋白质在溶液中解离成为带电的颗粒，在电场中可以向电荷相反的电极移动，这种现象称为电泳（electrophoresis）。各种蛋白质的可解离基团的种类、数目、解离程度不同，在指定 pH 溶液中所带电荷不同，加之它们的相对分子质量大小、颗粒的大小和形状各不相同，因此在电场中的移动方向和速度不同。根据这一原理，形成和发展了许多用于蛋白质分析和分离的电泳技术，如自由界面电泳、纸上电泳、薄膜电泳、凝胶电泳（以聚丙烯酰胺、淀粉、琼脂等凝胶为支持物）、等电聚焦电泳、毛细管电泳等。

2. 蛋白质的胶体性质

蛋白质的相对分子质量很大，小的在 1 万以上，大的数百万乃至千万。其分子大小已达到胶体的范围（1～100 nm），所以蛋白质溶液是胶体溶液，具有胶体的特征，如布朗运动、丁达尔效应以及不能透过半透膜等性质。利用蛋白质不能透过半透膜的性质，常将含有小分子杂质的蛋白质溶液放入透析袋中，置于流水中进行透析，逐渐除去小分子杂质，以达到纯化蛋白质的目的。生物膜也具有半透膜的性质，从而保证了蛋白质在细胞内的不同分布。

蛋白质分子在溶液中具有较大的表面，且表面分布着各种极性和非极性基团，因而对许多物质都有吸附能力。一般极性基团易与水溶性物质结合，非极性基团易与脂溶性物质结合，这是大多数蛋白质具有一定乳化性、持水性和起泡性的原因。这些性质在食品加工中具有重要意义。

一般来说，蛋白质是亲水胶体，维持蛋白质胶体溶液稳定的重要因素有两个：一个因素是蛋白质颗粒表面大多为亲水基团，可吸引水分子在颗粒表面形成较厚的水化膜，将蛋白质颗粒分开，不致相聚沉淀；另一个因素是蛋白质胶体表面可带有同种电荷，因同种电荷相互排斥，使蛋白质颗粒难以相互聚集而从溶液中沉淀析出。根据这一原理，可以通过破坏这两个主要稳定因素，使蛋白质分子间引力增加而聚集沉淀，如盐析法、有机溶剂沉淀法。

3. 蛋白质的沉淀

在蛋白质胶体中，加入适当的试剂使蛋白质分子处于等电点状态或失去水化层，蛋白质的胶体溶液就不再稳定并可产生沉淀。造成蛋白质胶体溶液发生沉淀的试剂如下。

1）高浓度中性盐

加入高浓度的硫酸铵、硫酸钠、氯化钠等，可有效地破坏蛋白质颗粒的水化层，同时又中和了蛋白质的电荷，从而使蛋白质生成沉淀。这种加入中性盐使蛋白质沉淀析出的现象称为盐析（salting out），常用于蛋白质的分离制备。不同蛋白质析出时需要的盐浓度不同，调节盐浓度以使混合蛋白质溶液中的几种蛋白质分段析出，这种方法称为分段盐析。例如，血清中加入硫酸铵至 50％饱和度时，球蛋白即可析出。继续加硫酸铵至饱和，白蛋白才能沉淀析出。球蛋白通常不溶于纯水，而溶于稀中性盐溶液，其溶解度随稀盐溶液浓度的增加而增大，表现盐溶（salting in）特性。

2）有机溶剂

丙酮、乙醇等有机溶剂有较强的亲水能力，一般作为脱水剂，可破坏蛋白质分子周围的水化层，导致蛋白质沉淀析出。如将溶液的 pH 调至蛋白质的等电点，再加入这些有机溶剂可加速沉淀反应。

3）重金属盐

Hg^{2+}、Ag^+、Pb^{2+} 等重金属离子可与蛋白质中带负电荷的基团形成不易溶解的盐而沉淀，因此，重金属盐均有毒。误食重金属盐应及时服用大量生蛋清或牛奶，可防止这些有害离子被人体吸收。

4）生物碱或某些酸类

苦味酸、三氯乙酸、钼酸、钨酸、磷钨酸、单宁酸等生物碱试剂，可与蛋白质中带正电荷的基团生成不溶性的盐而析出。

蛋白质的沉淀作用有以下两种类型。

（1）可逆沉淀：在沉淀过程中，结构和性质都没有发生变化，在适当的条件下，可以重新溶解形成溶液，所以这种沉淀又称为非变性沉淀。一般在温和条件下，通过改变溶液的 pH 或电荷状况，可使蛋白质从胶体溶液中沉淀分离。许多分离和纯化蛋白质的基本方法都基于可逆沉淀，如等电点沉淀法、盐析法和有机溶剂沉淀法等。

用盐析法或在低温下加入有机溶剂（先将蛋白质用酸碱调节到等电点状态）制取的蛋白质，仍保持天然蛋白质的一切特性和原有的生物活性。通过透析或超滤除去中性盐和有机溶剂后，蛋白质仍可溶于水形成稳定的胶体溶液。若制备时温度较高或未能及时除去有机溶剂，则析出的蛋白质可部分或全部失活。

（2）不可逆沉淀：在蛋白质的结构和性质发生变化时，产生的蛋白质沉淀不可能再重新溶解于水。强烈沉淀条件下，不仅破坏了蛋白质胶体溶液的稳定性，而且破坏了蛋白质的立体结构。由于沉淀过程蛋白质的结构和性质发生了变化，因此又称为变性沉淀。

4. 蛋白质的变性与复性

蛋白质各自所特有的高级结构是表现其物理和化学特性以及生物学功能的基础。当天然蛋白质受到某些物理或化学因素的影响，使其分子内部原有的高级结构发生变化时，蛋白质的理化性质和生物学功能也随之改变或丧失，但不会导致蛋白质一级结构的变化，这种现象叫变性作用，变性后的蛋白质称为变性蛋白质。

引起蛋白质变性的因素很多，包括加热、紫外线等射线照射、超声波或高压处理等物理因素和强酸、强碱、脲、胍、去垢剂、重金属盐、生物碱试剂及有机溶剂等化学因素。不同蛋白质对变性因素的敏感程度各不相同。有些蛋白质甚至可以耐受 100℃的高温处理，这一性质正是蛋白质分离纯化中选择变性方法的基础。

蛋白质的变性常伴有如下表现：①首先是丧失生物活性，如酶失去催化活性，血红蛋白丧失载氧能力，调节蛋白丧失调节功能，抗体丧失识别与结合抗原的能力等；②溶解度降低，黏度增大，扩散系数变小等；③某些原来埋藏在蛋白质分子内部的疏水侧链基团暴露于变性蛋白质表面，导致化学性质变化；④对蛋白酶降解的敏感性增大。

蛋白质的变性作用如不过于剧烈，则是一种可逆过程。高级结构松散了的变性蛋白质通常在除去变性因素后，可缓慢地重新自发折叠形成原来的构象，恢复原有的理化性质和生物活性，这种现象称为复性。随着变性时间的增加，变性条件的加剧，变性程度的加深，复性的可能性在降低。

5. 蛋白质的紫外吸收

大部分蛋白质均含有带芳香环的苯丙氨酸、酪氨酸和色氨酸。这三种氨基酸在280nm 附近有最大吸收值。因此，大多数蛋白质在 280nm 附近显示强的吸收值。利用这个性质，可进行蛋白质的定量测定。由于各种蛋白质中芳香氨基酸含量不同，因此用这种方法测得的结果有差异。此外，核酸在 280nm 的特征光吸收也可能对蛋白质测定产生干扰，必须按下式做适当校正（测定范围 0.1～0.5mg/mL）：

$$蛋白质质量浓度/（mg/mL）=1.55A_{280}^{1cm}-0.76A_{260}^{1cm}$$

6. 蛋白质的颜色反应

在蛋白质分析工作中，常利用蛋白质分子中某些氨基酸残基或其他特殊结构与某些试剂产生颜色反应来进行定性和定量测定。蛋白质具有的颜色反应见表 3-4。

表 3-4　蛋白质的一般颜色反应

反应名称	试剂	颜色	反应基团
双缩脲反应	碱性硫酸铜	紫红色	肽键基团
米伦反应	$HgNO_3$ 及 $Hg(NO_3)_2$ 混合物	红色	酚基
黄色反应	浓硝酸及碱	黄色	苯基
乙醛酸反应	乙醛酸	紫色	吲哚基
茚三酮反应	茚三酮	蓝色	自由氨基及羧基
酚试剂反应	硫酸铜及磷钼酸-钼酸	蓝色	酚基、吲哚基
α-萘酚-次氯酸盐反应	α-萘酚、次氯酸盐	红色	胍基

在生产实践和理论研究中，经常需要对生物材料或生物制剂的蛋白质含量进行测定，其中一些方法是以上性质为基础的。

技能训练

实训项目举例

蛋白质的两性反应和等电点的测定

一、实训任务书

1. 学习目标

通过学习与实训，了解蛋白质两性解离和等电点的性质；能够通过实验的方法测定蛋白质等电点；了解蛋白质等电点测定在食品中的应用。

2. 实训任务

(1) 选择原料（一种或多种蛋白质材料）。

(2) 证明其具有两性解离的性质。

(3) 测定其等电点。

3. 查阅资料

(1) 验证蛋白质具有两性解离性质的方法。

(2) 查阅常见蛋白质的等电点。

(3) 查阅工业生产中酸性蛋白饮料（如酸酸乳）加酸时的注意事项。

二、实训程序

1. 实训方案实施过程

学生通过学习本项目实验方法以及查阅资料完成实训方案→小组讨论→教师点评→实训操作→总结。

2. 实训原理

蛋白质由许多氨基酸组成，虽然绝大多数的氨基与羧基成肽键结合，但是总有一定数量自由的氨基、羧基及酚基等酸碱基团，因此蛋白质和氨基酸一样是两性电解质。调节溶液的酸碱度达到一定的氢离子浓度时，蛋白质分子所带的正电荷和负电荷相等，以兼性离子状态存在，在电场内该蛋白质分子既不向阴极移动，也不向阳极移动，这时溶液的 pH 称为该蛋白质的等电点（pI）。当溶液的 pH 低于蛋白质等电点时，即在氢离子较多的条件下，蛋白质分子带正电荷成为阳离子；当溶液的 pH 高于蛋白质等电点时，即在氢氧根离子较多的条件下，蛋白质分子带负电荷成为阴离子。在等电点时蛋白质溶解度最小，容易沉淀析出。

3. 样品、试剂和仪器

(1) 试剂：

① 0.5％酪蛋白溶液。

② 0.5％酪蛋白醋酸钠溶液。

③ 0.01％溴甲酚绿指示剂。

④ 0.02mol/L 盐酸。

⑤ 0.1mol/L 醋酸溶液。

⑥ 0.01mol/L 醋酸溶液。

⑦ 1mol/L 醋酸溶液。

⑧ 0.02mol/L 氢氧化钠溶液。

(2) 仪器：

① 试管及试管架。

② 滴管。

③ 吸量管（1mL、2mL、10mL）。

4. 操作步骤

1) 蛋白质的两性反应

（1）取 1 支试管，加 0.5％酪蛋白溶液 1mL 和 0.01％溴甲酚绿指示剂 4 滴，混匀。观察溶液呈现的颜色，有无沉淀生成，并说明原因。

（2）用细滴管缓慢加入 0.02mol/L 盐酸溶液，随滴随摇，直至有明显的大量沉淀生成，此时溶液的 pH 接近酪蛋白的等电点。观察溶液颜色的变化。

（3）继续滴入 0.02mol/L 盐酸溶液，沉淀会逐渐减少以至消失。观察此时溶液颜色的变化，并说明原因。

（4）再滴入 0.02mol/L 氢氧化钠溶液进行中和，沉淀又出现。继续滴入 0.02mol/L 氢氧化钠溶液，沉淀又逐渐消失。观察溶液颜色的变化，并说明原因。

2) 酪蛋白等电点的测定

（1）取 9 支粗细相近的干燥试管，编号后按表 3-5 的顺序准确地加入各种试剂。加入每种试剂后应混合均匀。

表 3-5 酪蛋白等电点测定表

试剂	试管编号								
	1	2	3	4	5	6	7	8	9
蒸馏水/mL	2.4	3.2	—	2.0	3.0	3.5	1.5	2.75	3.38
1mol/L 醋酸溶液/mL	1.6	0.8	—	—	—	—	—	—	—
0.1mol/L 醋酸溶液/mL	—	—	4.0	2.0	1.0	0.5	—	—	—
0.01mol/L 醋酸溶液/mL	—	—	—	—	—	—	2.5	1.25	0.62
0.5％酪蛋白醋酸钠溶液/mL	1.0	1.0	1.0	1.0	1.0	1.0	1.0	1.0	1.0
溶液最终 pH	3.5	3.8	4.1	4.4	4.7	5.0	5.3	5.6	5.9
沉淀出现情况									

（2）静置约 5min，观察各管的浑浊度，以－、＋、＋＋、＋＋＋、＋＋＋＋符号表示各管浑浊程度的大小。根据观察结果，确定酪蛋白的等电点。

5. 注意事项

该实训要求各种试剂的浓度和加入量必须相当准确。

思考与复习

（1）在等电点时蛋白质的溶解度为什么最低？请结合你的实训结果和蛋白质的胶体性质加以说明。

（2）在本实训中，酪蛋白处于等电点时则从溶液中沉淀析出，所以说凡是蛋白质在等电点时必然沉淀出来。上面这种结论对吗？为什么？请举例说明。

可选实训项目

实训一 氨基酸的纸层析技术

1. 实训目的

（1）了解纸层析分离、鉴定物质的原理。

（2）掌握纸层析的操作技术。

2. 实训原理

纸色谱（纸上层析）属于分配色谱的一种。通常用滤纸作为固定相——水的支持剂，流动相是含有一定比例水的有机溶剂，通常称为展层剂。

纸色谱法的一般操作是先将色谱滤纸在展层剂蒸气中放置过夜，在滤纸一端 $2\sim 3\mathrm{cm}$ 处用铅笔画好起点线，然后将要分离的样品溶液用毛细管点在起点线上，待样品溶剂挥发后，将滤纸的另一端悬挂在展开槽的玻璃钩上，使滤纸下端与展层剂接触。展层剂由于毛细现象沿纸条上升，当展层剂前沿接近滤纸上端时，将滤纸取出，记下溶剂前沿位置，晾干。若被分离物中各组分是有色的，滤纸条上就有各种颜色的斑点显出，按下式计算各物质的迁移率（R_f）。

$$R_f = \frac{溶质斑点中心的移动距离}{溶剂前沿的移动距离}$$

在一定的条件下（如温度、展层级的组成、色谱纸质量等不变），某物质的 R_f 是一个常数，以此可作为定性分析依据。

纸色谱法主要应用于多官能团或高极性化合物（如糖或氨基酸）的分析。

纸色谱展开方法除上面介绍的上升法，还有下降法，如圆形纸色谱法和双向色谱法。

当分离无色的混合物时，通常将展开后的滤纸晾干后，置于紫外灯下观察是否有荧光，或者根据化合物的性质，喷上显色剂，观察斑点的位置。

3. 样品、试剂与仪器

（1）样品：氨基酸溶液，即 0.5%的丙氨酸、赖氨酸、苯丙氨酸及其混合液（即待测样品，各组分均为 0.5%）。

（2）试剂：

① 展层剂：4∶1正丁醇冰醋酸水饱和溶液（取 20mL 正丁醇和 5mL 冰醋酸置分液漏斗中，与 15mL 水混合，充分振荡，静置分层后，放出下层水层。取漏斗中的展层剂约 5mL 置小烧杯中作平衡溶剂，其余的倒入培养皿中备用）。

② 显色剂：0.1%水合茚三酮乙醇溶液。

（3）仪器：色谱槽、毛细管、铅笔、直尺、裁纸刀、色谱滤纸（中华一号滤纸）、喷雾器、电吹风、培养皿（90~100mm）、烘箱等。

4. 操作步骤

（1）准备工作。将盛有平衡溶剂的小烧杯置密封的色谱槽中，让展层剂挥发后使色谱槽充满饱和蒸汽。

用镊子夹取色谱滤纸一张（50mm×150mm），在纸的一端距边缘 2~3cm 处用铅笔画一直线，在此直线上每隔 2cm 做一记号，共做 4 处记号。

（2）点样。用毛细管将各氨基酸样品分别点在标记号的 4 个位置上，并记录各样点所点氨基酸的名称。氨基酸的点样量以每个点 5~20μg 为宜。

（3）扩展。将盛有 20mL 展层剂的培养皿迅速置于密闭的色谱槽中，并将点好样品的色谱滤纸直立于培养皿中。盖好色谱槽，当看到展层剂上升 15~20cm 时，取出滤纸，用铅笔描出溶剂前沿的界限，并用电吹风在低挡温度吹干。

（4）显色。将吹干的滤纸用喷雾器均匀喷上 0.1％水合茚三酮乙醇溶液，然后置 65℃烘箱显色数分钟（或用电吹风吹干），即可显出各色谱斑点。

（5）计算。

显色后，用铅笔将各色斑的轮廓和中心点描绘出，然后量出由原点到色谱中心点和溶剂前沿的距离，计算出各斑点的 R_f，并进行比较和鉴定。

5. 注意事项

（1）溶剂系统的组成、滤纸质量、展开方式、温度、pH 等条件的变化都会影响 R_f 值的大小，层析时最好保持恒温，温差最好不超过±0.5℃。

（2）点样时，直径应控制在 5mm，需重复点样 3 次，每次点样干燥后方可点下一次且每次样品点应完全重合。为了快速干燥可用电吹风在低挡温度下吹干。

（3）放置色谱纸时，点样端在下，展层剂的液面应低于点样线 1cm。

（4）喷显色剂时，不要喷得太多，否则显色剂流动会影响显色。

（5）如混合液中氨基酸的种类较多，可以将色谱纸卷成筒状，用白线缝好。卷筒时，要注意色谱纸两边不能搭接，否则会造成溶剂前沿不齐，影响 R_f 值。

6. 实训结果

1）数据记录

将实训数据记录在表 3-6 中。

表 3-6　数据记录表

氨基酸的种类	1	2	3	4
原点到溶剂前沿的距离				
原点到溶质斑中心的距离				
各氨基酸的 R_f 值				

2）结果分析

通过对测得的样品中氨基酸的 R_f 值和斑点颜色与标准氨基酸的 R_f 和斑点颜色的比较，鉴定混合物样品中氨基酸的组成。

思考与复习

（1）色谱纸上的样品点浸在展层剂中是否可以？为什么？

（2）整个实训过程为什么不能用手直接接触滤纸？

实训二　蛋白质及氨基酸的呈色反应

1. 实训目的

（1）学习和了解常用的鉴定蛋白质与氨基酸的方法。

（2）认识氨基酸是蛋白质的基本组成单位。

2. 样品、试剂与仪器

（1）样品：

① 蛋白质溶液：取 5mL 蛋清，用蒸馏水稀释至 100mL，搅拌均匀后，用纱布过滤。

② 纯鸡蛋清。

③ 尿素粉末。

（2）试剂：

① 0.1％茚三酮乙醇溶液：称取 0.1g 茚三酮，溶于 100mL 95％乙醇，临用前配制。

② 1％硫酸铜溶液。

③ 10％氢氧化钠溶液和 20％氢氧化钠溶液。

④ 0.5％苯酚溶液。

⑤ 浓硝酸和浓硫酸（A.R.）。

⑥ 0.1％茚三酮水溶液。

⑦ 0.3％精氨酸溶液、0.3％组氨酸溶液、0.5％甘氨酸溶液。

⑧ 1％α-萘酚乙醇溶液，临用前配制。

⑨ 冰醋酸。

⑩ 20％明胶溶液。

⑪ 次溴酸钠溶液：在冰冷却下，将 2g 溴溶于 100mL 5％氢氧化钠溶液中，将溶液保存在棕色瓶中，并放在冷暗处，两周内有效。

⑫ Ehrlich 重氮试剂：

溶液 A：溶解 5g 亚硝酸钠于 1000mL 水中。

溶液 B：溶解 5g α-氨基苯磺酸于 1000mL 水中。溶解后，再加入 5mL 浓硫酸。

将 A、B 溶液分别保存于密闭瓶内。需用时，按 1∶1 的比例混合。

（3）仪器：

① 试管及试管架。

② 水浴锅。

③ 酒精灯。

④ 量筒（10mL）。

⑤ 滤纸片。

⑥ 烘箱。

3. 操作步骤

呈色反应可以用于鉴定蛋白质。有些颜色反应是所有蛋白质都具有的，有些具有一定的专一性。这些专一性反应是由于蛋白质中所含的某些氨基酸的特殊基团所产生的，因而凡含有这些氨基酸的蛋白质都有这些反应。因为几乎所有的蛋白质分子中都有这些氨基酸，所以可利用这些反应鉴定蛋白质。

1）双缩脲反应

（1）原理。双缩脲反应是指在碱性条件下，双缩脲与二价铜离子作用，生成紫红色配合物的反应。当加热至 180℃左右时，2 分子尿素缩合脱去 1 分子氨，生成双缩脲。在肽和蛋白质分子中具有肽键，其结构与双缩脲类似，也能发生此反应，生成蓝紫色或紫红色的配合物。该反应常用于蛋白质的定性或定量测定。

（2）操作步骤。取少量尿素结晶，放入干燥试管中，用微火加热使尿素熔化。熔化的尿素开始硬化时，停止加热，尿素放出氨，形成双缩脲。冷却后，加 10％NaOH 溶液约 1mL，振荡混匀，再加入 1％ $CuSO_4$ 溶液 1 滴，振荡。观察粉红色的出现。

取另一支试管，加 1mL 卵清蛋白溶液和 10％氢氧化钠溶液 2mL，摇匀，再加 1％硫酸铜溶液两滴，随加随摇，观察紫玫瑰色的出现。

（3）注意事项。双缩脲反应的干扰因素较多，一些含有一个肽键和一个—$CONH_2$、—$CS—NH_2$、—$CH—NH_2$ 等基团的物质也有双缩脲反应。并且 NH_3 对此反应具有严重的干扰，因为 NH_3 与铜离子可生成深蓝色的铜氨配合物。因此我们可以说蛋白质和多肽都有双缩脲反应，但有双缩脲反应的物质不一定都是蛋白质或多肽。

双缩脲反应所产生颜色的深浅与蛋白质的浓度成正比，而与蛋白质相对分子质量及氨基酸成分无关。

在尿素的双缩脲反应操作过程中应避免添加过量硫酸铜，因为生成的蓝色氢氧化铜能掩盖粉红色。

2）与茚三酮反应

（1）原理。除脯氨酸、羟脯氨酸和茚三酮反应生成黄色物质外，所有的 α-氨基酸及一切蛋白质都能和茚三酮反应生成蓝紫色物质。该反应分两步进行，首先是氨基酸被氧化，产生 CO_2、NH_3 和醛，而水合茚三酮被还原成还原性茚三酮；第二步是所生成的还原性茚三酮与另一个水合茚三酮分子和氨缩合生成有色物质。此反应的适宜 pH 为 5～7，同一浓度的蛋白质或氨基酸在不同 pH 条件下的颜色深浅不同，酸度过大时甚至不显色。该反应十分灵敏，1∶1500000 浓度的氨基酸水溶液即能显示反应，因此常用于氨基酸的定性分析。

（2）操作步骤。取 2 支试管分别加入蛋白质溶液和 0.5％甘氨酸溶液 1mL，再加 0.5mL 0.1％茚三酮水溶液混匀，在沸水浴中加热 1～2min，观察颜色由粉色变成紫红色再变蓝色。

在一小片滤纸上滴一滴 0.5％的甘氨酸溶液，风干后，再在原处滴 1 滴 0.1％的茚三酮乙醇溶液，在微火旁烘干显色，观察紫红色斑点的出现。

（3）注意事项。有些物质对茚三酮也呈类似的阳性反应，如 β-丙氨酸、氨和许多一级胺化合物等。所以在定性或定量测定中，应严防干扰物存在。

3）黄色反应

（1）原理。凡是含有苯环的化合物都能与浓硝酸作用生成黄色的硝基苯衍生物。该化合物在碱性溶液中进一步转化成深橙色的硝醌酸钠。

在蛋白质分子中，酪氨酸和色氨酸残基易发生上述反应，而苯丙氨酸不易硝化，需加少量浓硫酸催化才能呈明显的正反应。皮肤、指甲、头发等遇浓硝酸变黄即为这一反应的结果。

（2）操作步骤。取一支试管加 4 滴 0.5％苯酚溶液，再加浓硝酸 2 滴，观察黄色出现，冷却后逐滴加入 10％氢氧化钠溶液，观察颜色转变为橙色。

取一支试管加蛋白质溶液 4 滴及浓硝酸 2 滴，由于强酸的作用，开始蛋白质形成白色沉淀，小火加热，则沉淀变为黄色。冷却后，逐滴加入 10％氢氧化钠溶液，颜色由黄色转变成深橙黄色。

剪少许指甲或头发放入试管中，加入数滴浓硝酸，观察颜色变化。

（3）注意事项。浓硝酸浓度不应低于 40％。

4）坂口反应

（1）原理。在次溴酸钠或次氯酸钠存在的条件下，许多含有胍基的化合物（如胍乙酸、甲胍、胍基丁胺等）能与 α-萘酚发生反应生成红色物质。在 20 种氨基酸中，唯有精氨酸含有胍基，所以只有它呈正反应。

该反应灵敏度达 1∶250000。因此常用于定量测定精氨酸的含量和定性鉴定含有精氨酸的蛋白质。

（2）操作步骤。取 2 支试管，分别加入 1mL 0.3％精氨酸溶液和蛋白质溶液，各加 20％氢氧化钠溶液 5 滴，1％ α-萘酚酒精溶液 2 滴，次溴酸钠溶液 6 滴，摇匀，放置片刻，观察出现的颜色。

（3）注意事项。反应过程中生成的氨会被次溴酸钠氧化生成氮。故该反应中过量的次溴酸钠对反应是不利的，因为它能进一步缓慢氧化，使产物破裂分解，引起颜色消失。但加入适量尿素可破坏过量的次溴酸钠。酪氨酸、色氨酸和组氨酸也能降低产生颜色的强度，甚至会阻止颜色的生成。

5）乙醛酸反应

（1）原理。在浓硫酸存在下，色氨酸与乙醛酸反应生成紫色物质，反应机理尚不清楚，可能是 1 分子乙醛酸与两分子色氨酸脱水缩合形成与靛蓝相似的物质。色氨酸在浓硫酸中与一些醛类反应也形成有色物质。很多人用含有少量醛杂质的冰醋酸或芳香醛等进行此反应。

（2）操作步骤。向试管中加数滴蛋白质溶液，再加冰醋酸（常含有少量乙醛酸或醛类）约 1mL 并混匀倾斜试管，谨慎地沿着管壁加浓硫酸（A.R.）约 1mL，勿使二者混合。静置后，观察在两液界面上出现的红紫色环，于水浴中微热，可加快色环形成。

用 20％的白明胶做乙醛酸反应，观察结果。

（3）注意事项。硝酸根、亚硝酸根、氯酸根及过多的氯离子均能妨碍此反应，有微量硫酸铜或 Fe^{3+} 存在时，可以加强色氨酸的阳性反应。

6）偶氮反应

（1）原理。偶氮化合物（Ehrlich 偶氮试剂）与酚核或咪唑环结合产生有色物质。它与酪氨酸和组氨酸反应的产物分别为红色和樱桃红色。含有酪氨酸和组氨酸的蛋白质也有此反应。

（2）操作步骤。取 2 支试管，分别加入 0.3％组氨酸溶液和纯鸡蛋清各 4 滴，再各加入新配制的重氮试剂 8 滴摇匀，加入 2 滴 20％的氢氧化钠溶液，再摇匀。过几分钟，观察颜色的形成，一般出现樱桃红色。

思考与复习

（1）如果蛋白质水解作用一直进行到双缩脲反应呈阴性结果，此时可对水解程度做出什么结论？

（2）能否用茚三酮反应可靠地鉴定蛋白质的存在？

4.实训结果

将反应结果记录在表3-7中。

表3-7　反应结果记录表

反应类型	双缩脲反应	茚三酮反应	黄色反应	坂口反应	乙醛酸反应	偶氮反应
现象						

实训三　蛋白质的透析

1.实训目的

（1）学习蛋白质透析的基本原理。

（2）掌握其基本操作方法。

2.实训原理

蛋白质是大分子物质，它不能透过透析膜，而小分子物质可以自由透过。在分离提纯蛋白质的过程中，常利用透析的方法使蛋白质与其中夹杂的小分子物质分开。

3.样品、试剂与仪器

（1）样品：

蛋白质的氯化钠溶液：3个除去卵黄的鸡蛋清与700mL水及300mL饱和氯化钠溶液混合后，用数层干纱布过滤。

（2）试剂：

① 10%硝酸溶液。

② 1%硝酸银溶液。

③ 10%氢氧化钠溶液。

④ 1%硫酸铜溶液。

（3）仪器：

① 透析管或玻璃纸。

② 烧杯。

③ 玻璃棒。

④ 电磁搅拌器。

⑤ 试管及试管架。

4.操作步骤

1）双缩脲反应

用蛋白质溶液做双缩脲反应。

2）透析

（1）装样：向火棉胶制成的透析管中装入 10～15mL 蛋白质溶液（做法：可以用玻璃纸装入蛋白质溶液后扎成袋形）。

（2）透析：将透析管或袋放在盛有 10 倍以上蛋白质体积的蒸馏水的烧杯中（透析袋系于一横放在烧杯上的玻璃棒上）。在烧杯底部放一个磁子，缓慢搅拌以促进溶液交换。约 1h 后，自烧杯中取水 1～2mL，加 10％硝酸溶液数滴使呈酸性，再加入 1％硝酸银溶液 1～2 滴，检查氯离子的存在。从烧杯中另取 1～2mL 水，做双缩脲反应，检查是否有蛋白质存在。

（3）检查透析效果：不断更换烧杯中的蒸馏水（约 30min 一次，并用电磁搅拌器不断搅动蒸馏水）以加速透析过程。数小时后从烧杯中的水中不能再检出氯离子。此时停止透析，并检查透析袋内容物是否有蛋白质或氯离子存在。

5. 注意事项

（1）透析袋不可装太满，并使其适当排出空气。

（2）将装好样品的透析袋悬于大烧杯中部。

（3）透析停止后，透析袋中将出现球蛋白沉淀，这是因为球蛋白不溶于纯水。

6. 实训结果

将透析过程中检查透析效果的结果填入表 3-8 中。

表 3-8　蛋白质透析效果检查表

透析时间	加入 1％硝酸银溶液的现象	双缩脲反应情况	备注
1h			
2h			
3h			
数小时后			
透析停止			

思考与复习

（1）透析前的蛋白质/NaCl 混合液是否可以用硝酸银溶液检查 Cl^-？

（2）双缩脲反应检验蛋白质的原理是什么？

（3）透析时，为什么将透析袋置于透析液层的中部？

（4）蛋白质透析的操作要点是什么？

实训四　牛奶中水解蛋白类物质的测定

1. 实训目的

进一步熟悉沉淀蛋白质的方法，并了解其实用意义。

2. 实训原理

乳及乳制品企业以蛋白质含量计价，部分奶农为了掺水且不使蛋白质含量降低，同时为了能提高非脂干物质的含量而向原料乳中加水解蛋白粉。

本实训是用硝酸汞沉淀除去牛奶中的乳酪蛋白，但水解蛋白不会被除去，然后通过水解蛋白与饱和苦味酸产生沉淀反应而对牛奶进行掺假鉴定。

3. 样品、试剂和仪器

(1) 样品：牛奶。

(2) 试剂：

① 除蛋白试剂：硝酸汞 14g，加入 100mL 蒸馏水，加浓硝酸约 2.5mL，加热助溶，待试剂全部溶解后加蒸馏水至 500mL。

② 饱和苦味酸溶液：称取 2g 固体苦味酸于烧杯中，用冷却的蒸馏水定容至 100mL，后将定容好的溶液倒入烧杯中煮沸（沸腾即可），然后将液体冷却，待结晶析出后将上清液倒入试剂瓶中。

(3) 仪器：

① 平皿。

② 试管。

③ 黑色比色板。

4. 操作步骤

取 5mL 乳样，放入干净干燥的平皿或其他容器内，加除蛋白试剂 5mL 混合均匀，边加边摇动，不可产生大体积絮状物。将摇匀的液体过滤于试管中收集滤液（约 3mL），然后沿试管壁慢慢加入饱和苦味酸溶液约 0.5mL（约需要 40s），切勿使滤液与苦味酸混合（加入的苦味酸溶液层如超出总液体体积的 1/4 则表示实验失败）；加入苦味酸后立即用黑色比色板做底色观察样品（5s 以内），判定结果。

5. 实训结果

按环层颜色变化判定结果：

阴性：饱和苦味酸的液相与无色的滤液液相扩散状态清晰，无白色圆圈状或无黄褐色沉淀圈，试管底部滤液仍有部分未与饱和苦味酸混合。

阳性：出现白色或黄褐色沉淀圈（沉淀圈表现为较明显清晰的环状层面），甚至出现沉淀层。

掺水解蛋白粉越多，滤液越不透明，白色沉淀越明显。最低检出量为 0.05%。

6. 注意事项

本方法如果牛奶酸度＞16°T 或为其他非正常生鲜牛奶（如含有外来添加物、生理病理异常乳等）时容易出现假阳性。

实训五　牛奶热冲击实验

1. 实训目的

了解蛋白质受热变性的原理和测定方法，从而推测牛奶的新鲜程度。

2. 样品、仪器

(1) 样品：牛奶。

(2) 仪器：

① 吸管（10mL）。

② 试管（18mm×180mm）。

③ 试管塞。

④ 培养皿。

⑤ 高压蒸汽灭菌锅。

3. 实训原理

蛋白质受到高温、压力作用后会发生沉淀变性。通过本实验观察，根据蛋白质的稳定程度来推测牛奶的质量。

4. 操作步骤

取牛奶 15mL 注入一支试管中。当高压蒸汽灭菌锅中水沸腾后，将装有牛奶并塞好塞子的试管放入高压蒸汽灭菌锅内，密封。待其升至 121℃保温 10min 后，打开排气阀排汽。排汽完毕，将试管取出观察牛奶的组织状态。

5. 实训结果

首先观察试管内牛奶的变化，如有明显结块现象和水乳分离现象，则直接判定此牛奶热冲击实验阳性。

如没有明显的组织状态表现，则将试管内的牛奶缓慢倾倒，同时观察牛奶是否有絮状物（可倒入平皿中观察）。如有絮状物，则判定此批牛奶为阳性。

将牛奶倒出后，观察试管壁白色点状物分布情况，具体观察方式为：热冲击出现挂壁≤1/3，判断≤1/3 阳性；热冲击出现挂壁≤2/3，判断≤2/3 阳性；热冲击出现挂壁≥2/3，判断≥2/3 阳性。

6. 注意事项

严格按照高压蒸汽灭菌锅的使用方法进行操作。

📖 思考与复习 ◎

为什么通过牛奶热冲击实验能够推测牛奶的质量？

实训六　SDS-聚丙烯酰胺凝胶电泳法测定蛋白质相对分子质量

1. 实训目的

（1）掌握 SDS-聚丙烯酰胺凝胶电泳法测定蛋白质相对分子质量的原理。

（2）掌握垂直板电泳的操作方法。

2. 实训原理

SDS-聚丙烯酰胺凝胶电泳（SDS-PAGE）是对蛋白质进行量化、比较及特性鉴定的一种经济、快速、可重复的方法。该法主要依据蛋白质的分子质量对其进行分离。SDS 与蛋白质的疏水部分相结合，破坏其折叠结构，并使其稳定地存在于一个广泛均一的溶液中。SDS-蛋白质复合物的长度与其相对分子质量成正比。由于在样品介质和聚丙烯酰胺凝胶中加入离子去污剂和强还原剂后，蛋白质亚基的电泳迁移率主要取决于亚基相对分子质量的大小，而电荷因素可以忽略。为了满足 SDS 与蛋白质进行定量结合，聚丙烯酰胺凝胶电泳中的凝胶及电极缓冲系中都含有 SDS，所以称为 SDS-聚丙烯酰胺凝胶电泳。SDS-PAGE 因易于操作和广泛的用途，而成为许多研究领域中一种重要的分析技术。

SDS是十二烷基硫酸钠的简称,它是一种阴离子表面活性剂,加入到电泳系统中能使蛋白质的氢键和疏水键打开,并结合到蛋白质分子上(在一定条件下,大多数蛋白质与SDS的结合比为1.4g SDS:1g 蛋白质),使各种SDS-蛋白质复合物都带上相同密度的负电荷,其数量远远超过了蛋白质分子原有的电荷量,从而掩盖了不同种类蛋白质间原有的电荷差别。这样就使电泳迁移率只取决于分子大小这一因素,于是根据标准蛋白质相对分子质量的对数和迁移率所作的标准曲线,可求得未知物的相对分子质量。

3. 样品、试剂与仪器

(1)样品:

标准蛋白质的配制:取标准蛋白,按0.5mg/mL的比例溶于样品缓冲液中,使其充分溶解,在沸水浴中加热3min,取出冷却至室温,备用。

(2)试剂:

① A液——30%凝胶储备液:在通风柜中操作,取29.2g丙烯酰胺、0.8g亚甲基双丙烯酰胺,加去离子水至100mL,缓慢搅拌直至丙烯酰胺粉末完全溶解,过滤,储存于棕色瓶中,在4℃冰箱保存(如用石蜡膜封口,可存放数月)。

② B液——10%凝胶储备液:取9.5g丙烯酰胺、0.5g亚甲基双丙烯酰胺,加去离子水至100mL,缓慢搅拌,完全溶解后过滤,储存于棕色瓶中,4℃冰箱保存。

③ 1.5mol/L Tris-HCl缓冲液(pH8.8):取181.5g Tris,加适量蒸馏水溶解,缓慢地加浓盐酸至pH8.8。让溶液冷却至室温,加蒸馏水定容至1000mL。

④ 0.5mol/L Tris-HCl缓冲液(pH6.8):取60.6g Tris,加500mL蒸馏水,缓慢地加浓盐酸至pH6.8。让溶液冷却至室温,加蒸馏水定容至1000mL。

⑤ 0.05mol/L Tris-HCl缓冲液(pH8.0):取6.1g Tris,加500mL蒸馏水溶解,缓慢地加浓盐酸至pH8.0。让溶液冷却至室温,加蒸馏水定容至1000mL。

⑥ 50%甘油:取50mL 100%甘油,加入50mL蒸馏水。

⑦ 1%溴酚蓝:取100mg溴酚蓝,加蒸馏水至10mL,搅拌直到完全溶解,过滤除去聚合的染料。

⑧ 1%TEMED(N,N,N',N'-四甲基乙二胺)。

⑨ 10%过硫酸铵:取0.5g过硫酸铵,加入5mL蒸馏水。在临用时配制(或可保存在密封的管内于4℃存放数月)。

⑩ 10%SDS:取10g的SDS,加去离子水至100mL。

⑪ Tris-甘氨酸电泳缓冲液(pH 8.3):取6g Tris、28.8g甘氨酸、10%SDS溶液10mL,加蒸馏水定容至1L。

⑫ 2×样品缓冲液:取2mL 0.05mol/L Tris-HCl(pH8.0),加入2mL 10% SDS、2mL 50%的甘油、0.5mL 5%的β-巯基乙醇、1mL 1%溴酚蓝,用蒸馏水定容至10mL。

⑬ 考马斯亮蓝染液:将2.5g考马斯亮蓝R-250溶解于450mL甲醇中,再加入450mL蒸馏水和100mL冰醋酸,混匀,过滤除去颗粒物质即可。

⑭ 洗脱液:将50mL甲醇和75mL冰醋酸溶解于875mL蒸馏水中。

(3)仪器:

① 微型凝胶电泳装置。

② 电源（电压 200V，电流 500mA）。

③ 100℃沸水浴。

④ Eppendorf 管。

⑤ 微量注射器（50μL 或 100μL）。

⑥ 干胶器。

⑦ 真空泵或水泵。

⑧ 带盖的玻璃或塑料小容器。

⑨ 摇床。

⑩ 一次性手套。

4. 操作步骤

1）制备凝胶

准备玻璃板，洗好，晾干。按电泳槽使用说明装好，按表3-9 配制12%分离胶溶液和5%成层胶溶液。

表 3-9　分离胶溶液与成层胶溶液的配制

溶液成分	12%分离胶溶液/mL	5%成层胶溶液/mL
A 液	4.0	—
B 液	—	2.5
1.5mol/L（pH8.8）Tris-HCl	2.5	—
0.5mol/L（PH6.8）Tris-HCl	—	1.25
10%SDS	0.1	0.05
1%TEMED	0.8	0.4
蒸馏水	2.5	0.75
10%过硫酸铵	0.1	0.05
总体积	10	5.0

小心将分离胶注入准备好的玻璃间隙中，为成层胶留出空间。小心地在顶层加入几毫升去离子水，以阻止空气中的氧对凝胶聚合的抑制作用。

凝胶聚合后，倒掉上层水，用滤纸吸干凝胶顶端的水。

按表3-9 配制成层胶，注入分离胶上端，小心插入梳子，以避免产生气泡。

2）点样

待测蛋白质样品的制备：若样品为水溶液，且蛋白质含量大于10mg/mL，可将待测液与样品缓冲液等体积混匀，100℃加热 3min。固体样品的制备与标准蛋白质样品相同。

成层胶聚合后，用去离子水冲洗点样孔，将凝胶放入电泳槽上；在上下槽中加入电泳缓冲液；用电泳缓冲液冲洗点样孔。

按次序上样，将样品缓冲液加入未使用的点样孔中。

3）电泳

开始电压为 8V/cm，染料进入分离胶后，将电压调至 15V/cm，继续电泳至溴酚蓝到达分离胶底部，关闭电源。

4）染色

取下凝胶，量取凝胶长度和溴酚蓝迁移距离，浸泡于考马斯亮蓝染液中，放于摇床上，室温下缓慢摇动 30～40min。

5）脱色

用洗脱液脱色，放于摇床上，室温下缓慢摇动 1～2h，期间换 1～2 次洗脱液。将洗脱后的凝胶照相或干燥，也可置于含有 20％甘油的水中密闭保存。

5. 实训结果

1）迁移率的计算

计算方法如下：

$$相对迁移率 = \frac{蛋白质迁移的距离}{脱色后凝胶的长度} \times \frac{染色凝胶的长度}{溴酚蓝迁移的距离}$$

2）绘制标准曲线

以标准蛋白质的相对迁移率为横坐标，标准蛋白质的相对分子质量（表 3-10）为纵坐标在半对数坐标纸上作图，可得到一条标准曲线。

表 3-10 标准蛋白质的相对分子质量

蛋白质名称	相对分子质量	蛋白质名称	相对分子质量
兔磷酸化酶	94000	牛磷酸酐酶	31000
牛血清白蛋白	66200	鸡蛋清溶菌酶	14400
兔肌动蛋白	43000		

3）求未知蛋白质样品的相对分子质量

根据待测蛋白质样品的相对迁移率可直接在标准曲线上查出其相对分子质量。

6. 注意事项

（1）聚丙烯酰胺是一种神经毒素，可通过皮肤吸收，会因多次积蓄而中毒。故操作时应极其小心，需要戴一次性手套。

（2）安装电泳槽和镶有长、短玻璃板的硅橡胶框时，位置要端正，均匀用力旋紧固定螺钉，以免缓冲液渗漏。样品槽板梳齿应平整光滑。

（3）此法可检测到 $0.1\mu g$ 以上的单一条带的蛋白质。

（4）电泳时，电泳仪与电泳槽间正、负极不能接错，以免样品反方向泳动。电泳时应选用合适的电流、电压，过高或过低都会影响电泳效果。

（5）SDS 纯度。在 SDS-PAGE 中，需高纯度的 SDS，市售化学纯 SDS 需重结晶一次或两次方可使用。重结晶方法如下：称 20g SDS 放在圆底烧瓶中，加 300mL 无水乙醇及约半牛角匙活性炭，在烧瓶上接一冷凝管，在水浴中加热至乙醇微沸，回流约10min，用热布氏漏斗趁热过滤。滤液应透明，冷却至室温后，移至－20℃冰箱中过夜。次日用预冷的布氏漏斗抽滤，再用少量－20℃预冷的无水乙醇洗涤白色沉淀 3 次，尽量抽干，将白色结晶置真空干燥器中干燥或置 40℃以下的烘箱中烘干。

（6）用 SDS 处理蛋白质样品时，每次都会在沸水浴中保温 3～5min，以免有亚稳聚合物存在。

（7）标准蛋白质的相对迁移率最好在 0.2～0.8 之间均匀分布。值得指出的是，每次测定未知物相对分子质量时，都应同时用标准蛋白质制备标准曲线，而不是利用过去的标准曲线。用此法测定的相对分子质量只是它们的亚基或单条肽链的相对分子质量，而不是完整分子的相对分子质量。为测得精确的相对分子质量范围，最好用其他测定蛋白相对分子质量的方法加以校正。此法对球蛋白及纤维蛋白的相对分子质量测定较好，对糖蛋白、胶原蛋白等相对分子质量测定差异较大。

（8）对样品的要求：应采用低离子强度的样品。如样品中离子强度高，则应透析或经离子交换除盐。加样时，应保持凹形加样槽胶面平直。加样量以 $10\sim15\mu L$ 为宜，如样品呈较稀的液体状，为保证区带清晰，加样量可增加，同时应将样品缓冲液浓度提高2倍或更高。

（9）由于凝胶中含 SDS，直接制备干板会产生龟裂现象。如需制干板，可用25%异丙醇与7%乙酸混合浸泡，并经常换液，直到 SDS 脱尽（需 $2\sim3d$），才可制备干板。为方便起见，常采用照相法保存照片。

思考与复习

（1）SDS-聚丙烯酰胺凝胶电泳法测定蛋白质相对分子质量的原理是什么？

（2）样品缓冲液中 SDS 和 β-巯基乙醇的作用是什么？

（3）各种蛋白质相对迁移率的高低主要是由什么决定的？

（4）本实训中蛋白质的电泳迁移率与蛋白质的相对分子质量的关系是什么？

（5）SDS-聚丙烯酰胺凝胶电泳技术的应用有哪些？

（6）本实训中，溴酚蓝的作用是什么？

（7）还有哪些方法可以测定蛋白质的相对分子质量？

实训七　牛奶酸度测定——酒精实验

1. 实训目的

了解对牛奶进行酒精实验来推测其新鲜度和酸度的原理，并掌握其测定方法。

2. 实训原理

乳中酪蛋白胶粒带有负电荷，使酪蛋白胶粒具有亲水性，在胶粒周围形成了结合水层，所以酪蛋白在乳中以稳定的胶体状态存在。酒精具有脱水作用。当乳的酸度增高时，酪蛋白胶粒带有的负电荷被 $[H^+]$ 中和；酪蛋白胶粒周围的结合水易被酒精脱去，中和负电荷造成凝集。

用一定浓度的酒精与等量牛奶混合，根据蛋白质的凝聚情况，判定牛奶的新鲜度和酸度（实验的标准温度是 20℃）。

3. 样品、试剂与仪器

（1）样品：牛奶。

（2）试剂：

75%酒精的配制：用95%的分析纯酒精，利用公式 $V_1\times95\%=V_2\times75\%$（$V_1$ 为所加95%的酒精体积，V_2 为所配制浓度为75%酒精的体积，V_2-V_1 为所加蒸馏水的体积）计算需要加入蒸馏水的体积，然后加入蒸馏水，充分混匀后用酒精计测量酒精溶液的浓度和温度，最后查表求得酒精浓度。

（3）仪器：

① 吸管（或 2mL 取液器）。

② 培养皿。

4．操作步骤

用吸管（或 2mL 取液器）取 2mL 乳样于干燥、干净的平皿内，吸取等量酒精加入皿内，边加边转动平皿，使酒精与乳样充分混合（勿使局部酒精浓度过高而发生凝聚）。

5．实训结果

根据平皿中是否产生絮状沉淀来推测牛奶的新鲜度和酸度。

6．注意事项

（1）取样（采样）要具有代表性。

（2）样品中（检样）勿混入水分及其他离子，以免造成检验误差。

（3）注意乳样与酒精等体积混合。

（4）所用吸管与平皿必须干燥、干净。

（5）配制酒精时，所加的水必须是煮沸过的，且水温保持室温。

（6）配制酒精时，酒精与水必须充分混匀。

📖 思考与复习 ◎

试述影响牛奶酸度测定——酒精实验结果的因素。

拓展知识

一、蛋白质与食品加工技术的关系以及在食品工业中的应用

蛋白质对食品的感官品质有重要的影响，如肉类产品的质构和多汁特征主要取决于肌肉蛋白质。焙烤食品的感官性质与小麦的面筋蛋白的黏弹性和面团的性质有关。蛋白质在食品加工过程中表现出不同的功能作用，如表 3-11 所示。

表 3-11 食品蛋白质在食品体系中的功能作用

功能	食品	蛋白质种类
溶解性	饮料	乳清蛋白
黏度	汤、肉汁、色拉调味料和甜食	明胶
凝胶作用	肉、凝胶、蛋糕、焙烤食品和奶酪	肌肉蛋白质、鸡蛋和乳蛋白质
水结合	肉、香肠和面包	肌肉蛋白质和鸡蛋蛋白质
黏结-黏合	肉、香肠和焙烤食品	肌肉蛋白质、鸡蛋和乳清蛋白
弹性	肉和焙烤食品	肌肉蛋白质和谷物蛋白质
乳化	香肠、汤、蛋糕、调味料	肌肉蛋白质、鸡蛋和乳蛋白质
气泡	冰淇淋、蛋糕和甜食	鸡蛋蛋白质和乳蛋白质
脂肪和风味物的结合	低脂烘焙食品和油杂面	乳蛋白质、鸡蛋蛋白质和谷物蛋白质

蛋白质的功能性质决定食品的结构、形态和色、香、味等。了解蛋白质的功能特性，不仅有助于在食品加工业中正确使用蛋白质，也有利于食品营养成分的保持和利用。

二、生化检测技术介绍

（一）电泳技术

电泳是指混悬于溶液中的样品（有机的或无机的，有生命的或无生命的）电荷颗粒，在电场影响下向着与自身带相反电荷的电极移动的现象。利用电泳对混合物进行分离、纯化和测定的技术，称为电泳技术。电泳技术除了用于分离、纯化小分子物质外，主要用于蛋白质、核酸、酶、病毒和细胞的分析研究。由于具有设备简单、操作方便和分辨率高等特点，目前已成为医学和生物学实验室的常用技术。

1. 基本原理

1）带电状态

在电场中，被分离颗粒必须带有净电荷才能移动，如净电荷数为零，则不能移动。颗粒在溶液中的带电状态主要由颗粒表面的化学基团和溶液的 pH 决定。

氨基酸、蛋白质、核苷酸和核酸都属于两性电解质，带有酸性基团和碱性集团，它们在不同 pH 溶液中带有不同的电荷。

粒子在溶液中的电离状态和所带电荷数可以通过调节溶液的 pH 来控制（前已述及）。粒子表面所带的电荷会决定它在电场中的移动方向和移动速度。所以，在某一 pH 条件下，由于不同物质所带的电荷性和电荷数不同，粒子在电场中的移动方向和移动速度不同，故而可以得到分离。

2）电泳迁移率

在单位电场强度下，带电颗粒的移动速度称为电泳迁移率。

用 μ 表示电泳迁移率，那么粒子的移动速度（V）等于电场强度（E）和粒子的有效迁移率（μ）的乘积，即 $V = \mu E$。

影响电泳迁移率的因素：①电场强度；②溶液的 pH；③溶液的离子强度；④电渗。在电泳时，溶液的黏度和电场强度都是相同的，因此颗粒泳动速度取决于颗粒的大小、形状和电荷量。被分离混合物的各组分的迁移率差别越大，分离效果越好。

2. 分类和特点

1）按分离原理分类

按分离原理，电泳可分为区带电泳、移界电泳和稳态电泳。

（1）区带电泳。区带电泳是指在半固相或胶状介质上加一个点或一薄层样品溶液，然后在介质上加电场，带电颗粒在支持介质上或支持介质内迁移的类型。在电泳过程中，不同的离子成分在均一的缓冲液系统中分离成独立的区带，可用染色等方法显示出来。例如，在凝胶中进行的区带电泳，由于凝胶兼具分子筛的作用，分辨率大大提高，是当前应用最广泛的电泳技术。区带电泳按支持物的装置形式不同，可分为以下几种。

① 平板式电泳。支持物水平放置，是最常用的电泳方式。

② 垂直板式电泳。板状支持物，在电泳时，按垂直方向进行，聚丙烯酰胺凝胶常做成垂直板式电泳。

③ 连续液动电泳。最早应用于纸电泳，将滤纸垂直竖立，两边各放一电极，溶液

自顶端向下流，与电泳方向垂直，现在有用淀粉、纤维素粉、玻璃粉等代替滤纸分离血清蛋白的，分离量较大。

④ 圆盘电泳。电泳支持物灌制在两通的玻璃管中，被分离的物质在其中泳动后，区带呈圆盘状。

（2）移界电泳。移界电泳是把电场加在生物大分子溶液和缓冲溶液之间的界面上，带电颗粒的移动速度可通过光学方法观察界面的移动来测定。TiSelius 是最早建立的自由移动界面电泳装置，它是在 U 形管中进行的，只能起到部分分离作用，分离组分有相互重叠的部分。由于分离效果较差，已被其他电泳技术所取代。

（3）稳态电泳。稳态电泳是指带电颗粒在电场作用下电迁移一定时间后达到一个稳定状态，此后电泳条带的宽度不随时间的变化而变化的电泳类型，如等速电泳、等电聚焦电泳（IEF）。

2）按有无固体支持物分类

按有无固体支持物，电泳可分为自由电泳和支持物电泳（即区带电泳）。

（1）自由电泳。自由电泳是指在溶液中进行的电泳，可分为：①显微电泳（也称细胞电泳），即在显微镜下直接观察细胞或细菌等的电泳行为；②移界电泳；③柱电泳，是在层析柱中进行的电泳，用密度梯度保持分离区带不再混合，若再配合 pH 梯度则称为等电聚焦柱电泳；④自由流动幕电泳，是一种制备用的连续电泳；⑤等速电泳等。

自由电泳存在一定缺陷，在电泳过程中的热效应和扩散作用造成液柱的对流和蛋白区带加宽，降低了电泳的分辨率。自由电泳法的发展并不迅速，这是因为其电泳仪构造复杂，体积庞大，操作要求严格，价格昂贵等。

（2）支持物电泳（即区带电泳）。支持物电泳是指在固体支持物上进行的电泳，形式多样。支持介质的作用主要是防止电泳过程中的机械干扰、温度变化以及大分子溶液的高密度而产生的对流。支持物可使用无阻滞的滤纸、乙酸纤维素薄膜、纤维素粉、淀粉、玻璃粉、聚酰胺粉末、凝胶微粒、海绵等，也可以使用高密度凝胶作为支持介质，如淀粉凝胶、琼脂凝胶、琼脂糖凝胶、聚丙烯酰胺凝胶。

采用支持介质进行电泳的目的是防止电泳过程中分子的对流和扩散，使被分离物质得到更有效的分离。支持介质应当具备以下特性：物理化学性质稳定，在电泳过程中不受环境因素的影响，保持原有的状态和性能；化学惰性，在电泳过程中不与缓冲系统中的各种离子和待分离的生物大分子发生化学反应，不干扰生物大分子的电泳过程；均匀，电内渗小，结果重复性好。支持物电泳的固体支持介质可以分为以下两类。

① 薄膜类。薄膜类包括纸类、乙酸纤维素薄膜、聚酰胺薄膜等，这类支持介质化学惰性好，在电泳过程中产生的对流和扩散较小，分离的基本原理主要是基于生物大分子的电荷密度。

② 凝胶类。凝胶类包括淀粉凝胶、琼脂糖凝胶、聚丙烯酰胺凝胶等，这类支持介质相对薄膜类又进了一步，它具有高黏度和高摩擦阻力，在电泳过程中不仅能防止对流，减小扩散，还具有凝胶的多孔性，孔径与蛋白质分子大小大致相同，因而能产生分子筛效应。其分离作用既与电荷密度有关，又与分子大小有关，因而凝胶的分离原理是

基于大分子的电荷密度和分子大小的，对分离不同相对分子质量的生物大分子极为有利。所以，生物大分子（如蛋白质和核酸）电泳多采用凝胶类介质。现在用得最多的是聚丙烯酰胺凝胶、琼脂糖凝胶。

3. 影响因素

在电场中被分离物质的泳动速度除受本身性质如所带电荷的性质和数量，分子本身的大小和形状，分子的水化程度、解离趋势、两性行为等影响外，还与其他外界环境因素有关。

1）电场强度的影响

电场强度是指电场中每厘米的电位差，也称电位梯度或电势梯度。电场强度对电泳的速度起着重要作用。电场强度高，带电颗粒泳动速度快；电场强度低，带电颗粒泳动速度慢。

2）溶液 pH 的影响

大部分生物大分子都具有阳离子和阴离子基团，这些基团的解离常数不同。溶液的 pH 决定被分离物质带电基团的解离程度，所以生物大分子的净电荷取决于环境的 pH。pH 影响着生物大分子的电泳迁移率，溶液的 pH 距离蛋白质的等电点 pI 越远，蛋白质带电性越强，泳动速度越快；pH 距离蛋白质的 pI 越近，蛋白质带电性越弱，泳动速度越慢。电泳时为保持 pH 恒定，必须采用缓冲液作为电极缓冲液。在分离蛋白质时，要选择合适 pH 的缓冲液，使待分离的各种蛋白质所带的电荷数量有较大差异，以有利于彼此分开。

3）溶液离子强度的影响

溶液中的离子强度直接影响被分离物质的电动电势。带电颗粒的迁移率与离子强度的平方根成反比。如果溶液的离子强度越大，电动电势越小，泳动速度就越慢；如果溶液的离子强度越小，电动电势越大，泳动速度就越快。高离子强度时，电泳条带较细窄。一般最适合的离子强度在 0.02～0.2。

4）电渗的影响

固体支持物表面的电荷使支持物附近溶液分子形成偶电层，溶液在电场中向一定方向移动，即电渗现象，溶液移动的同时携带颗粒一起移动。在纸电泳中，滤纸上吸附 OH^- 带负电，使与纸接触的水溶液带正电，在电场作用下向负极移动，同时携带颗粒向负极移动。所以电泳时，带电颗粒的表观泳动速度是颗粒本身的泳动速度与由于电渗作用溶液携带颗粒移动速度的矢量之和。

5）温度的影响

在凝胶电泳过程中要产生焦耳热，而热对电泳的分离效果影响很大。温度升高时，介质黏度下降，分子运动加剧，使自由扩散的速度变快，迁移率增加。据实验证实，温度每升高 1℃，迁移率增加约 2.4%。在电泳过程中，可以控制电压或电流，也可以在电泳装置中安装冷却装置，以降低热效应。

6）介质的影响

介质的交联度直接影响分离效果；介质的纯度影响聚胶效果；介质的非特异性吸附会增大电渗。

4. 生物化学实训中常用电泳的类型

1）纸电泳

纸电泳是以滤纸为支持物来进行电泳的，它常与其他层析方法配合使用，以提高分离效果。纸电泳一般用于物质分离与分析、等电点测定、鉴别颗粒电荷的符号和判断样品的纯度等方面。

由于纸电泳具有设备简单、费用少以及操作方便等优点，所以目前仍为实验室常用电泳技术之一。然而，纸电泳所用滤纸有较大的吸附力和电渗作用，使样品颗粒泳动易受影响，所以不适用于测定迁移率。

2）醋酸纤维素膜电泳

醋酸纤维素膜是由高纯度的醋酸纤维素制成的一种细密而又薄的微孔膜。醋酸纤维素膜电泳的原理基本上和纸电泳原理相同，但由于作为支持物的醋酸纤维素膜对样品的吸附性较滤纸小得多，因此，少量的样品（5μg 的蛋白质）也可得到满意的分离效果，甚至大分子物质都能获得较高的分辨率。又由于醋酸纤维素亲水性较小，故而电渗作用较纸小，并且它所容纳的缓冲液也较少，因此电泳大部分由样品传导，加速了样品分离，大大节约了电泳时间。

虽然醋酸纤维素膜电泳的分辨能力比聚丙烯酰胺凝胶电泳和淀粉胶电泳等要低，但它具有简单、快速、定量容易等优点，尤其较纸电泳分辨力强、区带清晰、灵敏度高和便于保存、照相等，所以醋酸纤维素膜电泳已取代纸电泳而被广泛应用于科学实验、生化产品分析和临床化验。

（1）材料与试剂。醋酸纤维素膜一般使用市售商品，常用的电泳缓冲液为 pH8.6 的巴比妥缓冲液，浓度在 0.05～0.09mol/L。

（2）操作要点。

① 膜的预处理：必须于电泳前将膜片浸泡于缓冲液，浸透后取出膜片并用滤纸吸去多余的缓冲液，不可吸得过干。

② 加样：样品用量依样品浓度、本身性质、染色方法及检测方法等因素决定。对血清蛋白的常规电泳分析，每厘米加样线不超过 1μL，相当于 60～80μg 的蛋白质。

③ 电泳：可在室温下进行。电压为 25V/cm，电流为 0.4～0.6mA/cm。

④ 染色：一般蛋白质染色常使用氨基黑和丽春红，糖蛋白用甲苯胺蓝或过碘酸-Schiff 试剂，脂蛋白则用苏丹黑或品红亚硫酸染色。

⑤ 脱色与透明：对水溶性染料最普遍应用的脱色剂是 5％醋酸水溶液。为了长期保存或进行光吸收扫描测定，可浸入冰醋酸：无水乙醇＝30：70（体积分数）的透明液中。

3）琼脂糖电泳

琼脂糖电泳是一种以琼脂糖凝胶为支持物的凝胶电泳，其与其他支持物电泳的最主要区别是：它兼有"分子筛"和"电泳"的双重作用。琼脂糖凝胶具有网络结构，直接参与带电颗粒的分离过程。在电泳中，物质分子通过空隙时会受到阻力，大分子物质在泳动时受到的阻力比小分子大，因此在凝胶电泳中，带电颗粒的分离不仅依赖于净电荷的性质和数量，而且取决于分子大小，这就大大地提高了分辨能力。

琼脂糖凝胶通常制成板状，凝胶浓度以 0.8％～1％为宜，此浓度制成的凝胶富有弹性，坚固而不脆，但是在制备过程中应避免长时间加热。

电泳缓冲液的 pH 多在 6～9，离子强度最适为 0.02～0.05。离子强度过高时，将有大量电流通过凝胶，使凝胶中水分大量蒸发，甚至造成凝胶干裂，电泳中应加以避免。

由于琼脂糖电泳具有较高分辨率，重复性好，区带易染色、洗脱和定量以及干膜可以长期保存等优点，所以常用于大分子物质（如蛋白质等）的分离分析。

4）聚丙烯酰胺凝胶电泳

聚丙烯酰胺凝胶是一种人工合成的凝胶，具有机械强度好、弹性大、透明、化学稳定性高、无电渗作用、设备简单、样品量小（1~100μg）、分辨率高等优点，并可通过控制单体浓度或单体与交联剂的比例聚合成不同大小孔径的凝胶，可用于蛋白质、核酸等分子大小不同的物质的分离、定性和定量分析，还可结合解离剂SDS，以测定蛋白质亚基组成和分子量。

5）SDS-聚丙烯酰胺凝胶电泳

十二烷基硫酸钠（SDS）是阴离子型去污剂，当它的浓度在1mmol/L以上时，1g蛋白质几乎能够恒定地与1.4gSDS结合。如前所述，蛋白质的迁移率同时与其电荷及大小有关，但由于蛋白质分子这时带有足够的负电荷，如果在聚丙烯酰胺凝胶中进行电泳，将由于分子筛效应，使得它们的迁移率仅取决于分子的大小，因此SDS-凝胶电泳可以按蛋白质分子大小的不同将其分开。

蛋白质与SDS的结合，必须在蛋白质充分变性的状态下才能达到饱和，因此，这一过程是在巯基试剂（2-巯基乙醇或二硫苏糖醇）存在且加热情况下进行的。例如，天然牛血清白蛋白或胰核糖核酸酶每克只能结合0.9gSDS，将其中的二硫键还原后，便增加到1.4g。糖蛋白中因为糖部分不能与SDS结合，总的结合率降低，迁移率变慢，会使测定的相对分子质量偏高。这时，如果提高聚丙烯酰胺凝胶的浓度，突出其分子筛效应做电泳分析，则表观相对分子质量可接近于真实相对分子质量。

6）等电聚焦电泳

蛋白质分子有一定的等电点，当它处在一个由阳极到阴极pH梯度逐渐增加的介质中，并通以直流电时，它便"聚焦"在与其等电点相同的pH位置上。等电点不同的蛋白质泳动后形成位置不同的区带而得到分离，这种电泳方法称为等电聚焦电泳。

这种方法具有很高的分辨率，可以区分等电点只有0.01pH单位差异的蛋白质，根据其所在位置还能够测定蛋白质的相对分子质量。同时，对很稀的样品，最后可达到高度的浓缩。所以，等电聚焦电泳也是一种得到广泛应用的方法。

等电聚焦电泳可以在液体介质中进行，适宜作大量制备用，每个区带能够聚焦20~80mg的蛋白质。

7）双向电泳——提高电泳分辨率的方法

双向电泳技术是指先采用聚丙烯酰胺凝胶等电聚焦电泳，然后再采用SDS-PAGE凝胶电泳。由于结合了蛋白质的等电点和相对分子质量两种完全不同的特性来进行分离，因此具有非常高的分辨率。从大肠杆菌溶物中可分析出近1100种蛋白质或肽链组分，甚至可以判断出一个基团的变异，它是鉴别蛋白质的一项很有力的手段。

（二）层析技术

层析法又称色层分析法或色谱法，在1903~1906年由俄国植物学家M. Tswett首先系统提出并使用。当时这种方法并未引起人们的足够注意，直到1931年将该方法应用到分离复杂的有机混合物中，人们才发现了它的广泛用途。随着科学技术的发展以及生产实践的需要，层析技术也得到了迅速的发展。

1. 原理

层析技术是近代生物化学实验中常用的分析方法。它是根据被分离物质的物理、化学及生物学特性的不同，导致样品在流动相与固定相之间的分配系数（或称分配常数）不同而进行彼此分离和分析的一种方法。其物理、化学及生物学特性包括溶解度、吸附能力、立体化学特性和分子的大小、带电情况及离子交换、亲和力的大小，以及特异的生物学反应等方面。

分配系数是指在一定的条件下，某种组分在固定相和流动相中含量（浓度）的比值，常用 K 来表示。分配系数是层析中分离纯化物质的主要依据。

$$K = c_s/c_m$$

式中：c_s——被分离组分在固定相中的浓度；

c_m——被分离组分在流动相中的浓度。

迁移率（或比移值）是在一定条件下，在相同的时间内某一组分在固定相移动的距离与流动相本身移动的距离之比，常用 R_f 来表示（$R_f \geqslant 1$）。可以看出：K 增加，R_f 减少；反之，K 减少，R_f 增加。不同物质的分配系数或迁移率是不同的，分配系数或迁移率的差异程度是决定几种物质采用层析方法能否分离的先决条件。分配系数主要受被分离物质本身的性质、固定相和流动相的性质、层析柱的温度等因素的影响。除此之外，对于生物大分子，还应考虑 pH 和温度对其稳定性、活性的影响等问题，否则，不能得到预期的分离效果。

2. 层析的分类

1）根据固定相基质的形式分类

根据固定相基质形式的不同，层析可以分为纸层析、薄层层析和柱层析。纸层析是指以滤纸作为基质的层析。薄层层析是将基质在玻璃或塑料等光滑表面铺成一薄层，在薄层上进行层析。柱层析则是指将基质填装在管中形成柱形，在柱中进行层析。纸层析和薄层层析主要适用于小分子物质的快速检测分析和少量分离制备，通常为一次性使用，而柱层析是常用的层析形式，适用于样品分析、分离。生物化学中常用的凝胶层析、离子交换层析、亲和层析、高效液相色谱等通常采用柱层析形式。

2）根据流动相的形式分类

根据流动相形式的不同，层析可以分为液相层析和气相层析。气相层析是指流动相为气体的层析，而液相层析是指流动相为液体的层析。气相层析测定样品时需要气化，大大限制了其在生化领域的应用，主要用于氨基酸、核酸、糖类、脂肪酸等小分子的分析鉴定；而液相层析是生物领域最常用的层析形式，适于各类生物样品的分析、分离。

3）根据分离的原理不同分类

根据分离的原理不同，层析主要可以分为吸附层析、分配层析、凝胶过滤层析、离子交换层析、亲和层析等。吸附层析是以吸附剂为固定相，根据待分离物与吸附剂之间吸附力不同而达到分离目的的一种层析技术；分配层析是根据在一个有两相同时存在的溶剂系统中，不同物质的分配系数不同而达到分离目的的一种层析技术；凝胶过滤层析是以具有网状结构的凝胶颗粒作为固定相，根据物质的分子大小进行分离的一种层析技术；离子交换层析是以离子交换剂为固定相，根据物质的带电性质不同而进行分离的一种层析技术；亲和层析是根据生物大分子和配体之间的特异性亲和力（如酶和抑制剂、抗体和抗原、激素和受体等），将某种配体连接在载体上作为固定相，而对能与配体特异性结合的生物大分子进行分离的一种层析技术。

3. 生物化学实训中常用的层析类型

由上所述可知，层析的分类方法很多。在此重点介绍纸层析、薄层层析、离子交换层析、凝胶层析和亲和层析。

1）纸层析

纸层析是以滤纸作为支持物的分配层析。滤纸纤维与水有较强的亲和力，能吸收22%左右的水，其中6%～7%的水以氢键形式与纤维素的羟基结合。由于滤纸纤维与有机溶剂的亲和力很弱，故在层析时，以滤纸纤维及其结合的水作为固定相，以有机溶剂作为流动相。纸层析对混合物进行分离时，发生两种作用：第一种是溶质在结合于滤纸纤维上的水与流过滤纸的有机相间进行分配（即液-液分离）；第二种是根据滤纸纤维对溶质的吸附及溶质溶解于流动相的不同分配比进行分配（即固-液分配）。显然，混合物的彼此分离是这两种因素共同作用的结果。

在实际操作中，点样后的滤纸一端浸没于流动相液面之下，由于毛细管作用，有机相即流动相开始从滤纸的一端向另一端渗透扩展。当有机相沿滤纸经过点样处时，样品中的溶质就按各自的分配系数在有机相与附着于滤纸上的水相之间进行分配。一部分溶质离开原点随着有机相移动，进入无溶质区，此时又重新进行分配；一部分溶质从有机相进入水相。在有机相不断流动的情况下，溶质就不断地进行分配，沿着有机相流动的方向移动。因样品中各种不同的溶质组分有不同的分配系数，移动速率也不一样，从而使样品中各组分得到分离和纯化。

在滤纸、溶剂、温度等各项实验条件恒定的情况下，各物质的迁移率（R_f）是不变的，它不随溶剂移动距离的改变而变化。R_f与分配系数 K 的关系如下：

$$R_f = \frac{1}{1+\alpha K}$$

式中：α——由滤纸性质决定的一个常数。

由此可见，K 越大，溶质分配于固定相的趋势越大，而 R_f 越小；反之，K 越小，则分配于流动相的趋势越大，R_f 越大。

在样品所含溶质较多或某些组分在单相纸层析中的 R_f 比较接近，不易明显分离时，可采用双向纸层析法。该法是将滤纸在某一特殊的溶剂系统中按一个方向展层以后，即予以干燥，再旋转 90°，在另一溶剂系统中进行展层，待溶剂到达所要求的距离后，取出滤纸，干燥显色，从而获得双向层析谱。应用这种方法，如果溶质在第一溶剂中不能完全分开，则经过第二种溶剂的层析能得以完全分开，大大提高了分离效果。纸层析还可以与区带电泳法结合，以获得更有效的分离，这种方法称为指纹谱法。

2）薄层层析（TLC）

薄层层析是在玻璃板上涂布一层支持剂，将分离样品点在薄层板一端，然后让推动剂从上面流过，从而使各组分得到分离的物理方法。常用的支持剂有硅胶 G、硅胶 GF、氧化铝、纤维素、硅藻土、硅胶 G 硅藻土、纤维素 G、DEAE-纤维素、交联葡聚糖凝胶等。使用的支持剂种类不同，其分离原理也不相同，有分配层析、吸附层析、离子交换层析、凝胶层析等多种。

一般实验中应用较多的是以吸附剂为固定相的薄层吸附层析。物质之所以能在固体表面停留，是因为固体表面的分子和固体内部分子所受的吸引力不同。在固体内部，分子之间互相作用的力是对称的，其力场互相抵消。而处于固体表面的分子所受的力是不对称的，向内的一面受到固体内部分子的作用力大，而表面层所受的作用力小，因而气体或溶质分子在运动中遇到固体表面时受到这种剩余力的影响，就会被吸引而停留下来。吸附过程是可逆的，被吸附物在一定条件下可以解吸出来。在单位时间内被吸附于吸附剂的某一表面上的分子和同一单位时间内离开此表面的分子之间可以建立动态平衡，称为吸附平衡。吸附层析过程就是不断地产生平衡和不平衡、吸附与解吸的动态平衡过程。

薄层层析设备简单，操作简便，快速灵敏。改变薄层厚度，既能做分析鉴定，又能做少量制备。配合薄层扫描仪，可以同时做到定性和定量分析，在生物化学、植物化学等领域是一类广泛应用的物质分离方法。

3）离子交换层析

离子交换层析采用具有离子交换性能的物质作固定相，利用它与流动相中的离子能进行可逆交换的性质来分离离子型化合物。该法可以同时分析多种离子化合物，具有灵敏度高，重复性、选择性好，分离速度快等优点，是当前最常用的层析法之一，常用于蛋白质、氨基酸、多肽及核酸等多种离子型生物分子的分离。

离子交换层析对物质的分离通常是在一根充填有离子交换剂的玻璃管中进行的。离子交换剂为人工合成的多聚物，其上带有许多可电离基团，根据这些基团所带电荷的不同，可分为阴离子交换剂和阳离子交换剂。含有待分离离子的溶液通过离子交换柱时，各种离子即与离子交换剂上的荷电部位竞争结合。离子通过柱时的移动速率取决于与离子交换剂的亲和力、电离程度和溶液中各种竞争性离子的性质和浓度。

离子交换剂是由基质、荷电基团和反离子构成的，在水中呈不溶解状态，能释放出反离子。同时它与溶液中的其他离子或离子化合物相互结合，结合后不改变本身和被结合离子或离子化合物的理化性质。

离子交换层析的效果主要受离子交换剂的种类及性质的影响，选择离子交换剂时，应遵循以下原则：

（1）选择阴离子或阳离子交换剂，决定于被分离物质所带的电荷性质。如果被分离物质带正电荷，应选择阳离子交换剂；如带负电荷，应选择阴离子交换剂；如被分离物为两性离子，则一般应根据其在稳定 pH 范围内所带电荷的性质来选择交换剂的种类。

（2）强离子交换剂使用的 pH 范围很广，所以常用它来制备去离子水和分离一些在极端 pH 溶液中解离且较稳定的物质。

（3）离子交换剂处于电中性时常带有一定的反离子，使用时选择何种离子交换剂，取决于交换剂对各种反离子的结合力。为了提高交换容量，一般应选择结合力较小的反离子。据此，强酸型和强碱型离子交换剂应分别选择 H 型和 OH 型；弱酸型和弱碱型交换剂应分别选择 Na 型和 Cl 型。

（4）交换剂的基质是疏水性还是亲水性，对被分离物质有不同的作用，因此对被分离物质的稳定性和分离效果均有影响。一般认为，在分离生物大分子物质时，选用亲水性基质的交换剂较为合适，它们对被分离物质的吸附和洗脱都比较温和，活性不易破坏。

离子交换层析主要操作要点：①交换剂的预处理、再生与转型；②交换剂装柱；③样品上柱、洗脱和收集。

4）凝胶层析法

凝胶层析法也称分子筛层析法，是指混合物随流动相经过凝胶层析柱时，其中各组分按其分子大小不同而被分离的技术。本法的优点是所用凝胶属于惰性载体，吸附力弱，操作条件温和，不需要有机溶剂，对高分子物质有很好的分离效果。该法设备简单、操作方便、重复性好、样品回收率高，除常用于分离纯化蛋白质、核酸、多糖、激素等物质外，还可以用于测定蛋白质的相对分子质量，以及样品的脱盐和浓缩等。

凝胶是一种不带电的具有三维空间的多孔网状结构、呈珠状颗粒的物质，每个颗粒的细微结构及筛孔的直径均匀一致，像筛子，小的分子可以进入凝胶网孔，而大的分子则排阻于颗粒之外。当将含有大小不一分子的混合物样品加到用此类凝胶颗粒装填而成的层析柱上时，这些物质即随洗脱液的流动而发生移动。大分子物质沿凝胶颗粒间隙随洗脱液移动，流程短，移动速率快，先被洗出层析柱；而小分子物质可通过凝胶网孔进入颗粒内部，然后再扩散出来，故流程长，移动速度慢，最后被洗出层析柱，从而使样品中不同大小的分子彼此分离。如果两种以上不同相对分子质量的分子都能进入凝胶颗粒网孔，但由于它们被排阻和扩散的程度不同，在凝胶柱中所经过的路程和时间也不同，从而彼此也可以分离开来。常用的凝胶类型有交联葡聚糖凝胶、琼脂糖凝胶、聚丙烯酰胺凝胶等。

5）亲和层析

亲和层析是利用待分离物质和它的特异性配体间的特异亲和力，从而达到分离目的的吸附层析类型。将可亲和的一对分子中的一方以共价键形式与不溶性载体相连作为固定相吸附剂，当含混合组分的样品通过此固定相时，只有和固定相分子有特异亲和力的物质，才能被固定相吸附结合，而无关组分随流动相流出。改变流动相组分，可将结合的亲和物洗脱下来。亲和层析中所用的载体称为基质，与基质共价连接的化合物称为配基。具有专一亲和力的生物分子对主要有：抗原与抗体、DNA与互补DNA或RNA、酶与底物、激素与受体、维生素与特异结合蛋白、糖蛋白与植物凝集素等。亲和层析可用于纯化生物大分子、稀释液的浓缩、不稳定蛋白质的储藏、分离核酸等。

亲和层析的基本操作如下：

（1）寻找能被分离分子（称配体）识别和可逆结合的专一性物质——配基。

（2）把配基共价结合到层析介质（载体）上，即把配基固定化。

（3）把载体-配基复合物灌装在层析柱内做成亲和柱。

（4）上样亲和→洗涤杂质→洗脱收集亲和分子（配体）→亲和柱再生。

层析技术在食品化学中具有重要作用，并且随着这项技术的发展以及人们对食品营养与安全的需求，在食品中的应用将会越来越多。

酶

背景知识

复习与回忆

酶是生物体内重要的活性物质之一。生物体内的新陈代谢过程几乎全是在酶的催化下，以很高的速度和明确的方向有条不紊地进行着，从而维持生物的生长、发育、运动等正常的生命活动。人类至今已经发现的酶在 3000 种以上，其中数百种已被提纯、结晶。

近年来，采用微生物发酵生产酶制剂发展迅速，已形成酶制剂工业并已广泛地应用于工业、农业、医药、环保及科研等领域。

基础知识

一、酶的概念、本质和特点

在生物化学中，常把由酶催化进行的反应称为酶促反应。在酶的催化下，发生化学变化的物质称为底物，反应后生成的物质称为产物。

1. 酶的概念

酶通常是指由活细胞合成的对其特异底物起高效催化作用的蛋白质，是机体内催化各种代谢反应最主要的催化剂。但自 1982 年以后，陆续发现存在核酸酶，使人们进一步认识到，酶不都是蛋白质。现代科学认为，酶是由活细胞产生的，能在体内或体外起同样催化作用的一类具有活性中心和特殊构象的生物大分子，包括蛋白质和核酸。

2. 酶的化学本质、组成

1）化学本质

酶是具有催化能力的特殊蛋白质或核酸。

2）组成成分

（1）由简单蛋白质形成的酶：这类酶不含辅助因子，其活性仅仅决定于它的蛋白质结构，如脲酶、蛋白酶、淀粉酶、脂肪酶及核糖核酸酶等。

（2）由结合蛋白质形成的酶：这类酶只有在结合了非蛋白质组分（辅助因子）后，

才表现出酶的活性，其酶蛋白与辅助因子结合后所形成的复合物称为"全酶"，即

$$全酶 = 酶蛋白 + 辅助因子$$

酶的辅助因子包括辅酶和辅基。辅酶和辅基并没有什么本质上的差别，只不过它们与蛋白质部分结合的牢固程度不同而已。

辅酶：指与酶蛋白松弛结合的辅助因子，可用透析等方法将其从全酶中除去。

辅基：指以共价键和酶蛋白较牢固地结合在一起的辅助因子，不易透析除去，如细胞色素氧化酶中的铁卟啉辅基。

通常同一种辅酶（或辅基）往往能与多种不同的酶蛋白结合，组成催化功能不同的多种全酶。例如，辅酶 I（NAD^+；烟酰胺腺嘌呤二核苷酸）可与不同的酶蛋白结合，组成乳酸脱氢酶、苹果酸脱氢酶和 3-磷酸甘油醛脱氢酶等。反之，一种酶蛋白只能与某一特定的辅酶（或辅基）结合形成一种全酶。如果此辅酶被另一种辅酶所替换，此时酶就不表现活力。可见在催化反应中，酶蛋白与辅助因子的作用不同，酶反应的专一性取决于酶蛋白本身；辅助因子本身无催化作用，但可起传递电子、原子或某些基团（如酰基等）的作用，决定反应的性质。例如，3-磷酸甘油醛脱氢酶只有当酶蛋白与辅酶 I 结合时，才能催化 3-磷酸甘油醛脱氢，其中辅酶 I 起着传递氢原子的作用。

3. 酶的特点

酶与一般化学催化剂相比，它降低了化学反应的活化能，提高了化学反应速度，但不改变化学反应的平衡点（平衡常数）。此外，还具有以下特点。

1）催化效率高（即高效性）

酶的催化效率相对其他无机或有机催化剂要高 $10^7 \sim 10^{13}$ 倍。例如，过氧化氢分解：

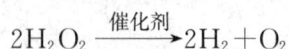

$$2H_2O_2 \xrightarrow{\text{催化剂}} 2H_2 + O_2$$

用 Fe^{2+} 催化，效率为 6×10^{-4} mol/（mol·s）；用过氧化氢酶催化，效率为 6×10^6 mol/（mol·s），酶比 Fe^{2+} 的催化效率要高出 10^{10} 倍。1g 结晶的 α-淀粉酶，在 65℃时，15min 可使 2t 淀粉水解为糊精。

2）高度专一性

酶对其所作用的物质（即底物）有着严格的选择性。一种酶只能作用于一些结构近似的化合物，甚至只能作用于一种化合物而发生一定的反应。酶对底物的这种严格的选择性称为酶的专一性。专一性又可分为如下两种。

（1）绝对专一性。一种酶只能催化一种底物使之发生特定的反应。例如，淀粉酶只能催化淀粉水解，不能催化淀粉以外的任何物质发生水解。

（2）相对专一性。相对专一性可分为如下三种。

① 键专一性。某些酶只对底物中某些化学键可进行有选择性的催化作用，对此化学键两侧连接的基团并无要求。例如，酯酶催化酯键的水解，对底物 $R{-}\overset{\overset{\displaystyle O}{\|}}{C}{-}OR'$ 中的 R 及 R' 基团却没有严格的要求。

② 基团专一性。有些酶作用底物时，除了要求底物具有一定类型的化学键外，还对键的某一侧所连基团的种类有特定要求，而对另一端基团限制不严格。例如，α-D-葡

萄糖苷酶能水解具有 α-1,4-糖苷键的 D-葡萄糖苷。

③ 立体异构专一性。有些酶对底物的构象有特殊要求，往往只能催化底物的一种立体化学结构。例如，蛋白水解酶通常只对 L-型氨基酸构成的肽起作用；而乳酸脱氢酶只能催化 L-乳酸氧化，对 D-乳酸不起作用。

3）反应条件温和

酶是由生物细胞产生的，其本身多数是蛋白质，只能在常温、常压、接近中性的 pH 条件下发挥作用。高温、高压、强酸、强碱、有机溶剂、重金属盐及紫外线照射等因素，却能使酶变性失活。因此，酶催化反应一般都是在比较温和的条件下进行的。

4）催化活性是受到调节和控制的

酶的活力在体内是受到多方面因素的调节和控制的。生物体内酶和酶之间，酶和其他蛋白质之间都存在着相互作用，机体通过调节酶的活性和酶量，控制代谢速度，以满足生命的各种需要和适应环境的变化。调控酶的催化活性的方式很多，包括抑制剂调节、反馈调节、酶原激活及激素控制等。

总之，酶的作用条件温和，具有高效性和专一性，易失活，酶的催化活力与辅基、辅酶及金属离子密切相关，其活力可调控（调控方式包括激活剂调节、抑制剂调节、共价修饰调节、反馈调节、酶原激活、激素控制等）。

二、酶的命名与分类

迄今已鉴定出 2500 多种酶，对如此种类繁多、催化反应各异的酶，为防止混乱，需要进行统一的分类和命名。

1. 酶的命名

1）习惯命名法

习惯命名是把底物的名称、底物发生的反应以及该酶的生物来源等加在"酶"字的前面组合而成。例如，淀粉酶、蛋白酶、脲酶是由它们各自作用的底物——淀粉、蛋白质、尿素来命名的；水解酶、转氨基酶、脱氢酶是根据它们各自催化底物发生水解、氨基转移、脱氢反应来命名的；而胃蛋白酶、细菌淀粉酶、牛胰核糖核酸酶则是根据酶的来源不同来命名的。20 世纪 50 年代以前，所有的酶名都是根据酶作用的底物、酶催化的反应性质和酶的来源这种习惯命名法，由发现者拟定的。随着生物化学的发展，所发现的酶的种数日益增多，这种简单的命名方法就显露出它的不足之处。一是"一酶多名"，如分解淀粉的酶，若按习惯命名法则有三个名称，分别为淀粉酶、水解酶、细菌淀粉酶；二是"一名数酶"，如脱氢酶，该酶的全酶中辅因子是 NAD^+ 或者是 FAD，作为底物脱下来的氢载体，如乳酸脱氢酶、琥珀酸脱氢酶。为此，国际生物化学协会酶学委员会（Eenzyme Commission，EC）于 1961 年提出了一个新的系统命名及系统分类原则。

2）系统命名法

系统命名要求能确切地表明酶的底物及酶催化的反应性质，即酶的系统名包括酶作用的底物名称和该酶的分类名称。若底物是两个或多个则通常用"："号把它们分开，作为供体的底物，名称排在前面，而受体的名称在后。例如，乳酸脱氢酶的系统名称是：L-乳酸：NAD^+氧化还原酶。按照严格的规则对酶进行系统命名后，获得的新名过于冗长而使用不便，因此，尽管系统命名科学严谨，读者一见酶名，就知道该酶所催化的反应，但实际上只在关键时刻需要鉴别一种酶的时候，或在一篇论文中初始出现该酶的名称时，才予以引用。而在绝大多数情况下，使用的都是简单明了的习惯名称。应当指出，所有酶名都是由国际生物化学协会的专门机构审定后，向全世界推荐的。其中20世纪60年代以前发现的酶，其名称多是过去长期沿用的俗名；20世纪60年代后发现的酶，其名称则是按酶学委员会制定的命名规则拟定的。总之，按照国际系统命名法原则，每一种酶有一个习惯名称和系统名称。

2. 酶的分类

1）根据酶所催化的反应类型来分类

（1）氧化还原酶。催化氧化还原反应的酶称为氧化还原酶，如琥珀酸脱氢酶、醇脱氢酶、多酚氧化酶等。其反应通式为

$$AH_2 + B \rightleftharpoons A + BH_2$$

（2）转移酶。催化分子间基团转移的酶称为转移酶，如谷丙转氨酶、胆碱转乙酰酶等。其反应通式为

$$AR + B \rightleftharpoons A + BR$$

（3）水解酶。催化水解反应的酶称为水解酶，如蛋白酶、淀粉酶、脂肪酶、蔗糖酶等。其反应通式为

$$AB + H_2O \rightleftharpoons AOH + BH$$

（4）裂解酶。催化非水解地除去底物分子中的基团及其逆反应的酶，如草酰乙酸脱羧酶、碳酸酐酶等。其反应通式为

$$AB \rightleftharpoons A + B$$

（5）异构酶。催化分子异构反应的酶称为异构酶，如葡糖磷酸异构酶、磷酸甘油酸变位酶等。其反应通式为

$$A \rightleftharpoons B$$

（6）合成酶。与ATP（或相应的核苷三磷酸）的一个焦磷酸键断裂相偶联，催化两个分子合成一个分子反应的酶，如天冬酰胺合成酶、丙酮酸羧化酶等。其反应通式为

$$A + B + ATP \rightleftharpoons AB + ADP + Pi$$

以上六大类酶各包括若干种酶，分别催化不同的反应。在每一大类酶中，又可根据不同的原则分为几个亚类。每一个亚类再分为几个亚亚类。然后再把属于这一亚亚类的酶按着顺序排好，这样就把已知的酶分门别类地排成一个表，称为酶表。每一种酶在这个表中的位置可用一个统一的编号来表示。这种编号包括四个数字。第一个数字表示此酶所属的大类，第二个数字表示此大类中的某一亚类，第三个数字表示亚类中的某一亚亚类，第四个数字表示此酶在此亚亚类中的顺序号。用EC代表酶学委员会。

例如，乳酸脱氢酶（EC1.1.1.27）催化下列反应：

$$CH_3 \qquad\qquad CH_3$$
$$CHOH + NAD^+ \Longrightarrow C=O + NADH + H^+$$
$$COO^- \qquad\qquad COO^-$$

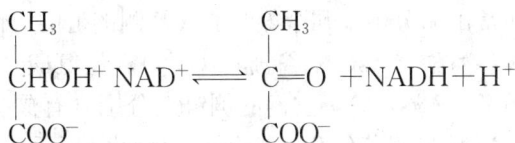

一些常见酶的类别与催化反应见表 4-1。

表 4-1　一些常见酶的类别与催化反应

类别	酶	催化反应
氧化还原酶类	谷氨酸脱氢酶 乳酸氧化酶 过氧化氢酶 过氧化物酶	L-谷氨酸$+$NAD$\Longrightarrow \alpha$-酮戊二酸$+$NH$_3$$+$NADH$_2$ L-乳酸$+$O$_2$$\longrightarrow$乙酸$+CO_2$$+H_2O_2$ $2H_2O_2 \longrightarrow 2H_2O+O_2$ $AH_2+H_2O_2 \longrightarrow A+2H_2O$
转移酶类	谷丙转氨酶 葡萄糖激酶 磷酸转乙酰基酶 丙酸转 CoA 酶	L-谷氨酸$+$丙酮酸$\Longrightarrow \alpha$-酮戊二酸$+L$-丙酮酸 D-葡萄糖$+$ATP$\longrightarrow$6-磷酸葡萄糖$+$ADP 乙酰-CoA$+$H$_3$PO$_4$$\Longrightarrow$CoA$+$乙酰磷酸 乙酰-CoA$+$丙酸$\Longrightarrow$丙酰-CoA$+$乙酸

2）根据酶分子结构特点来分类

（1）单体酶。酶蛋白只有一条多肽链，属于这一类的酶很少，一般为水解酶类，如溶菌酶、胰蛋白酶等。

（2）寡聚酶。酶蛋白由几个甚至几十个亚基组成。有些酶的亚基都相同；有些酶的亚基则不同，如磷酸化酶、3-磷酸甘油醛脱氢酶。

（3）多酶体系。是由几种酶彼此嵌合形成的复合体，常常在一个连续的反应链中起作用，连续的反应链是指前一个酶反应的产物是后一个酶反应的底物，如脂肪酸合成酶复合体、丙酮酸脱氢酶系等。

三、酶的作用机理

酶是一种高效、专一的催化剂，与一般催化剂比较，可使反应的活化能降低得更多，因此，同样初态的分子所需要的活化能就更低，活化分子数也就更多，反应更容易进行。其作用机理阐述如下。

1. 酶的活性中心

1）活性中心

酶是生物大分子，酶作为蛋白质，其分子体积比底物分子体积要大得多。在反应过程中酶与底物接触结合时，只限于酶分子的少数基团或较小的部位。酶分子中直接与底物结合，并催化底物发生化学反应的部位，称为酶的活性中心。

2）催化部位和结合部位

从功能上看，活性中心有两个功能部位，一是与底物结合的结合部位，决定酶对底物的专一性；二是催化底物发生键的断裂及新键形成的催化部位，决定酶促反应的类型，即酶的催化性质。

3）必需基团

从形态上看，活性中心往往是酶分子表面上的一个凹穴；从结构上讲，如果是单纯蛋白酶，其活性中心通常由酶分子中几个氨基酸残基侧链上的极性基团组成。构成酶的活性中心的氨基酸有天冬氨酸（Asp）、谷氨酸（Glu）、丝氨酸（Ser）、组氨酸（His）、半胱氨酸（Cys）、赖氨酸（Lys）等，它们的侧链上分别含有羧基、羟基、咪唑基、巯基、氨基等极性基团。这些基团若经化学修饰，如氧化、还原、酰化、烷化等发生改变，则酶的活性丧失，这些基团就称为必需基团。对于需要辅因子的结合蛋白酶来说，辅酶（或辅基）分子或其分子上某一部分结构往往也是活性中心的组成部分。构成酶活性中心的几个氨基酸，虽然在一级结构上并不紧密相邻，可能相距很远，甚至可能在不同的肽链上，但由于肽链的折叠与盘绕使它们在空间结构上彼此靠近，形成具有一定空间结构的位于酶分子表面的、呈裂缝状的小区域。

2. 酶的作用机理

1) 中间产物学说

酶在催化某一化学反应时，总是先与作用物结合，形成不稳定的中间产物，此中间产物极为活泼，很容易转变分解成反应产物，同时使酶重新游离出来，以便继续起催化作用。

现以 E 代表酶，S 代表反应物，ES 代表中间产物，P 代表反应产物，按照中间产物学说写出酶所催化的反应，并与无酶催化的反应加以比较：

无酶时

$$S \longrightarrow P（缓慢）$$

有酶时

$$E+S \underset{K_2}{\overset{K_1}{\rightleftharpoons}} ES \overset{K_3}{\longrightarrow} E+P（快）$$

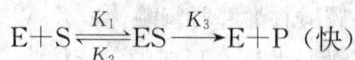

中间产物学说的关键，在于中间产物的形成。酶和底物可以通过共价键、离子键和配位键等结合成中间产物。根据中间产物学说，酶促反应分两步进行，每一步反应的能阈较低，所需活化能较少，如图 4-1 所示。

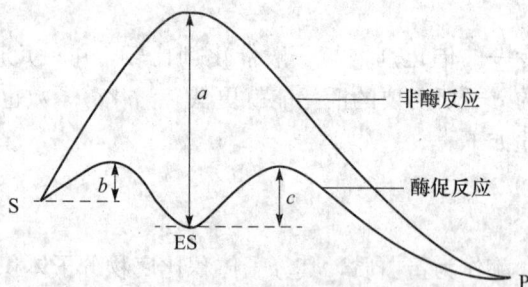

图 4-1 酶促反应减少所需的活化能

从图 4-1 中可以看到，当非酶催化反应时，S→P 所需的活化能为 a，而在酶的催化下，由 S→ES 所需的活化能为 b，由 ES→P 需要的活化能为 c，b 和 c 均比 a 小得多，所以酶促反应比非酶催化反应所需的活化能要小，从而加快反应的进行。

对有两种底物参加的酶催化反应，该学说可用下式表示：

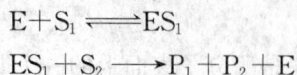

$$E+S_1 \Longrightarrow ES_1$$

$$ES_1+S_2 \longrightarrow P_1+P_2+E$$

中间产物学说已经获得可靠的实验证据，中间产物的存在也已得到确证。

2）锁钥学说

酶在催化化学反应时要和底物形成中间络合物。但是酶和底物如何结合成中间络合物？又如何完成其催化作用呢？

酶对它所作用的底物有着严格的选择性。它只能催化一定结构或一些结构近似的化合物发生反应。于是有学者认为酶和底物结合时，底物分子或底物分子的一部分像钥匙那样，专一地楔入到酶的活性中心部位，这样底物的结构必须和酶活性中心的结构非常吻合，也就是说底物分子进行化学反应的部位与酶分子上有催化效能的必需基团间具有紧密互补的关系，才能紧密结合形成中间络合物（图 4-2）。这就是 1894 年由 Emil Fischer 提出的"锁钥学说"。锁钥学说属于刚性模板学说，可以较好地解释酶的立体专一性。

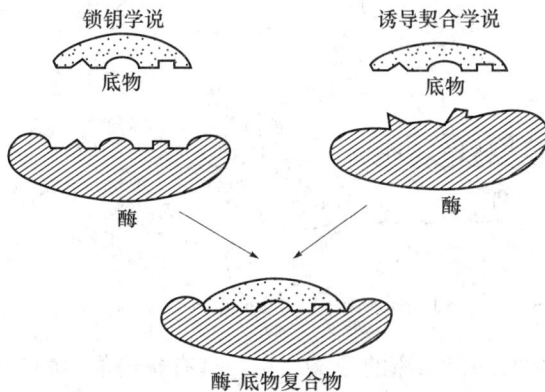

图 4-2 酶和底物结合的示意图

酶和底物的三点结合决定了酶的立体专一性。锁钥学说虽然说明了酶与底物结合成中间产物的可能性及酶对底物的专一性，但有些问题是这个学说所不能解释的，如对于可逆反应，酶常常能够催化正逆两个方向的反应，很难解释酶活性中心的结构与底物和产物的结构都非常吻合，因此"锁钥学说"把酶的结构看成固定不变是不切实际的。

3）诱导契合学说

近年来，大量的实验证明，酶和底物在游离状态时，其形状并不精确的互补。但酶的活性中心不是僵硬的结构，它具有一定的柔性。当底物与酶相遇时，可诱导酶蛋白的构象发生相应的变化，使活性中心上有关的各个基团达到正确的排列和定向，因而使酶和底物契合而结合成中间络合物，并引起底物发生反应（图 4-2）。这就是 1958 年由 D. E. Koshland 提出的"诱导契合学说"。后来，对羧肽酶等进行 X 射线衍射研究的结果也有力地支持了这个学说。应当说诱导是双向的，既有底物对酶的诱导，又有酶对底物的诱导。由于酶是大分子，可以转动的化学键多，易变形；而底物多是小分子物质，可供选择的构象有限，故底物对酶的诱导是主要的。酶与底物的结合是包括多种化学键参加的反应。酶蛋白分子中的共价键、氢键、酯键、偶极电荷都能作为酶与底物间的结合力。

3. 酶原的激活

某些酶，特别是一些与消化作用有关的酶，在最初合成分泌时，没有催化活性。这种没有活性的酶的前体称为"酶原"。酶原在一定条件下经适当的物质作用可转变成有活性的酶。酶原转变为具有活性的酶的作用称为酶原激活或活化作用。酶原激活过程的实质是酶活性部位形成或暴露的过程。

例如，胰脏蛋白酶刚从胰细胞分泌出来时，是没有催化活性的胰蛋白酶原。当它随胰液进入小肠时，可被肠液中的肠激酶激活。在肠激酶的作用下，水解下一个六肽，因而促使酶的构象发生某些变化，使组氨酸、丝氨酸、异亮氨酸等残基互相靠近，构成了活性中心，于是无活性的酶原就变成了有活性的胰蛋白酶（图 4-3）。

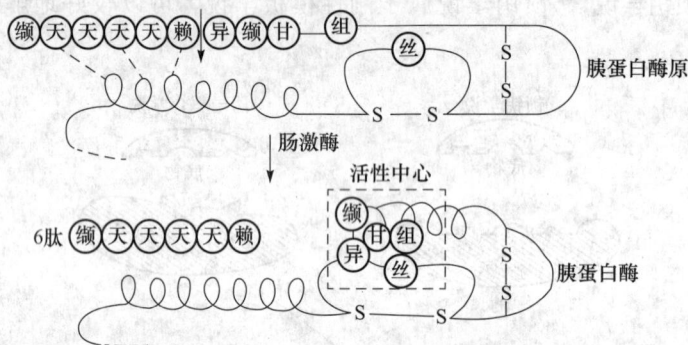

图 4-3　胰蛋白酶原激活示意图

在组织细胞中，某些酶以酶原的形式存在，具有重要的生物学意义。因为分泌酶原的组织细胞含有蛋白质，而酶原无催化活性，故可保护组织细胞不被水解破坏。

4. 酶促作用的高效机制

酶具有高催化效率的原因有以下几个方面。

1) 邻近与定向效应

邻近与定向效应是指酶受底物诱导发生构象变化，使底物与酶的活性中心契合，对于双分子反应来说，两底物能集中在酶活性中心，彼此靠近并有一定的取向。这样就大大提高了活性中心上底物的有效浓度，使一个分子间的反应变成了一个近似于分子内的反应，从而增加了反应速度。

2) 底物分子敏感键扭曲变形

酶活性中心的结构有一种可适应性，当专一性底物与活性中心结合时，可以诱导酶分子构象的变化，使反应所需要的酶中的催化基团与结合基团正确的排列和定位，使催化基团能够恰好处在被作用的键的位置，这也就是前面提到过的"诱导契合"学说。与此同时，变化的酶分子又使底物分子的敏感键产生"张力"，甚至"变形"，从而促进酶-底物络合物进入过渡态，降低了反应活化能，加速了酶促反应。实际上这是酶与底物诱导契合的动态过程。

3) 酸碱催化

酸碱催化有狭义和广义之分。狭义的酸碱催化就是 H^+ 或 OH^- 对化学反应速度表现出的催化作用。酸碱催化在有机化学反应中是比较普遍的现象。如在酸碱的作用下，蛋白质可以水解为氨基酸，脂肪可以水解为甘油和脂肪酸。由于细胞内的环境接近中性，H^+ 与 OH^- 的浓度都很低，因此，在生物体内进行的酶促反应，H^+ 与 OH^- 的直接作用相当微弱。后来把酸定义为质子的供体，碱定义为质子的受体。广义的酸碱催化是指组成酶活性中心的极性基团，在底物的变化中起质子的供体或受体的作用。发生在细胞内的许多类型的有机反应都是广义的酸碱催化。在具有酸碱催化特征的酶促反应中，酶与底物结合成的中间产物是离子型络合物。

4）共价催化

还有一些酶以共价催化提高催化反应的速度。共价催化指酶活性中心处的极性基团，首先以共价键与底物结合，生成一个活性很高的共价型的中间产物，这种中间产物很容易向着最终产物的方向变化，使反应所需的活化能大大降低，速度明显加快。根据活性中心处极性基团对底物进攻的方式不同，共价催化可分为亲电催化与亲核催化两种。较常见的是活性中心处的亲核基团对底物的亲核进攻。亲核基团含有未成键的电子对，在酶促反应中，向底物上缺少电子的正碳原子进攻。因亲核基团对底物亲核进攻而引起的催化作用，称为亲核催化。活性中心处的亲核基团有丝氨酸的羟基、半胱氨酸的巯基、组氨酸的咪唑基等。此外，辅酶中还含有另外一些亲核中心。以硫胺素为辅酶的一些酶如丙酮酸脱羧酶、含辅酶 A 的一些脂肪降解酶、含巯基的木瓜蛋白酶、以丝氨酸为催化基团的蛋白水解酶等，都有亲核催化的机制。亲电催化则是亲电基团对底物亲电进攻而引起的催化作用。常见的亲电基团有 NH_4^+、Mg^{2+}、Mn^{2+}、Fe^{2+} 等。

四、酶促反应动力学

研究酶促反应速度不仅可以阐明酶反应本身的性质，了解生物体内正常的和异常的新陈代谢，还可以在体外寻找最有利的反应条件来最大限度地发挥酶促反应的高效性。

酶活力也称酶活性，是指酶催化一定化学反应的能力，用在一定条件下酶所催化某一反应的速度表示。酶活性是研究酶的特性，对酶进行分离纯化以及生产和应用酶制剂时的一项不可缺少的指标。

1. 酶促反应速度的测定

酶促反应的速度可通过测定单位时间内底物转化成产物的数量而得，既可表示为单位时间内底物浓度的减少量，也可表示为单位时间内产物浓度的增加量。但在反应开始时，由于生成中间产物，二者的大小略有差异。在实际测定中，考虑到通常底物量足够大，其减少量很少，而产物由无到有，变化较明显，测定起来较灵敏，所以多用产物浓度的增加作为反应速度的量度。酶促反应的速度与反应进行的时间有关。以产物浓度（$[P]$）为纵坐标，以时间（t）为横坐标做图，可得到酶促反应过程曲线，如图 4-4 所示。

从图 4-4 中可以看出，在反应初期，产物

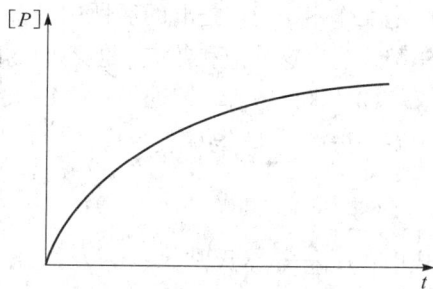

图 4-4 酶促反应过程曲线

增加得比较快，酶促反应的速度（d $[P]/$dt）近似为一个常数。随着时间延长，酶促反应速度的增加逐渐减弱（即曲线斜率下降）。原因是①随着反应的进行，底物浓度减少，产物浓度增加，加速反应逆向进行；②产物浓度增加会对酶产生反馈抑制；③酶促反应系统中 pH 及温度等微环境变化会使部分酶变性失活。

为了更准确地表示酶的活力，常以酶促反应的初速度表示。酶促反应的初速度可用单位时间内单位体积中底物的减少量或产物的增加量来表示，其单位为 mol/s。酶反应的初速度越大，意味着酶的催化活力越大。

2. 影响酶促反应速度的因素

生物体内进行的酶促反应，可用化学动力学的理论和方法进行研究，即在测定酶促反应速度的基础上，研究底物浓度、酶浓度、温度、pH、激活剂和抑制剂等对反应速度的影响。

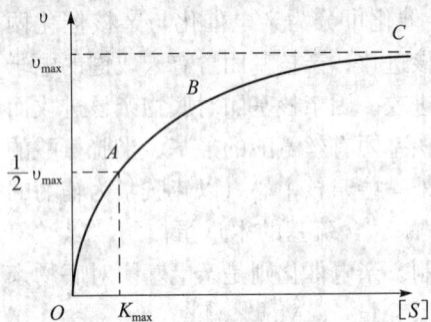

图 4-5　底物浓度与酶促反应速度的关系
K_m—米氏常数

1）底物浓度

（1）底物浓度与酶促反应速度的关系。确定底物浓度（$[S]$）与酶促反应速度（v）间的关系，是酶促反应动力学的核心内容。在酶浓度、温度、pH 不变的情况下，实验测得酶促反应速度与底物浓度的关系如图 4-5 所示。

从图 4-5 中曲线可知，底物的浓度很低时，v 与 $[S]$ 呈直线关系（OA 段），这时，随着底物浓度的增加，反应速度按一定比率加快，为一级反应。当底物的浓度增加到一定程度后，虽然酶促反应速度仍随底物浓度的增加而不断加大，但加大的比率已不是定值，而是呈逐渐减弱的趋势（AB 段），表现为混合级反应。当底物的浓度增加到足够大时，v 便达到一个极限值，此后，v 不再受底物浓度的影响（BC 段），表现为零级反应。v 的极限值，称为酶的最大反应速度，以 v_{max} 表示。

v-$[S]$ 的变化关系，可用中间产物学说进行解释。在底物浓度较低时，只有少数的酶与底物作用生成中间产物，在这种情况下，增加底物的浓度，就会增加中间产物，从而增加酶促反应的速度；但是当底物浓度足够大时，所有的酶都与底物结合生成中间产物，体系中已经没有游离态的酶，这时继续增加底物的浓度，对于酶促反应的速度显然已毫无作用。我们把酶的活性中心都被底物分子结合时的底物浓度称为饱和浓度。各种酶都表现出这种饱和效应，但不同的酶产生饱和效应时所需要的底物浓度是不同的。

（2）米氏方程。Michaelis-Menten 于 1913 年利用中间产物学说，推导出了一个表示底物浓度 $[S]$ 与酶促反应速度 v 之间定量关系的数学方程式，即米氏方程。

$$v = \frac{v_{max}[S]}{K_m + [S]}$$

式中：K_m——米氏常数；

v_{max}——酶促反应最大速度。

（3）米氏常数的意义。

① 米氏常数的物理意义：K_m 是反应速度（v）达到最大反应速度（v_{max}）一半时的底物浓度。

② 米氏常数是酶的特征常数，只与酶的性质有关，不受底物浓度和酶浓度的影响。不同酶的 K_m 不同。

③ 可以根据测得的 K_m 来鉴别酶。

④ K_m 作为常数只是对一定的底物、一定 pH 和一定温度条件而言的。K_m 的大小近似地反映了酶与底物结合成中间产物的难易程度。K_m 大，意味着酶与底物之间的亲和力弱；反之，K_m 小，则表明酶与底物的亲和力强。

可由所要求的反应速度（应达到 v_{max} 的百分数），求出应当加入底物的合理浓度；反过来，也可以根据已知的底物浓度，求出该条件下可以达到的反应速度。

2）温度

大多数酶是蛋白质，温度对酶促反应速度的影响很大。一方面温度升高可加快反应速度；另一方面随着温度升高，酶逐步变性，酶的反应速度随之降低。故当温度升高到一定程度时，酶开始变性，反应速度也开始下降。以温度（T）为横坐标，酶促反应速度（v）为纵坐标做图，所得曲线为稍有倾斜的钟罩形，如图 4-6 所示。

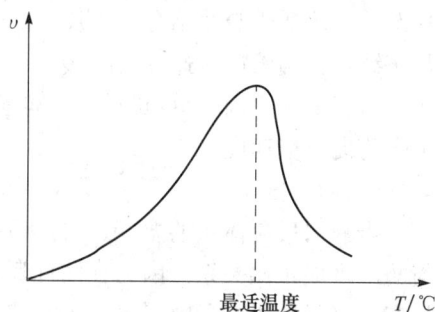

图 4-6　温度对酶促反应速度的影响

曲线顶峰处对应的温度，称为最适温度。动物体内的酶的最适温度一般在 35～45℃，植物体内的酶的最适温度为 40～55℃。大部分酶在 60℃ 以上即变性失活，少数酶能耐受较高的温度，如细菌淀粉酶在 93℃ 下活力最高，牛胰核糖核酸酶加热到 100℃ 仍不失活。在实际应用中，可根据酶促反应作用时间的长短，选定不同的最适温度。如果反应时间比较短暂，反应温度可选定的略高一些，这样，反应可迅速完成；若反应时间很长，反应温度就要略低一点，因为在低温下，酶可长时间发挥作用。

温度升高一般会破坏酶活性，故要保持酶活性，应采用低温储存，一些菌种也须低温保存。

图 4-7　pH 对酶促反应速度的影响

3）pH

酶促反应速度与体系的 pH 有密切关系，绝大部分酶的活力受其环境的 pH 影响。在研究过程中，以 pH 为横坐标，以反应速度为纵坐标，绘制 v-pH 变化曲线时，采用使酶全部饱和的底物浓度，在此条件下再测定不同 pH 时的酶促反应速度，曲线为较典型的钟罩形，图 4-7 所示。

在一定 pH 条件下，酶促反应具有最大速度，高于或低于此 pH，反应速度都会下降，通常将酶表现最大活力时的 pH 称为酶促反应的最适 pH。最适 pH 因底物种类、浓度及缓冲液成分不同而不同。而且常与酶的等电点不一致，因此，酶的最适 pH 并不是酶的特征常数，它只在一定条件下才有意义。通常动物体内的酶，最适 pH 大多在 6.8～8.0；植物及微生物体内的酶，最适 pH 多数在 4.5～6.5。但也有例外，如胃蛋白酶为 1.9，精氨酸酶（肝脏中）为 9.7。

pH 影响酶促反应速度的原因如下：

（1）环境过酸、过碱会影响酶蛋白质构象，使酶本身变性失活。

（2）pH 影响酶分子侧链上极性基团的解离，改变它们的带电状态，从而使酶活性中心的结构发生变化。在最适 pH 时，酶分子活性中心上的有关基团的解离状态最适于与底物结合；高于或低于最适 pH 时，活性中心的有关基团的解离状态均发生改变，酶和底物的结合力降低，因而酶促反应速度降低。

（3）pH 能影响底物分子的解离。可以设想底物分子上某些基团只有在一定的解离状态下，才适于与酶结合发生反应。若 pH 的改变影响了这些基团的解离，使之不适于与酶结合，当然反应速度会减慢。

基于上述原因，pH 的改变，会影响酶与底物的结合，影响中间产物的生成，从而影响酶促反应速度。

4）酶浓度

当酶促反应体系的温度、pH 不变，底物浓度足够大，足以使酶饱和时，反应速度与酶浓度成正比关系。因为在酶促反应中，酶分子首先与底物分子作用，生成活化的中间产物（或活化络合物），而后再转变为最终产物。在底物充分过量的情况下，可以设想，酶的数量越多，则生成的中间产物越多，反应速度也就越快。相反，如果反应体系中底物不足，酶分子过量，现有的酶分子尚未发挥作用，中间产物的数目比游离酶分子数还少，在此情况下，再增加酶浓度，也不会增大酶促反应的速度，对促进反应没有意义。

5）激活剂

凡是能够提高酶活力的物质都称为酶的激活剂。激活剂的种类很多，从简单的无机离子到高分子的有机物质，无机阳离子如 Na^+、K^+、NH_4^+、Mg^{2+}、Mn^{2+}、Fe^{2+}、Zn^{2+}、Cr^{2+}、Ca^{2+}、Cu^{2+} 等，无机阴离子如 Cl^-、Br^-、I^-、PO_4^{3-} 等，有机物质如抗坏血酸、半胱氨酸、谷胱甘肽以及某些 B 族维生素的磷酸酯等都可以作为激活剂而起作用。例如，Mg^{2+} 激活糖激酶、Mn^{2+} 激活醛缩酶、Cl^- 激活唾液淀粉酶。在制备这些酶的过程中，极易丢失无机离子，因此必须注意及时补充。

所谓激活剂是相对的，一种激活剂对某种酶能起激活作用，而对另一种酶可能起抑制作用。甚至对于同一种酶，在不同浓度下它可以作为一种激活剂，也可以作为一种抑制剂。

6）抑制剂

能减弱或停止酶促反应的物质称为酶的抑制剂。要注意的是，抑制剂不能引起酶蛋白变性，某种物质使酶发生变性失活则不属于抑制剂范畴。抑制剂能调控酶的催化作用，对于了解酶的反应机理、活性中心结构，以及生物体中新陈代谢的途径都是非常重要的。有机体往往只有一种酶被抑制，就会使代谢不正常，以至表现病态，严重的甚至使机体死亡。杀虫剂和消毒防腐剂的应用就和它们对昆虫及微生物酶的抑制作用有关。

抑制作用一般分为不可逆的抑制作用和可逆的抑制作用两类。

（1）不可逆抑制作用。

抑制剂与酶结合牢固，不能用简单的透析或超滤法去除，此类抑制剂为不可逆抑制剂。此类抑制剂通常以共价键与酶的活性中心上的必需基团相结合，使酶的活性被抑制或失活。例如，有机磷化合物能与酶活性中心的丝氨酸残基上的羟基以共价键牢固结合，因而抑制酶活性。根据抑制剂与酶结合的专一性，可分为专一性抑制剂和非专一性抑制剂。

（2）可逆抑制作用。

用简单的透析和超滤法可去除抑制剂，酶又重新表现原有活性的抑制剂称为可逆性抑制剂。此类抑制剂通常以非共价键与酶或酶-底物复合物可逆性结合，使酶活性降低或消失。可逆性抑制作用的类型可分为以下三种：

① 竞争性抑制作用：竞争性抑制是在酶作用体系中有与酶的底物结构相似的物质存在，能与底物竞争与酶活性中心的结合，使有活性的酶的数量减少。例如，磺胺类药物通过竞争性抑制二氢叶酸还原酶，干扰核酸合成，从而影响细菌生长繁殖，发挥其抑菌作用。只要 $[S]$ 足够高，υ_{max} 仍可达到，但此时需较高的 $[S]$。故竞争性抑制使 K_m 增加，υ_{max} 不变。

② 非竞争性抑制作用：非竞争性抑制不影响底物与酶的结合，两者在酶分子上结合的位点不同，故酶与底物的亲和力不受影响，K_m 不变，同样道理再增加 $[S]$，也消除不了抑制剂与酶的结合，相当于减少了酶分子，故 υ_{max} 降低。

③ 反竞争性抑制作用：此类抑制剂仅与底物和酶形成的中间产物结合，使中间产物的量下降，反竞争性抑制使中间产物不易转化为产物，因而酶与底物的亲和力增加，K_m 减小，υ_{max} 减小。

五、酶活力的测定

1. 酶活力测定的基本知识

1）酶活力的测定

酶活力（即酶活性）指酶催化一定化学反应的能力。它是通过测定酶促反应过程中单位时间内、单位体积中底物的减少量或产物的生成量，即测定酶促反应的速度来获得的。酶促反应速度的单位为浓度/单位时间。如前所述，酶促反应的速度多用产物浓度的增加来表示。故酶活力测定绝大多数采用测定产物生成速率的方法。

若将产物浓度对反应时间作图，反应速度即为该曲线的斜率，研究酶促反应速度应以酶促反应的初速度为准。

2）对照的选择

测定酶活力时通常都附有适当的对照以消除非酶促反应所生成的产物，常用的对照有以下几种，可根据具体情况予以选择。

（1）样品对照。若使用的样品是初提液，属于非常不纯的酶制剂，往往含有待测产物，也可能在保温时由于内源性底物的副反应产生相同的产物，这些可通过不加底物单加样品的样品对照予以消除。

（2）底物对照。某些酶的底物能自发（非酶促）地分解成待测产物，可以通过不加样品单加底物的底物对照予以消除。

（3）时间对照。

若酶制剂不纯（含有产物）和底物自发分解的情况并存，则必须做一个酶和底物都加入但反应时间为零的对照，即先用蛋白质沉淀剂或其他试剂停止反应，再加入底物。

在双底物反应时，对照管可以加入酶制剂和两种底物中的一种，因缺乏另一种底物，不可能生成产物，至于应加入两种底物中的哪一种可以根据实验决定。

测定管中的产物量，必须减去对照管中的产物的量才是真正由酶促反应所生成的产物量。

2. 酶活力测定的方法

酶活力测定要符合两个原则：①在零级反应期测定，即 $\{-[S]\}$ 或 $[p]$ 与反应时间 t 成正比；②反应速度与酶量成线性关系，即 $[E]=k\{-[S]\}/t=k[p]/t$。常用的方法列举如下。

1）定时法

通过测定酶反应开始后某一段时间内（从 $t_1 \rightarrow t_2$）产物或底物浓度的总变化量来求得酶促反应初速度的方法称为定时法。而 t_1 和 t_2 是反应历程中的两个点，故又称两点法（图 4-8）。

该法的优点是简便；测定产物时，酶反应被终止；显色剂的选择可以不考虑对酶活性的影响，分光光度计无需保温装置。其缺点是如果不用预实验确定，无法了解这段时间的反应是否都是零级反应，故难以保证测定结果的真实性。

因此，用定时法测定酶活力时，应先做预实验来确定线性时间，并在线性时间内进行测定，否则，不能用 $[p]/t$ 来表示每分钟产生的 $[p]$，并用其计算酶活力单位。

2）连续监测法

每隔一定时间（$10\sim60s$）连续测定酶促反应过程中产物或底物的浓度变化量来求得酶促反应速度的方法称为连续监测法（图 4-9），又称动力法或速率法。定时法只测定两个时间点，而该法则进行多点连续测定。

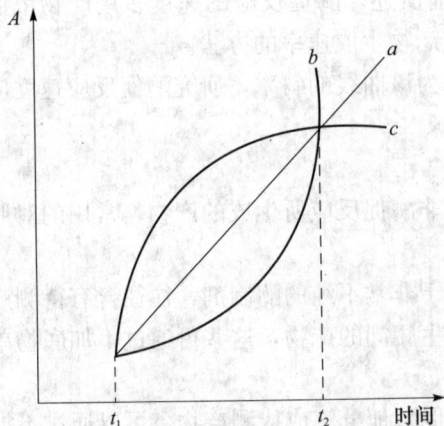

图 4-8 定时法示意图　　图 4-9 连续监测法示意图

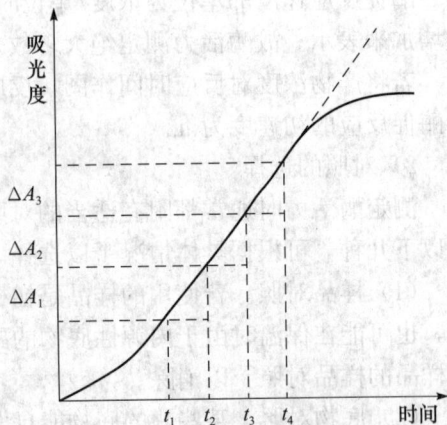

该法的优点是，可将多点测定结果连接成线，很容易找到呈直线的区段，因而可选择线性反应期来计算酶活性，不需终止反应；测定结果通常较定时法高，测定结果也较准确；省时、省试剂。其缺点是，分光光度计必须有保温装置，而且 p 或 S 应是可被直接测定的化合物；如需加入其他试剂，则必须考虑它们对待测酶活性是否有影响。

3）平衡法

通过测定酶促反应开始至反应达到平衡时产物或底物浓度的总变化量来求得酶活力的方法称为平衡法，或称终点法。定时法是在酶反应的动态期进行测定的，故需终止反应后才能测定，平衡法则可在平衡期内任何一点进行测定，此时底物和产物的量都不再变化。

用该法测定时，因产物的增加或底物的减少与反应时间不呈线性关系，故不能把 $[p]$ 或 $[S]$ 的总变化量除以 t 来表示每分钟产物或底物的变化。另外，该法也受到产物抑制、可逆反应等因素的影响，且由于反应时间较定时法更长，故这种影响会更大，测定结果也较连续监测法低，不能代表初速度，也不是零级反应的速度。但是与定时法相同，只要待测样品与对照样品在相同条件下反应并测定，也能以此判断出待测样品酶活力的相对大小。而且，对于有些零级反应期很短的酶促反应，用连续监测法和定时法很难测出其初速度，也只能采用平衡法测定。

3. 酶活性单位

酶活性大小通常以酶单位数来表示，酶单位是一个人为规定的标准，是指在某一特定条件下，使酶促反应达到某一速度所需要的酶量，而速度即指单位时间内底物或产物的变化量。酶单位有三种表示方式。

1）惯用单位

20 世纪 60 年代前，各种酶活力的表示法和酶单位的定义没有统一标准，一般由方法的设计者自行规定在某一特定条件下生成一定量的产物为一个单位。例如，蛋白酶以 1min 内能水解酪蛋白产生 $1\mu g$ 酪氨酸的酶量为 1 个蛋白酶单位；液化型淀粉酶以 1h 内能液化 1g 淀粉的酶量为 1 个单位。

按照这样的方法，同一种酶由于测定方法不同，可有不同的酶单位，以此为参考，容易造成混乱。例如，ALT 的比色测定法有金氏法、穆氏法、赖氏法，这三种方法的原理相同，但单位的定义不同。

（1）King 法。每 100mL 血清在 37℃与底物作用 60min，每生成 $1\mu mol$ 丙酮酸为一个酶活性单位。

（2）Mokum 法。1mL 血清 37℃与底物作用 60min，每产生 $5\mu g$ 丙酮酸为一个酶活性单位。

（3）Reitmen 法。套用 Karman 单位，在规定条件下（血清 1mL，反应液总量 3mL，25℃，作用 1min，内径 1cm 比色杯）测定 340nm 波长处吸光度减少值，每减少 0.001 为一个酶单位。

2）国际单位

1961 年国际生化学会酶学委员会建议使用统一的国际单位（U）。规定一个单位 U 是指在规定条件下（如 25℃，最适 pH，最适 $[S]$ 时）每分钟催化 $1\mu mol$ 底物发生反应所需的酶量。

国际单位的应用有利于比较同一样品中不同酶的活力。但也有不少缺点，如：①由惯用单位换算成 U 较麻烦；②对相对分子质量不明的底物无法计算其摩尔浓度；③同一种酶用不同的测定方法，换算成国际单位后其结果仍不相同。

3）katal 单位

为了与法定计量单位（SI）接轨，1972 年国际酶学委员会又提出了一种新单位 katal（简称 kat），它是指在最适条件下，每秒使 1mol 底物发生变化所需的酶量。

$$1kat=6\times10^7U$$
$$1nkat=0.06U$$
$$1U=16.67nkat$$

六、酶的纯度分析

酶提纯需考虑两个方面，即既要产率，又要纯度。也就是说，在纯化过程中，除了要测定一定体积或一定质量的酶制剂中含有多少活力单位外，还要测定其纯度。酶的纯度用比活力来表示。

酶的比活力（性）是对酶纯度的量度，即指在固定条件下，每 1mg 酶蛋白所具有的酶活力单位数，一般用 U/mg 酶蛋白来表示。

$$比活力=\frac{酶的活力单位数（U）}{酶的质量（mg）}$$

一般来说，同一种酶的比活力越高，表示酶制剂中杂蛋白的含量越少，酶越纯。此外，在酶的纯化过程中，还要计算纯化倍数和产率（即回收率）。

$$纯化倍数=\frac{每次比活力}{第一次比活力}$$

$$酶产率=\frac{每次总活力}{第一次总活力}\times100\%$$

一种酶的纯化过程，常常包括多个步骤，往往步骤越多，纯度越高，产率越低。确定一个纯化方案，须在纯度与产率间权衡考虑，并考虑产品的使用目的（即纯度要求）。

思考与复习

1. 名词解释

底物专一性　竞争性抑制作用　必需基团　别构效应　共价修饰　同工酶　寡聚酶　多酶复合体　多功能酶　酶原

2. 问答题

（1）绝大多数酶溶解在纯水中会失活，为什么？

（2）影响酶促反应的因素有哪些？用曲线表示并说明它们各有何影响？

（3）试比较酶的竞争性抑制作用与非竞争性抑制作用的异同。

（4）试述酶激活的机制及酶以酶原的形式存在的生理意义。

技能训练

实训项目举例

酶的特性实验

一、实训任务书

1. 学习目标

通过学习与实训，了解酶的基本性质；熟悉影响酶促反应速率的因素。

2. 实训任务

（1）选择酶（一种或多种酶）以及原料。

（2）提取、处理酶。

（3）测定酶的性质。

（4）理解并归纳影响酶促反应的因素。

3. 查阅资料

（1）酶的种类有哪些？

（2）酶的特性有哪些？酶与底物反应的作用机制是什么？

（3）举例说明酶类在食品加工中的应用。

二、实训程序

1. 实训方案实施过程

学生通过学习本项目实验方法以及查阅资料完成实训方案→小组讨论→教师点评→实训操作→总结。

2. 实训原理

1）酶的专一性实验原理

淀粉和蔗糖缺乏自由醛基，无还原性。在淀粉酶的作用下，淀粉很容易水解生成麦芽糖。麦芽糖是还原性糖，可使班氏（Benedict）试剂中二价铜离子还原成一价亚铜离子，生成砖红色的氧化亚铜沉淀；但淀粉酶不能催化蔗糖水解生成具有还原性的葡萄糖或果糖，而蔗糖本身不具有还原性，故不与班氏试剂产生颜色反应。

2）温度、pH、激活剂、抑制剂对酶活力影响的实验原理

淀粉在淀粉酶催化作用下水解，由于酶的活性受环境条件的影响，因而淀粉被水解的程度就可能不同。通过观察淀粉及其水解产物遇碘后呈现不同的颜色，可判定水解的程度，从而得知温度、pH、激活剂、抑制剂对酶活性的影响。

淀粉酶对淀粉的水解反应过程如下：

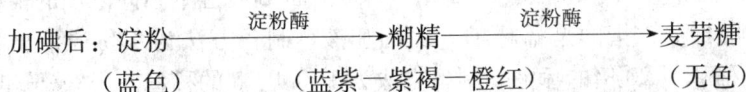

加碘后：淀粉 $\xrightarrow{\text{淀粉酶}}$ 糊精 $\xrightarrow{\text{淀粉酶}}$ 麦芽糖
　　　（蓝色）　　（蓝紫－紫褐－橙红）　　（无色）

3. 样品、试剂与仪器

（1）样品：

① 1%淀粉溶液：称取可溶性淀粉 1g，加 5mL 蒸馏水，调成糊状，再加蒸馏水 80mL，加热使其溶解，最后用蒸馏水定容至 100mL。

② 1%蔗糖溶液：称取蔗糖 1g，溶于蒸馏水并定容至 100mL。

③ 新鲜淀粉酶溶液的提取（可任选一种）：

a. 唾液淀粉酶的制备：用水漱口 2 次（除去食物残渣、洗涤口腔），做咀嚼运动，促进唾液分泌，将唾液收集于小烧杯中，如浑浊可用二层纱布过滤，取滤液 5mL，备用。

b. 植物淀粉酶的制备：称取 3g 萌发的小麦种子（芽长约 1cm），置于研钵中，加少量石英砂和蒸馏水（约 5mL），磨成匀浆，倒入 50mL 量筒中，加水至刻度，混匀后转入三角瓶中，室温下放置 20min（每隔 4min 振动一次），然后以 4000r/min 离心 20min，取上清液备用。

④ 煮沸淀粉酶溶液的制备：取 5mL 淀粉酶溶液，在沸水中煮沸 20min 使淀粉酶变性失活。

（2）试剂：

① 缓冲液：

A 液：称取 35.62g $Na_2HPO_4 \cdot 2H_2O$ 溶于 100mL 水中。

B 液：称取 19.21g 无水柠檬酸溶于 1000mL 水中。

a. pH5 缓冲液：A 液（10.30mL）＋B 液（9.70mL）。

b. pH6.8 缓冲液：A 液（15.44mL）＋B 液（4.56mL）。

c. pH8 缓冲液：A 液（19.44mL）＋B 液（0.56mL）。

② 碘化钾－碘溶液：称取碘化钾 2g 及碘 1.27g（碘应事先研细），溶解于 200mL 水中，使用前用水稀释 5 倍。

③ 班氏试剂：称取结晶硫酸铜（$CuSO_4 \cdot 5H_2O$）17.3g 溶于 100mL 蒸馏水中，加热溶解，冷却备用。另取柠檬酸钠 173g 及 $Na_2CO_3 \cdot 2H_2O$ 100g，加蒸馏水 600mL，加热溶解，冷却备用，然后把硫酸铜溶液慢慢倒入柠檬酸钠-Na_2CO_3 溶液中，混合后定容至 1000mL。如有沉淀，可过滤除去。此试剂可长期储存使用。

④ NaCl 溶液（1%）：称取 NaCl 1g，溶于蒸馏水并定容至 100mL。

⑤ $CuSO_4$ 溶液（1%）：称取 $CuSO_4$ 1g，溶于蒸馏水并定容至 100mL。

⑥ Na_2SO_4 溶液（1%）：称取 Na_2SO_4 1g，溶于蒸馏水并定容至 100mL。

（3）仪器：恒温水浴箱、沸水浴、冰浴、试管、试管架、玻璃漏斗、纱布、研钵、比色板。

4. 操作步骤

1）稀释唾液的制备

（1）不同稀释度唾液的制备（用大试管）。

本实验需制备 1：1、1：5、1：20、1：50、1：200 五个不同浓度的稀释唾液。

举例说明：1：5 指的是稀释了 5 倍的唾液，制备方法为 1 份原液＋4 份蒸馏水；1：20 指的是稀释了 20 倍的唾液，制备方法为 1 份 1：5 的稀释液＋3 份蒸馏水。

（2）唾液淀粉酶最佳稀释度的确定（严格按表 4-2 所示添加顺序，用小试管做实验）。

表 4-2 唾液淀粉酶稀释度的确定

管号	1（1：1）	2（1：5）	3（1：20）	4（1：50）	5（1：200）
0.5%淀粉溶液/滴	4	4	4	4	4
稀释唾液/mL	1	1	1	1	1
37℃恒温水浴中保温 5min					
班氏试剂/mL	1	1	1	1	1
沸水浴 2～3min					
实验结果					
最佳稀释度					

2）酶作用的专一性

（1）取 3 支试管，编号，按表 4-3 操作。

表 4-3 酶作用专一性测试表

管号	pH6.8 缓冲液/滴	1%淀粉溶液/滴	1%蔗糖溶液/滴	淀粉酶溶液/滴	煮沸的淀粉酶溶液/滴
1	20	10	0	5	0
2	20	10	0	0	5
3	20	0	2.0	5	0

（2）混匀，置 37℃水浴箱保温 10min，然后向各管加班氏试剂 20 滴，放入沸水中煮沸，观察并分析结果。

3）温度对酶活性的影响

（1）取 4 支试管，编号，按表 4-4 操作。

表 4-4 温度对酶活性的影响测试表

管号	1%淀粉溶液/mL	淀粉酶溶液/mL	水温/℃	颜色
1	3	1	0	
2	3	1	0	
3	3	1	37～40	
4	3	1	90	

（2）在比色板各孔中置碘液 1 滴，每隔 1～2min 用滴管从 3 号管中取反应液 1 滴，滴入比色板一孔中，观察碘液颜色变化。每次取反应液之前，都应将滴管洗净。待观察到反应液颜色不变时，取出 4 号管冷却后，再取出 1 号管，两管同时各加入 1 滴碘液，观察颜色有何变化？

（3）取出 2 号管置于 37～40℃水浴中，10min 后，加入 2 滴碘液，将其颜色与 1 号管比较，有何变化？

4）pH 对酶活性的影响

（1）取 3 支试管，编号，按表 4-5 操作。

表 4-5　pH 对酶活性影响的测试表

管号	1%淀粉溶液/mL	pH5 缓冲液/mL	pH6.8 缓冲液/mL	pH8 缓冲液/mL	淀粉酶溶液/mL	颜色变化
1	1.5	0.5	0	0	0.5	
2	1.5	0	0.5	0	0.5	
3	1.5	0	0	0.5	0.5	

（2）将试管内液体混匀，置 37~40℃水浴中，每隔 1min 从 2 号管中取 1 滴反应液与碘液混合观察，待呈橙黄色时，向各管中加入 1~2 滴碘液，充分混匀，观察并记录 3 管内颜色变化的快慢。

5）激活剂、抑制剂对酶活性的影响

（1）取 4 支试管，编号，按表 4-6 操作。

表 4-6　激活剂、抑制剂对酶活性影响的测试表

管号	1%淀粉溶液/mL	1% $CuSO_4$ 溶液/mL	1% NaCl 溶液/mL	1% Na_2SO_4 溶液/mL	蒸馏水/mL	淀粉酶溶液/mL	反应速度（快或慢）
1	2	0.2	0	0	0	1	
2	2	0	0.2	0	0	1	
3	2	0	0	0.2	0	1	
4	2	0	0	0	0.2	1	

（2）将各管中液体混匀，置 37℃水浴锅中保温。

（3）5~10min 后，从 2 号管取出 1 滴液体加入瓷反应板，加碘液 1 滴，当出现淡黄色或无色时，将 4 支试管一并取出，各加碘液 1 滴，摇匀后观察颜色的改变，说明激活剂和抑制剂对淀粉酶的影响。

5. 注意事项

每个人唾液中淀粉酶的活力不同，故本实验需要先做一个唾液淀粉酶稀释度的确定实验，以确定最佳稀释度。

操作过程中严防试剂污染。

6. 实训结果

记录各试管内发生的现象并加以分析。

思考与复习

（1）在激活剂、抑制剂对酶活性影响实验中，1% $CuSO_4$ 溶液和 1% NaCl 溶液中，哪种离子是酶的激活剂？哪种离子是酶的抑制剂？

（2）在激活剂、抑制剂对酶活性的影响中，加 1% Na_2SO_4 溶液的目的是什么？

可选实训项目

实训一　血清碱性磷酸酶的测定

1. 实训目的

通过本实训了解碱性磷酸酶的测定原理及方法。

2. 实训原理

碱性磷酸酶（ALP）是一类广泛分布于机体内的酶，在碱性条件下具有较高活性。血清中具有机体内各种组织来源的碱性磷酸酶。本实训依据 King 法测定碱性磷酸酶的活性，即以磷酸苯二钠为底物，被碱性磷酸酶水解后产生游离酚和磷酸盐，酚在碱性溶液中与 4-氨基安替比林作用，经铁氰化钾氧化，可生成红色的醌衍生物，以相同条件处理的酚标准液作为对照，在 510nm 波长处比色测定吸光度，可测知酚的生成量，从而计算出酶的活性。King 活性单位定义：每 100mL 酶液（或血清）在 37℃与底物作用 15min，产生 1mg 酚者为一个 King 单位。

反应式如下：

3. 样品、试剂与仪器

（1）样品：

酶液：兔、猪等动物的新鲜血清，稀释 5～10 倍。

（2）试剂：

① 酚标准溶液（0.1mg/mL）。

a. 称取 1.50g 结晶酚溶于 0.1mol/L 盐酸溶液并定容至 1000mL，为酚储存液。

b. 标定酚标准液所需试剂。

a）0.1mol/L 碘酸钾溶液：将碘酸钾（KIO_3）在 120℃烘箱中干燥 6h，然后放在玻璃干燥器中冷至室温。精确称取干燥的碘酸钾 0.8918g，先以适量蒸馏水溶解，然后定量地移入 250mL 容量瓶中，用蒸馏水定容至刻度。

b）0.1mol/L 硫代硫酸钠溶液：称取硫代硫酸钠 25g，溶于 950mL 沸腾蒸馏水中，继续煮沸 5min，冷却后用新煮沸过的冷蒸馏水定容至 1000mL，再以 0.1mol/L 碘酸钾溶液标定其浓度。

c）0.5％（质量浓度）淀粉指示剂：准确称取 1.0g 可溶性淀粉（经 60℃烘箱干燥）用 10mL 蒸馏水搅匀，再倾入 180mL 沸腾蒸馏水中，充分搅匀，冷却后定容至 200mL。

d）0.05mol/L 碘溶液：称取 13g 碘和 40g 碘化钾，置于洁净的乳钵中，加入少量蒸馏水研磨到完全溶解，然后用蒸馏水定容至 1000mL，储于棕色瓶中，再用已标定的硫代硫酸钠溶液标定其浓度。

e）硫代硫酸钠溶液的标定：取 150mL 三角瓶 1 只，加入 25mL 蒸馏水、2.0g 碘化钾、0.5g 碳酸氢钠及 10mL 2.0mol/L 盐酸。准确吸取 25mL 0.1mol/L 碘酸钾溶液，加入上述三角瓶中，立即以硫代硫酸钠溶液滴定至浅黄色，再加入 1.0mL 0.5% 的淀粉指示剂，立即用硫代硫酸钠溶液滴定至无色。

空白滴定同上，仅以蒸馏水代替碘酸钾溶液。

硫代硫酸钠的物质的量浓度（mol/L）为：

$$n_{Na2S_2O_3} = \frac{25 \times 0.1}{\text{用去硫代硫酸钠的体积} - \text{空白管用硫代硫酸钠的体积}}$$

c. 标定。

准确吸取酚储存液 25mL，置于 250mL 有塞三角瓶中，加 55mL 0.1mol/L 的氢氧化钠溶液，加热至 65℃，再加入 25mL 0.05mol/L 碘溶液，加塞，室温放置 30min，加 5mL 浓盐酸，再加 0.1% 淀粉溶液 1mL 为指示剂，用 0.1mol/L 硫代硫酸钠（标定过的）溶液滴定至浅黄色。

滴定反应式如下：

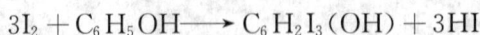

$$3I_2 + C_6H_5OH \longrightarrow C_6H_2I_3(OH) + 3HI$$
$$I_2 + 2Na_2S_2O_3 \longrightarrow 2NaI + Na_2S_4O_6$$

根据反应式，3 分子碘（相对分子质量为 254）与 1 分子酚（相对分子质量为 94）起作用，因此 0.05mol/L 的碘液 1mL（约含碘 12.7mg）相当于酚 1.567mg。

25mL 碘液中硫代硫酸钠的滴定量为 XmL，则

$$25mL \text{ 酚液中所含酚量} = (25 - X) \times 1.567mg$$

d. 酚标准溶液。

按上述标定结果用蒸馏水稀释至 0.1mg/mL 作为酚标准溶液。

② 0.02mol/L 底物溶液：称取磷酸苯二钠 7.58g（$C_6H_5PO_4Na_2 \cdot 2H_2O$），用煮沸后冷却的蒸馏水溶解，并定容至 1000mL，加几滴氯仿防腐，置于棕色瓶中，放冰箱中保存。

③ 0.1mol/L pH 10.0 的碳酸钠-碳酸氢钠缓冲液：先分别配制 0.1mol/L Na_2CO_3 和 0.1mol/L $NaHCO_3$ 液液，然后取 0.1mol/L Na_2CO_3 溶液 60mL 和 0.1mol/L $NaHCO_3$ 溶液 40mL，混合摇匀。

④ 0.5mol/L NaOH 溶液：称取氢氧化钠 2g，加水稀释，定容至 100mL，静置 3 日后，取上清液使用。

⑤ 0.3%（质量浓度）4-氨基安替比林（AAP）溶液：称取 0.3gAAP 以及 4.2g 硫酸氢钠，以蒸馏水溶解并定容至 100mL，置棕色瓶中，放在冰箱内保存。

⑥ 0.5%（质量浓度）铁氰化钾溶液：称取 0.5g 铁氰化钾和 15g 硼酸，分别溶于 400mL 蒸馏水中，溶解后两液混合，再用蒸馏水定容至 1000mL，置棕色瓶中，暗处保存。

（3）仪器：恒温水浴锅、分光光度计、试管等。

4. 操作步骤

取 7 支试管，其中 3 支作测定管，1 支作空白管，余下 3 支作标准管，并按表 4-7 进行操作。

表 4-7 血清碱性磷酸酶测定表

试　管	测定管	空白管	标准管
0.1mol/L pH10.0 的碳酸钠—碳酸氢钠缓冲液/mL	1.0	1.0	1.0
0.02mol/L 底物溶液/mL	0.9	1.0	0.9
酚标准溶液（0.1mg/mL）	0	0	0.1
置于 37℃恒温水浴锅保温 5min，酶液/mL	0.1	0	0
混匀立即计时，置于 37℃恒温水浴锅准确保温 5min，0.5mol/L NaOH 溶液/mL	1.0	1.0	1.0
0.3％AAP 溶液/mL	1.0	1.0	1.0
0.5％（质量浓度）铁氰化钾溶液/mL	2.0	2.0	2.0

各管中液体充分混匀，使显色完全，室温保温 10min，于 510nm 波长处比色（以空白管调零）。

5. 注意事项

（1）本实训方法也可用于组织提取液中碱性磷酸酶活性的测定。

（2）血清或组织提取液可根据酶活性的强弱做适当稀释。

（3）严格控制酶作用的时间，时间一到，立即加 0.5mol/L NaOH 溶液。

（4）将铁氰化钾溶液加入硼酸，稳定后会显红色。此液应避免阳光直射，若呈蓝绿色，则不能使用。加入此液后，应立即充分混匀，否则呈色不充分。

6. 实训结果

1）数据记录

将测定的实训数据记录在表 4-8 中。

表 4-8 数据记录表

管号	测定管 1	测定管 2	测定管 3	标准管 1	标准管 2	标准管 3
OD_{510}值						
OD_{510}平均值						

2）结果计算

酶活性计算公式如下：

$$酶活性单位（mL）=\frac{测定管\ OD_{510}}{标准管\ OD_{510}}×酚标准溶液浓度（mg/mL）×10×酶液稀释倍数$$

思考与复习

（1）实训过程中加入 0.5mol/L NaOH 溶液的作用是什么？

（2）什么是酶活性单位？

实训二 过氧化氢酶（CAT）活力的测定

1. 实训目的

（1）通过实训可了解过氧化氢酶的作用。

（2）掌握测定过氧化氢酶活性的原理和方法。

2. 实训原理

植物在逆境下或衰老时，由于体内活性氧代谢加强而使 H_2O_2 累积。H_2O_2 可进一步生成氢氧自由基（OH·）。氢氧自由基（OH·）是化学性质最活泼的活性氧，可以直接或间接地氧化细胞内核酸、蛋白质等生物大分子，并且有非常高的速度常数，破坏性极强，可使细胞膜遭受损害，加速细胞的衰老和解体。

过氧化氢酶可以清除 H_2O_2，分解氢氧自由基，保护机体细胞稳定的内环境及细胞的正常生活，因此 CAT 是植物体内重要的酶促防御系统之一，其活性高低与植物的抗逆性密切相关。

CAT 能把 H_2O_2 分解为 H_2O 和 O_2，可根据 H_2O_2 的消耗量或 O_2 的生成量测定此酶活力的大小。在反应系统中加入一定量（反应过量）的 H_2O_2 溶液，经酶促反应后，用标准高锰酸钾溶液（在酸性条件下）滴定多余的 H_2O_2，即可求出消耗的 H_2O_2 量。

3. 样品、试剂与仪器

（1）样品：白菜、小麦或其他植物的新鲜叶片。

（2）试剂：

① 10％ H_2SO_4 溶液。

② 0.2mol/L 磷酸缓冲液（pH7.8）：取 0.2mol/L 磷酸氢二钠溶液 91.5mL 与 0.3mol/L 磷酸二氢钠溶液 8.5mL，混匀即可。

③ 0.1mol/L 高锰酸钾标准液：称取 $KMnO_4$（A.R.）3.1605g，用新煮沸冷却蒸馏水配制成 1000mL，用 0.1mol/L 草酸溶液标定。

④ 0.1mol/L H_2O_2：市售 30％ H_2O_2 的物质的量浓度大约等于 17.6mol/L，取 30％ H_2O_2 溶液 5.68mL，稀释至 1000mL，用 0.1mol/L $KMnO_4$ 标准溶液（在酸性条件下）进行标定。

⑤ 0.1mol/L 草酸：称优级纯 $H_2C_2O_4 \cdot 2H_2O$ 12.607g，用蒸馏水溶解后，定容至 1000mL。

（3）仪器：研钵、三角瓶、酸式滴定管、恒温水浴、容量瓶。

4. 操作步骤

1）酶液提取

取白菜或小麦的新鲜叶片，剪成碎片，迅速取 5g 放入冷冻过的研钵中，加入少量 pH7.8 的磷酸缓冲液，在冰浴上研磨成匀浆，转移至 50mL 容量瓶中，用该缓冲液冲洗研钵，并将冲洗液转入容量瓶中，用同一缓冲液定容，3000r/min 离心 10min，上清液即为过氧化氢酶的粗提液。

2）酶反应过程

取 50mL 三角瓶 4 个（2 个测定，2 个对照），测定瓶中加入酶液 2.5mL，对照瓶中加入煮沸后失去活性的酶液 2.5mL，将各三角瓶放在 30℃ 恒温水浴中保温 5～10min。然后在各瓶中准确加入 0.1mol/L H_2O_2 2.5mL，摇匀，并同时计时，于 30℃ 恒温水浴中保温 10min，时间到后立即加入 10％ H_2SO_4 2.5mL 以终止酶的活性。

3）标定

用 0.1mol/L $KMnO_4$ 标准溶液滴定 H_2O_2，至出现粉红色（在 30s 内不消失）为终点。

5. 注意事项

（1）严格控制酶反应时间。

（2）试剂加入应按照规定顺序进行。

（3）所用 $KMnO_4$ 溶液及 H_2O_2 溶液临用前要经过重新标定。

6. 实训结果

1）数据记录

将测定的实训数据记录在表 4-9 中。

表 4-9　数据记录表

管号	测定瓶 1	测定瓶 2	对照瓶 1	对照瓶 2
消耗 $KMnO_4$ 体积/mL				
消耗 $KMnO_4$ 体积平均值/mL				

2）结果计算

酶活性用每克样品鲜重 1min 内分解 H_2O_2 的质量（mg）表示。

$$过氧化氢酶活性\left[mg/(g\cdot min)\right]=\frac{1.7\,(A-B)\cdot V_T}{W\cdot V_1\cdot t}$$

式中：A——2 个对照瓶 $KMnO_4$ 滴定毫升数的平均值，mL；

B——2 个测定瓶 $KMnO_4$ 滴定毫升数的平均值，mL；

V_T——酶液总量，mL；

V_1——反应所用酶液量，mL；

W——样品鲜重，g；

t——酶促反应时间，min；

1.7——1mL 0.1mol/L 的 $KMnO_4$ 相当于 1.7mg H_2O_2。

📖 思考与复习 ◎

（1）在本实训中，1mL 0.1mol/L 的 $KMnO_4$ 相当于 1.7mg H_2O_2，如何计算？

（2）本实训中，过氧化氢酶活性公式如何推导？

（3）新鲜叶片为什么要放入冷冻过的研钵中进行研磨？

实训三　过氧化氢酶、过氧化物酶的作用

1. 实训目的

了解过氧化氢酶、过氧化物酶的作用。

2. 实训原理

过氧化氢酶（E）能催化过氧化氢分解，产生水及分子氧。作用机制如下：

$$E+H_2O_2\Longleftrightarrow E-H_2O_2$$

$$E-H_2O_2+H_2O_2 \longrightarrow E+2H_2O+O_2\uparrow$$

过氧化物酶能催化过氧化氢释出氧气以氧化某些酚类和胺类物质，如可氧化溶于水中的焦性没食子酸生成不溶于水的焦性没食子橙（橙红色）。

3. 样品、试剂与仪器

（1）样品：新鲜猪肝糜、生马铃薯、白菜梗。

（2）试剂：

① 1%焦性没食子酸水溶液：焦性没食子酸1g，用少量蒸馏水溶解，然后定容至100mL。

② 2%过氧化氢溶液。

③ 白菜梗提取液：白菜梗约5g，切成细块，置研钵内，加蒸馏水约15mL，研磨成浆，经纱布过滤，滤液备用。

（3）仪器：研钵、恒温水浴锅、天平、试管、漏斗、滴管、剪刀。

4. 操作步骤

（1）取4支试管，按表4-10操作。

表4-10 马铃薯测试表

管号	2%H₂O₂/mL	新鲜肝糜/g	煮沸肝糜/g	生马铃薯/g	熟马铃薯/g	现象
1	3	0.5	0	0	0	
2	3	0	0.5	0	0	
3	3	0	0	1	0	
4	3	0	0	0	1	

观察有无气泡放出，特别注意肝糜周围和马铃薯周围，记录观察到的现象。

（2）取4支试管，按表4-11编号并加入试剂。

表4-11 白菜梗测试表

管号	1%焦性没食子酸/mL	2%H₂O₂/滴	蒸馏水/mL	白菜梗提取液/mL	煮沸的白菜梗提取液/mL	现象
1	2	2	2	0	0	
2	2	2	0	2	0	
3	2	2	0	2	0	
4	2	2	0	0	2	

摇匀后，观察并记录各管颜色变化和沉淀的出现。

5. 注意事项

（1）操作过程中严防试剂污染。

（2）严格按顺序加试剂。

6. 实训结果

记录各试管内发生的现象并加以分析。

思考与复习

（1）实训操作过程中为什么要严格按照顺序加入试剂？

（2）过氧化物酶在哪些物质中含量较多？有何作用？

实训四　碱性磷酸酶的反应动力学性质

1. 实训目的

了解并熟悉酶促反应的动力学性质。

2. 实训原理

1）进程曲线的制作和初速度的测定

要进行酶的活力测定，首先要确定酶的反应时间。酶的反应时间并不是任意规定的，应该在初速度范围内进行选择，要求出代表酶反应初速度的时间范围就必须制作酶反应的进程曲线。进程曲线是指酶反应时间与产物生成量（或底物减少量）之间关系的曲线，它表明酶反应随反应时间变化的情况。本实训的进程曲线是在酶反应的最适条件下采用每间隔一定的时间测定产物生成量的方法，以酶反应时间为横坐标，产物生成量为纵坐标绘制而成的。从进程曲线可以看出，曲线的起始部分在某一段时间范围内呈直线，其斜率代表酶反应的初速度。但是，随着反应时间的延长，曲线趋于平坦，曲线的斜率不断下降，说明反应速度逐渐降低。反应速度随反应时间的延长而降低这一现象可能是由于反应时间延长以后，底物浓度的降低和产物浓度的增高致使逆反应加强等原因所引起的。因此，要真实反映出酶活力的大小，就应该在产物生成量与酶反应时间成正比的这一段时间内进行初速度的测定。换言之，测定酶活力应该在进程曲线的初速度时间范围内进行。制作进程曲线，求出酶反应初速度的时间范围是进行酶动力学性质分析的基础。

2）pH—酶活性曲线的制作和酸碱稳定性实验

pH 对酶活性的影响极为显著，通常各种酶只有在一定的范围内才表现出活性，同一种酶在不同的 pH 条件下所表现的活性不同。各种酶在特定条件下都有其最适 pH。在最适 pH 时，酶分子上活性基团的解离状态最适合于酶与底物的作用；而高于或低于最适 pH 时，酶的活性基团的解离状态不利于酶与底物的作用，于是酶活力也相应降低。pH 除了对酶的解离状态产生直接影响外，还可能影响底物的解离和反应系统中其他组分的解离。

pH 不仅对酶活性有很大影响，而且对酶的稳定性也有很大影响。因为绝大多数酶是蛋白质，同蛋白质容易变性一样，酶在过酸或过碱的条件下也很容易变性失活。各种酶的酸碱稳定范围是不同的，这就需要制作酸碱稳定性曲线。一般的方法是将酶液分成若干份，分别置于一系列不同 pH 的溶液中保温处理一定时间，然后再调至某一标准的 pH 或直接在最适 pH 条件下进行活力测定。以处理的 pH 为横坐标、反应速度为纵坐标作图，可得到酶的酸碱稳定性曲线，由此即可求出酶的酸碱稳定范围。

3）温度—酶活性曲线的制作和热稳定性实验

如前所述，温度对酶的作用具有双重影响。因此，在较低的温度范围内，酶反应速度随温度升高而增大，但是超过一定温度后，反应速度反而下降。酶反应速度达到最大值时的温度即为酶反应的最适温度。如果保持其他反应条件恒定，而在一系列变化的温度条件下测定酶活力，以温度为横坐标、反应速度为纵坐标做图，可得到一条温度-酶活性曲线。根据这条曲线可求得酶反应的最适温度。但是最适温度只是一种表观的最适温度，它随反应时间延长而下降。

由于酶受热后易变性失活，因此各种酶对热都有一个稳定的范围。酶的种类和来源不同，对热的稳定性也不同，这就需要通过热稳定性实验测出热稳定范围。一般的方法是在一定条件下先将酶在不同的温度下处理一段时间，迅速降温，然后再在一定温度条件下测定酶活力。以处理温度为横坐标、反应速度为纵坐标作图，可得到酶的热稳定曲线，根据这条曲线即可求出酶的热稳定范围。

4）底物浓度对酶活性的影响——碱性磷酸酶米氏常数的测定

米氏常数（K_m）是酶的特征性常数，测定 K_m 值是研究酶的特性的重要方法之一。Lineweaver 和 Burk 取米氏方程的倒数，推导出如下方程：

$$\frac{1}{v}=\frac{K_m}{v_{max}}+\frac{1}{[S]}+\frac{1}{v_{max}}$$

上式称为双倒数方程。根据此方程，以 $1/v$ 为纵坐标，$1/[S]$ 为横坐标，做图可得一直线。

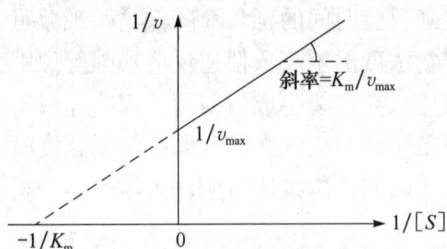

图 4-10 中直线在 $1/v$ 轴上的截距为 $1/v_{max}$，斜率为 K_m/v_{max}。在 $1/[S]$ 轴上的截距为 $-1/K_m$。因此根据直线在纵轴和横轴上的截距，可分别求出 v_{max} 和 K_m。

本实训以碱性磷酸酶为材料，以磷酸苯二钠为底物。碱性磷酸酶催化磷酸苯二钠水解产生游离酚和磷酸盐。酚在碱性溶液中与 APP 作用，经铁氰化钾氧化，可生成红色的

图 4-10 $1/[S]$ 对 $1/v$ 作图

醌衍生物。根据红色的深浅可测出酚的含量，从而算出相应的酶活性。再根据 Lineweaver-Burk 法做图，计算其 K_m。

5）抑制剂对酶促反应速度的影响

凡能降低酶的活性，甚至使酶完全丧失活性的物质，称为酶的抑制剂。酶的特异性抑制剂大致上分为可逆性和不可逆性两大类。

本实训主要观察可逆性抑制剂对酶促反应动力学的影响。可逆性抑制又可分为竞争性抑制和非竞争性抑制等。

本实训观察茶碱对碱性磷酸酶的非竞争性抑制作用。

3. 样品、试剂与仪器

（1）样品：

酶液：称取纯的碱性磷酸酶 5mg，用 pH 8.8 的 Tris 缓冲液配制成 100mL，于冰箱内保存备用。

（2）试剂：

114

① 复合基质液：称取磷酸苯二钠 10.16g（$C_6H_5PO_4Na_2 \cdot 2H_2O$），4-氨基安替比林 3g，分别用煮沸后冷却的蒸馏水溶解，两液混合并稀释至 1000mL，加几滴氯仿防腐，置于棕色瓶中，放冰箱中保存，可使用 1 周。临用时将此液与等量 0.1mol/L pH10.0 的碳酸钠-碳酸氢钠缓冲液混合即可。

② 0.04mol/L 底物溶液：称取磷酸苯二钠 10.16g（$C_6H_5PO_4Na_2 \cdot 2H_2O$），用煮沸后冷却的蒸馏水溶解，并定容至 1000mL，加几滴氯仿防腐，置于棕色瓶中，放冰箱中保存。

③ 0.3%（质量浓度）AAP 溶液：见血清碱性磷酸酶的测定。

④ 0.5%（质量浓度）铁氰化钾溶液：见血清碱性磷酸酶的测定。

⑤ 0.1mol/L pH 10.0 的碳酸钠-碳酸氢钠缓冲液：见血清碱性磷酸酶的测定。

⑥ 0.5mol/L NaOH 溶液。

⑦ 酚标准液（0.1mg/mL）：见血清碱性磷酸酶的测定。

⑧ pH 8.8 Tris 缓冲液：称取 Tris 12.1g，用蒸馏水溶解后定容至 1000mL，即为 0.1mol/L Tris 液。取 100mL 0.1mol/L Tris 液，加蒸馏水约 800mL，再加 0.1mol/L 醋酸镁 100mL，混匀后用 1%醋酸调节 pH 至 8.8，再用蒸馏水稀释至 1000mL。

⑨ 0.04mol/L Na_2HPO_4：称取磷酸氢二钠 14.3g，溶解于 0.1mol/L pH 10 的碳酸缓冲液中，并用此液稀释至 1000mL。

⑩ 0.06mol/L 茶碱：称取茶碱 10.8g，溶解于 0.1mol/L pH 10 的碳酸盐缓冲液中，并用此液稀释至 1000mL。

⑪ 甘氨酸—氢氧化钠缓冲液（0.05mol/L）：各 pH 相应缓冲液的配制如下。

a. 0.2mol/L 甘氨酸溶液：称取 15.01g 甘氨酸溶于蒸馏水，定容至 1000mL。

b. 0.2mol/L NaOH 溶液。

c. 按表 4-12 配成相应 pH 的缓冲液。

表 4-12　甘氨酸-氢氧化钠缓冲液配制表

管号	1	2	3	4	5	6	7	8	9
0.2mol/L 甘氨酸溶液/mL	10	10	10	10	10	10	10	10	10
0.2mol/L NaOH/mL	0.2	0.6	1.6	3.8	6.2	8.4	9.8	10.4	10.8
蒸馏水/mL	11.8	11.4	10.4	8.2	5.8	3.6	2.2	1.6	1.2
最终 pH	8	8.5	9	9.5	10	10.5	11	11.5	12

（3）仪器：恒温水浴锅、分光光度计、试管、吸管等。

4. 操作步骤

1）进程曲线的制作和初速度的测定

取 12 支试管按表 4-13 操作。

表 4-13　酶反应初速度测试表

管号	0	1	2	3	4	5	6	7	8	9	10	11
酶液/mL	0	0.1	0.1	0.1	0.1	0.1	0.1	0.1	0.1	0.1	0.1	0.1
37℃恒温水浴预热 5min												
37℃预热的复合基质液/mL	3.0	3.0	3.0	3.0	3.0	3.0	3.0	3.0	3.0	3.0	3.0	3.0
37℃精确反应时间/min	15	3	5	7	10	12	14	20	25	30	40	50
0.5mol/L NaOH 溶液/mL	1.0	1.0	1.0	1.0	1.0	1.0	1.0	1.0	1.0	1.0	1.0	1.0
0.5%（质量浓度）铁氰化钾溶液/mL	2.0	2.0	2.0	2.0	2.0	2.0	2.0	2.0	2.0	2.0	2.0	2.0
酶液/mL	0.1	0	0	0	0	0	0	0	0	0	0	0
静置 10min												
A_{510}												

以 0 号管调零，测出 A_{510} 后，以反应时间为横坐标，A_{510} 为纵坐标绘制进程曲线，由进程曲线求出碱性磷酸酶反应初速度的时间范围。

2）pH-酶活性曲线的制作和酸碱稳定性实验

（1）pH-酶活性曲线的制作：

取 10 支试管，按表 4-14 操作。

表 4-14　pH-酶活性曲线的制作

管号	0	1	2	3	4	5	6	7	8	9
反应 pH	10	8	8.5	9	9.5	10	10.5	11	11.5	12
相应 pH 缓冲液/mL	0.5	0.5	0.5	0.5	0.5	0.5	0.5	0.5	0.5	0.5
酶液/mL	0	0.1	0.1	0.1	0.1	0.1	0.1	0.1	0.1	0.1
37℃恒温水浴预热 5min										
37℃预热的复合基质液/mL	3.0	3.0	3.0	3.0	3.0	3.0	3.0	3.0	3.0	3.0
37℃恒温水浴保温 15min										
0.5mol/L NaOH 溶液/mL	1.0	1.0	1.0	1.0	1.0	1.0	1.0	1.0	1.0	1.0
0.5%（质量浓度）铁氰化钾溶液/mL	2.0	2.0	2.0	2.0	2.0	2.0	2.0	2.0	2.0	2.0
静置 10min										
A_{510}										

以反应 pH 为横坐标，A_{510} 为纵坐标绘制 pH-酶活性曲线，求出碱性磷酸酶在本实验条件下的最适 pH。

（2）酸碱稳定范围的测定。取 10 支试管，编号为 1～9，空白管为 0 号，按表 4-15操作。

表 4-15　酸碱稳定性的测试

管号	0	1	2	3	4	5	6	7	8	9
处理 pH	10	8	8.5	9	9.5	10	10.5	11	11.5	12
相应 pH 缓冲液/mL	0.1	0.1	0.1	0.1	0.1	0.1	0.1	0.1	0.1	0.1
酶液/mL	0.1	0.1	0.1	0.1	0.1	0.1	0.1	0.1	0.1	0.1
37℃恒温水浴保温处理 1h										
碳酸盐缓冲液/mL	0.5	0.5	0.5	0.5	0.5	0.5	0.5	0.5	0.5	0.5

管号	0	1	2	3	4	5	6	7	8	9
37℃预热的复合基质液/mL	每管各加 3.0mL（0 号管基质液在铁氰化钾之后加）									
37℃恒温水浴精确保温 15min										
0.5mol/L NaOH 溶液/mL	1.0	1.0	1.0	1.0	1.0	1.0	1.0	1.0	1.0	1.0
0.5%（质量浓度）铁氰化钾溶液/mL	2.0	2.0	2.0	2.0	2.0	2.0	2.0	2.0	2.0	2.0
静置 10min										
A_{510}										

以 pH 为横坐标，A_{510} 为纵坐标，绘制酸碱稳定曲线，并分析碱性磷酸酶的酸碱稳定范围。

3）温度-酶活性曲线的制作和热稳定性试验

（1）温度-酶活性曲线的制作。取 9 支试管，按表 4-16 操作。

表 4-16　温度-酶活性曲线的制作

管号	0	1	2	3	4	5	6	7	8
反应温度/℃	37	室温	30	35	37	40	50	70	80
酶液/mL	每管各加 0.1mL（0 号管酶液在铁氰化钾之后加）								
预热复合基质液/mL	3.0	3.0	3.0	3.0	3.0	3.0	3.0	3.0	3.0
分别在不同温度下精确反应 15min									
0.5mol/L NaOH 溶液/mL	1.0	1.0	1.0	1.0	1.0	1.0	1.0	1.0	1.0
0.5%（质量浓度）铁氰化钾溶液/mL	2.0	2.0	2.0	2.0	2.0	2.0	2.0	2.0	2.0
静置 10min									
A_{510}									

以反应温度为横坐标，A_{510} 为纵坐标，绘制温度-酶活性曲线图，求出碱性磷酸酶在本实验条件下的最适温度。

（2）热稳定性。取 16 支试管，按表 4-17 操作。

表 4-17　热稳定性测试

管号	0	1	2	3	4	5	6	7	8	9	10	11	12	13	14	15
热处理温度/℃	30	30			40			50			60			70		
热处理时间/min	15	15	30	60	15	30	60	15	30	60	15	30	60	15	30	60
酶液/mL	每管各加 0.1mL（0 号管酶液在铁氰化钾之后加）															
在上述相应温度的恒温水浴内放置相应时间后取出，立即以流动水冷却，并置于 37℃恒温水浴锅中预热 2min																
37℃预热的复合基质液/mL	3.0	3.0	3.0	3.0	3.0	3.0	3.0	3.0	3.0	3.0	3.0	3.0	3.0	3.0	3.0	3.0
37℃精确反应 15min																
0.5mol/L NaOH 溶液/mL	1.0	1.0	1.0	1.0	1.0	1.0	1.0	1.0	1.0	1.0	1.0	1.0	1.0	1.0	1.0	1.0
0.5%（质量浓度）铁氰化钾溶液/mL	2.0	2.0	2.0	2.0	2.0	2.0	2.0	2.0	2.0	2.0	2.0	2.0	2.0	2.0	2.0	2.0
静置 10min																
A_{510}																

以处理温度为横坐标，A_{510} 为纵坐标，分别绘制处理时间为 15min、30min 和 60min 的三种热稳定曲线，并分析在本实训条件下碱性磷酸酶的热稳定范围。

4）底物浓度对酶活性的影响——碱性磷酸酶米氏常数的测定

（1）底物浓度对酶促反应速度的影响。取 8 支试管，按表 4-18 操作（应特别注意准确吸取底物溶液及酶液）。

表 4-18　底物浓度对酶促反应速度的影响

管号	0	1	2	3	4	5	6	7	8
0.04mol/L 底物溶液/mL	0	0.05	0.10	0.15	0.20	0.25	0.30	0.40	0.80
碳酸盐缓冲溶液/mL	0.9	0.9	0.9	0.9	0.9	0.9	0.9	0.9	0.9
蒸馏水/mL	0.1	0.95	0.9	0.85	0.8	0.75	0.7	0.6	0.2
37℃水浴保温 5min									
酶液/mL	0.1	0.1	0.1	0.1	0.1	0.1	0.1	0.1	0.1
最终底物浓度/（mmol/L）	0	1	2	3	4	5	6	8	16
混匀后置 37℃水浴准确保温 15min									
0.5mol/L NaOH 溶液/mL	1.0	1.0	1.0	1.0	1.0	1.0	1.0	1.0	1.0
0.3%APP 溶液	1.0	1.0	1.0	1.0	1.0	1.0	1.0	1.0	1.0
0.5%（质量浓度）铁氰化钾溶液/mL	2.0	2.0	2.0	2.0	2.0	2.0	2.0	2.0	2.0
充分混匀，静置 10min，以 0 号管调零，于 510nm 波长处测定吸光度									
A_{510}									

（2）酚含量标准曲线的制备。取 6 支试管，按表 4-19 操作。

表 4-19　酚含量标准曲线的制备

管号	0	1	2	3	4	5
酚标准溶液/（0.1mg/mL）	0	0.1	0.2	0.3	0.4	0.5
蒸馏水/mL	2.0	1.9	1.8	1.7	1.6	1.5
37℃水浴保温 5min						
0.5mol/L NaOH 溶液/mL	1.0	1.0	1.0	1.0	1.0	1.0
0.3%APP 溶液	1.0	1.0	1.0	1.0	1.0	1.0
0.5%（质量浓度）铁氰化钾溶液/mL	2.0	2.0	2.0	2.0	2.0	2.0

各管混匀后，室温放置 10min，于 510nm 波长处测定吸光度。以 0 号管调零，读取各管的吸光度，然后以酚含量（μg）为横坐标，吸光度为纵坐标，绘制酚含量标准曲线。

（3）酶促反应速度计算。酶促反应速度以每 15min 所产生酚的质量（μg/15min）来表示。根据酚标准曲线查出各管的酚含量，即各管在不同底物浓度下的反应速度。

（4）做图。

① 以底物浓度 [S] 为横坐标，酶促反应速度 v 为纵坐标，在坐标纸上描点并连接

各点，观察该图的形状。

② 以酶促反应速度的倒数 $1/v$ 为纵坐标，以底物浓度 [S] 的倒数 $1/[S]$ 为横坐标，在坐标纸上描点并连成直线，延伸该直线。查出 $-1/K_m$，从而求出该酶的 K_m 值。

5）抑制剂对酶促反应速度的影响

（1）取 9 支干净试管，编号，按表 4-20 操作，特别注意准确吸取基质液、抑制剂及酶液。

表 4-20　抑制剂对酶促反应速度的影响

管号	0	1	2	3	4	5	6	7	8
40mmol/L 底物溶液/mL	0	0.05	0.10	0.15	0.20	0.25	0.30	0.40	0.80
0.04mmol/L 磷酸氢二钠或 0.06mmol/L 茶碱/mL	0.1	0.1	0.1	0.1	0.1	0.1	0.1	0.1	0.1
0.1mol/L pH10 碳酸盐缓冲溶液/mL	0.8	0.8	0.8	0.8	0.8	0.8	0.8	0.8	0.8
蒸馏水/mL	1.0	0.95	0.9	0.85	0.8	0.75	0.7	0.6	0.2
37℃水浴保温 5min									
酶液/mL	0.1	0.1	0.1	0.1	0.1	0.1	0.1	0.1	
最终基质浓度/（mmol/L）	0	1	2	3	4	5	6	8	16
在磷酸盐及茶碱两种抑制剂中任选一种进行实验。试管中磷酸氢二钠的终浓度为 2mmol/L，茶碱为 3mmol/L，加入酶液，立即计时，混匀后在 37℃水浴中准确保温 15min									
碱性溶液/mL	1.0	1.0	1.0	1.0	1.0	1.0	1.0	1.0	1.0
0.3%APP 溶液/mL	1.0	1.0	1.0	1.0	1.0	1.0	1.0	1.0	1.0
0.5%（质量浓度）铁氰化钾溶液/mL	2.0	2.0	2.0	2.0	2.0	2.0	2.0	2.0	2.0
静置 10min									
A_{510}									

充分混匀，室温放置 10min，以 0 号管为对照，于 510nm 波长处比色测定吸光度。

（2）计算及做图。

① 算出各管中底物浓度 [S]。

② 算出有抑制剂存在下各管的酶活性单位，以酶的活性单位代表各管中酶的反应速度。

③ 依次列出各管的计算结果，填入表 4-21 中。

表 4-21　计算结果

管号	1	2	3	4	5	6	7	8
底物浓度								
反应速度								

④ 以反应速度倒数 $1/v$ 为纵坐标，以底物浓度倒数 $1/[S]$ 为横坐标，在方格纸上连接各点，观察直线在纵轴和横轴上的交点位置并计算其 K_m，与未加抑制剂时的 K_m 比较，说明该抑制剂属于何种类型。

5. 注意事项

（1）底物浓度和酶浓度都对酶促反应速度产生巨大影响，故该实验的成功与否，在很大程度上取决于各种试剂（特别是底物溶液和酶液）吸液量的准确性。

（2）不同底物浓度所产生的酚量，均应在酚标准曲线范围内，如超出此范围，应将酶液适当稀释。

（3）本实训也可不制作酚标准曲线，而以 1/[S] 对 1/A 做图，因各管吸光度与其酚含量成正比，故可用吸光度代表酶促反应速度。

实训五　淀粉酶活力的测定

1. 实训目的

学习和掌握测定淀粉酶活力的原理和方法。

2. 实训原理

淀粉是植物最主要的储藏多糖，也是人和动物的重要食物和发酵工业的基本原料。淀粉经淀粉酶作用后生成麦芽糖、葡萄糖等小分子物质而被机体利用。

淀粉酶水解淀粉生成的麦芽糖，可用 3,5-二硝基水杨酸试剂测定。由于麦芽糖是还原糖，能将黄色的 3,5-二硝基水杨酸还原成棕红色的 3-氨基-5-硝基水杨酸，而在一定范围内还原糖的浓度与其颜色成正比，故可求出麦芽糖的含量。淀粉酶活力的大小与产生还原糖的量成正比。用标准浓度的麦芽糖溶液制作标准曲线，用比色法测定淀粉酶作用于淀粉后生成的还原糖的量，以每克样品在单位时间内生成的麦芽糖的质量（mg）表示淀粉酶活力。

淀粉酶主要包括 α-淀粉酶和 β-淀粉酶，两种淀粉酶具有不同的理化特性。α-淀粉酶耐热、不耐酸，在 pH3.6 以下迅速钝化。β-淀粉酶与之相反，不耐热但较耐酸，在 70℃下 15min 即钝化。根据它们的这种特性，在测定活力时钝化其中之一，就可测出另一种淀粉酶的活力。本实验采用加热的方法钝化 β-淀粉酶，从而测出 α-淀粉酶的活力。在非钝化条件下测定淀粉酶总活力（α-淀粉酶活力＋β-淀粉酶活力），再减去 α-淀粉酶的活力，就可求出 β-淀粉酶的活力。

3. 样品、试剂与仪器

（1）样品：萌发的小麦种子。

（2）试剂：

① 标准麦芽糖溶液（1mg/mL）：精确称取 0.100g 麦芽糖溶于少量蒸馏水中，定容至 100mL。

② 3,5-二硝基水杨酸试剂：精确称取 3,5-二硝基水杨酸 1g，溶于 20mL 2mol/L 的 NaOH 溶液中，加入 50mL 蒸馏水，再加入 30g 酒石酸钾钠，待溶解后用蒸馏水定容至 100mL。盖紧瓶塞，以防 CO_2 进入。若溶液浑浊，可过滤后使用。

③ 0.1mol/L pH 5.6 的柠檬酸-柠檬酸钠缓冲液。

A 液（0.1mol/L 柠檬酸）：称取 $C_6H_8O_7 \cdot H_2O$ 21.01g，用蒸馏水溶解并定容至 1L。

B 液（0.1mol/L 柠檬酸钠）：称取 $Na_3C_6H_5O_7 \cdot 2H_2O$ 29.41g，用蒸馏水溶解并定容至 1L。

取 A 液 55mL 与 B 液 145mL 混匀，即为 0.1mol/L pH 5.6 的柠檬酸缓冲液。

④ 1%淀粉溶液：称取 1g 淀粉溶于 100mL 0.1mol/L 的柠檬酸缓冲液（pH 5.6）中。

（3）仪器：分光光度计、离心机、天平、研钵、电炉、容量瓶、恒温水浴锅、具塞刻度试管、试管架、吸量管。

4. 操作步骤

1）淀粉酶液的提取

称取 25℃下萌发 3d 的小麦种子 1g（芽长约 1cm），置于研钵中，加入少量石英砂和 2mL 蒸馏水，磨成匀浆。将匀浆倒入离心管中，用 6mL 蒸馏水分次将残渣洗入离心管。提取液在室温下放置 15～20min，每隔数分钟搅动 1 次，使其充分提取。然后在 3000r/min 转速下离心 10min，将上清液倒入 100mL 容量瓶中，加蒸馏水定容至刻度，摇匀，即为淀粉酶原液，用于 α-淀粉酶活力测定。

吸取上述淀粉酶原液 10mL，放入 50mL 容量瓶中，用蒸馏水定容至刻度，摇匀，即为淀粉酶稀释液，用于淀粉酶总活力的测定。

2）酶活力的测定

取 6 支干净的试管，编号，按表 4-22 进行操作。

表 4-22　酶活力的测定

操作项目	α-淀粉酶活力测定			β-淀粉酶活力测定		
	Ⅰ-1	Ⅰ-2	Ⅰ-3	Ⅱ-4	Ⅱ-5	Ⅱ-6
淀粉酶原液/mL	1.0	1.0	1.0	0	0	0
钝化 β-淀粉酶	置 70℃水浴 15min，冷却					
淀粉酶稀释液/mL	0	0	0	1.0	1.0	1.0
3,5-二硝基水杨酸/mL	2.0	0	0	2.0	0	0
预保温	将各试管和淀粉溶液置于 40℃恒温水浴中保温 15min					
40℃预热的 1%淀粉溶液/mL	1.0	1.0	1.0	1.0	1.0	1.0
保温	在 40℃恒温水浴中准确保温 5min					
3,5-二硝基水杨酸/mL	0	2.0	2.0	0	2.0	2.0

将各试管中试剂摇匀，置沸水浴中 5min，取出后冷却，加蒸馏水至 20mL，摇匀，在 540nm 波长下比色，记录测定结果。

3）麦芽糖标准曲线的制作

取 11 支干净的具塞刻度试管，编号，按表 4-23 加入试剂。

表 4-23　麦芽糖标准曲线的制作

试剂	管号										
	1	2	3	4	5	6	7	8	9	10	11
麦芽糖标准液/mL	0	0.2	0.4	0.6	0.8	1.0	1.2	1.4	1.6	1.8	2.0
蒸馏水/mL	2.0	1.8	1.6	1.4	1.2	1.0	0.8	0.6	0.4	0.2	0
麦芽糖含量/mg	0	0.2	0.4	0.6	0.8	1.0	1.2	1.4	1.6	1.8	2.0
3,5-二硝基水杨酸/mL	2.0	2.0	2.0	2.0	2.0	2.0	2.0	2.0	2.0	2.0	2.0

摇匀，置沸水浴中煮沸 5min。取出后流水冷却，加蒸馏水定容至 20mL。以 1 号管作为空白调零，用分光光度计于 540nm 波长下比色测定吸光度，记录各管的测定结果。以吸光度为纵坐标，麦芽糖含量（mg）为横坐标，绘制标准曲线。

5. 注意事项

（1）样品提取液的定容体积和酶液稀释倍数可根据不同材料酶活性的大小而定。

（2）严格控制酶反应时间。为了确保酶促反应时间的准确性，在进行保温这一步时，应将各试管每隔一定时间依次放入恒温水浴，准确记录时间，到达 5min 时取出试管。同时恒温水浴温度变化应不超过 ±0.5℃。

（3）试剂加入应按照规定顺序进行。

（4）如果条件允许，各实验小组可采用不同材料，如萌发 1d、2d、3d、4d 的小麦种子，比较测定结果，以了解萌发过程中这两种淀粉酶活性的变化。

6. 实训结果

计算 Ⅰ-2、Ⅰ-3 吸光度平均值与 Ⅰ-1 吸光度之差，在标准曲线上查出相应的麦芽糖含量 m_1（mg），按下列公式计算 α-淀粉酶的活力：

$$\alpha\text{-淀粉酶活力} \ [mg/(g \cdot min)] = \frac{m_1 \cdot V_T}{W \cdot V_I \cdot t}$$

计算 Ⅱ-2、Ⅱ-3 光密度平均值与 Ⅱ-1 光密度之差，在标准曲线上查出相应的麦芽糖含量 m_2（mg），按下式计算（α+β）淀粉酶总活力：

$$(\alpha+\beta)\text{-淀粉酶活力} \ [mg/(g \cdot min)] = \frac{m_2 \cdot V_T \times 5}{W \cdot V_{II} \cdot t}$$

$$\beta\text{-淀粉酶活力} = (\alpha+\beta)\text{淀粉酶总活力} - \alpha\text{-淀粉酶活力}$$

式中：V_T——样品原液总体积，mL；

V_I——α-淀粉酶活力测定时所用样品液体积，mL；

V_{II}——β-淀粉酶活力测定时所用样品液体积，mL；

W——样品鲜重，g；

t——酶促反应时间；

5——稀释倍数。

思考与复习

（1）为什么要将 Ⅰ-1、Ⅰ-2、Ⅰ-3 号试管中的淀粉酶原液置 70℃ 水浴中保温 15min？

（2）为什么要将各试管中的淀粉酶原液和 1% 淀粉溶液分别置于 40℃ 水浴中保温？

拓展知识

一、酶与食品加工技术的关系以及在食品工业中的应用

目前，在食品工业中广泛采用酶来改善食品的品质以及制造工艺，酶作为一种食品添加剂，其种类不断增多。它在食品领域中的应用也逐步增大。表 4-24 为食品加工过

程中常用到的酶类以及它们的作用。

表 4-24　常用酶在食品工业中的应用

酶	食品	目的与反应
淀粉酶	焙烤食品	增加酵母发酵过程中的糖含量
	酿造食品	在发酵过程中使淀粉转化为麦芽糖，除去淀粉造成的浑浊
	巧克力	将淀粉转化为流动状
	糖果	从糖果碎屑中回收糖
	果汁	除去淀粉以增加起泡性
	果冻	除去淀粉，增加光泽
	果胶	作为苹果皮制备果胶时的辅剂
	糖浆和糖	将淀粉转化为相对分子质量较低的糊精
	蔬菜	在豌豆软化过程中将淀粉水解
转化酶	人造蜂蜜	将蔗糖转化为葡萄糖和果糖
	糖果	生产转化糖供制糖果点心用
葡聚糖-蔗糖酶	糖浆	使糖浆增稠
乳糖酶	冰淇淋	防止乳糖结晶引起的颗粒和砂粒结构
	饲料	使乳糖转化为半乳糖和葡萄糖
	牛奶	使乳糖转化为半乳糖和葡萄糖
纤维素酶	酿造食品	水解细胞壁中复杂的碳水化合物
	咖啡	咖啡豆干燥过程中将纤维素水解
	水果	除去梨中的粒状物，加速杏及番茄的去皮
半纤维素酶	咖啡	降低浓缩咖啡的黏度
果胶酶	巧克力-可可	增加可可豆发酵时的水解活动
	咖啡	增加咖啡豆发酵时明胶状种衣的水解
	果汁	增加果汁的产量，防止絮结，改善浓缩过程
	水果	软化
	橄榄	增加油的提取
	酒类	澄清
脂肪酶	干酪	加速熟化成熟及增加风味
	油脂	使脂肪转化成甘油和脂肪酸
	牛奶	使牛奶巧克力具有特殊风味
磷酸酯酶	婴儿食品	增加有效性磷酸盐
	啤酒（发酵）	使磷酸化合物水解
	牛奶	检查巴氏消毒的效果
核糖核酸酶	风味增加剂	增加 $5'$-核苷酸和核苷
过氧化氢酶	蔬菜	检查热烫
	葡萄糖（测定）	与葡萄糖氧化酶综合利用测定葡萄糖
葡萄糖氧化酶	各类食品	除去食品中的氧气和葡萄糖
脂氧合酶	面包	改良面包质地、风味并进行漂白
双乙醛还原酶	啤酒（发酵）	降低啤酒中双乙醛的浓度
过氧化氢酶	牛奶	在巴氏消毒中破坏过氧化氢
多酚氧化酶	茶叶、咖啡、烟草	使其在熟化、成熟和发酵过程中产生褐变

二、酶的固定化技术

酶的固定化技术是酶学近几年发展的重要技术之一。其原理是将水溶性酶经物理或化学方法处理后，成为不溶于水但仍然具有酶活性的一种酶的衍生物，常把此类酶称为固定化酶。在催化反应中，固定化酶以固体状态作用于底物，并能够保持酶的高度特异性和催化效率。固定化酶的作用类似于柱层析技术，即把酶作为固定相，底物作为流动相，从而达到催化底物的目的。此方法可以实现酶促反应连续化、自动化，并且可以反复长期使用。

1. 固定化酶和固定化细胞

由于酶是水溶性物质，因此在其参与催化反应后很难从反应液中分离，从而重复使用。虽然有人研究了将超滤装置与酶反应器相连以回收反应液中酶的方案，但要真正用于生产还有一定困难。于是，人们设想能否把酶像化学催化剂一样固定在不溶性惰性固体上，使之能重复使用，这项技术就是固定化酶技术。

酶经过固定化后，比较能耐受温度及 pH 的变化，可制成机械性能好的颗粒装成酶柱用于连续生产（或在反应器中进行批式搅拌反应），也可以制成酶膜、酶管等多种形式的酶反应器。多数情况下，由于酶的价格昂贵，一般酶活力的回收率不高，辅酶的再生较困难，因此，目前在工业上应用并不广泛。

在 20 世纪 70 年代初，又出现了固定化细胞技术，在需要辅酶参与的酶促反应，该项技术使细胞有辅酶再生的能力。另外，也可省去从细胞中提取酶的复杂过程，并有望取代游离细胞的发酵过程。如果被固定的微生物细胞是仍处于生存状态的活细胞，则供给一定营养后，细胞将继续生长繁殖。这种固定化微生物活细胞技术的发展，是工业发酵的新方向。目前固定化细胞的细胞类型，除了微生物细胞外，已扩大至植物细胞以至动物细胞，但迄今为止应用固定化细胞的工业实例还很少。

2. 酶的固定方法

在酶的固定化技术中，酶的固定化方法有三大类，如图 4-11 所示。

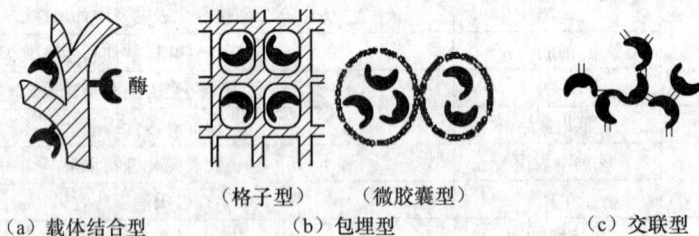

（格子型）　（微胶囊型）
（a）载体结合型　　　（b）包埋型　　　　（c）交联型

图 4-11　酶的固定化技术

1）载体结合法

载体结合法是将酶结合到非水溶性的载体上。一般来讲，载体的亲水性基团越多，表面积越大，单位载体结合的酶量也越大。最常用的是共价结合法，此外还有离子结合法、物理吸附法。

2）交联法

交联法即利用双官能团或多官能团试剂与酶分子之间发生分子交联来将酶固定化的方法。常用的试剂有戊二醛、亚乙基二异氰酸酯、双重氮联苯胺和乙烯-马来酸酐共聚物等。参与此反应的酶蛋白中的官能团有 N 末端的 α-氨基、赖氨酸的 ε-氨基、酪氨酸的酚基和半胱氨酸的巯基等。交联法反应比较激烈，固定化酶的活力在多数情况下都较弱，从而影响酶的回收，但固定后酶的稳定性较好。

3）包埋法

包埋法可分为网格型和微囊型两种。即将酶包裹于凝胶网格或聚合物的半透膜微囊中，使酶固定化。前者是将酶固定在具有网格结构的高分子凝胶中，如图 4-12 所示。通常作为凝胶材料的有聚丙烯酰胺、聚乙烯醇等合成高分子材料以及海藻酸、明胶、胶原等天然大分子材料。此法操作方便，很少改变酶的高级结构，因而回收率较高，但在反应中存在"固相"扩散阻力，只适用于小分子底物和产物，机械强度往往也较差。微囊法是将酶液包埋在微小（$<300\mu m$）的由半透性的高分子材料外壳形成的珠囊中。用于制备微囊的材料有聚酰胺、聚脲、聚酯等。此法操作较复杂，酶回收率一般不高，但被包埋的酶不易流失，微囊的比表面积很大，一般也只适用于小分子底物和产物。将酶包埋在聚合物内是一种反应条件温和，很少改变酶蛋白结构的固定化方法，此法对大多数酶、粗酶制剂，甚至完整的微生物细胞都适用。但此法较适合于小分子底物和产物的反应，因为在凝胶网格和微囊中存在分子扩散效应。加大凝胶网格，有利于分子扩散，但会使凝胶的机械强度降低。

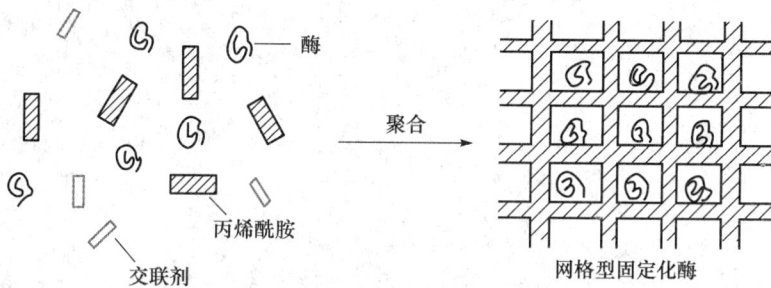

图 4-12　网格型包埋法示意图

3. 细胞固定化

将细胞限制或定位于特定空间位置的技术称为细胞固定化技术。被限制或定位于特定空间位置的细胞称为固定化细胞。

细胞的固定化技术包括微生物、植物和动物细胞的固定化。一般情况下，要求被固定化细胞仍能进行正常的新陈代谢，也能进行增殖，故也称固定化增殖（或活）细胞。但在特殊情况下，灭活的微生物细胞仍能进行某些生物转化作用，即将灭活的细胞加以固定后也能作生物催化剂之用。固定化增殖和灭活细胞在应用时的最大不同在于，前者仍要消耗一定的营养物质以维持其存活以至增殖，而后者则不需要；另外，对无菌操作的要求，前者也高于后者。

除了某些细胞有自身凝聚作用外，通常用于细胞固定化的方法有物理吸附和天然凝胶包埋法。有些场合下也能用微囊法包埋动物细胞，但应避免采用剧烈的化学法形成微囊。

　　固定化细胞的特点是无需进行酶的分离和纯化；细胞本身含有多酶体系，可催化一系列反应；酶的辅助因子可以再生，稳定性高；保持酶的原始状态，酶的回收率高；抗污染能力强。

核　　酸

复习与回忆

核酸是生物体内携带和传递遗传信息的大分子物质。它是生物体的基本组成成分，从高等动植物体到简单的病毒都含有核酸。由于最初从细胞核中分离获得，并具有酸性而得名。

核酸分脱氧核糖核酸（DNA）和核糖核酸（RNA）两类。DNA 主要分布在细胞核内，细胞核内 DNA 占 DNA 总量的 90％以上，其余分布于核外，如线粒体、叶绿体及质粒等中。RNA 主要存在于细胞质中，按其结构和功能的特点可分为三类，即信使 RNA（mRNA）、转移 RNA（tRNA）和核糖体 RNA（rRNA）。信使 RNA 的含量较少，约占细胞中总 RNA 的 5％，它有储存和传递遗传信息的作用，在细胞核中合成后转移到细胞质中；转移 RNA 占细胞中总 RNA 的 10％～15％，以游离状态分布在细胞质中，起识别和运输氨基酸的作用；核糖体 RNA 是细胞中含量最多的一类 RNA，占总 RNA 的 75％～80％，以核蛋白形式存在于细胞质的核糖体中。

基础知识

一、核酸的组成

1. 核酸的元素组成

核酸的主要组成元素是 C、H、O、N、P，其中 P 含量较稳定，占核糖总量的 9％～10％，可根据含 P 量粗略推算核酸的含量，即 1g 磷相当于 10.5g 核酸。

2. 核酸的组成成分

核酸是由许多核苷酸缩合而成的大分子聚合物，其基本结构单位为核苷酸。从图 5-1 可知，核苷酸由核苷和磷酸组成，核苷又由戊糖和碱基组成，碱基则包括嘧啶碱和嘌呤碱两类。

1）戊糖

核酸中所含的戊糖均为 D-核糖，其中 DNA 所含的戊糖为 β-D-2-脱氧核糖，RNA 所含的戊糖为 β-D-核糖，均为呋喃型环状结构，其结构如图 5-2 所示。为了区别于碱基

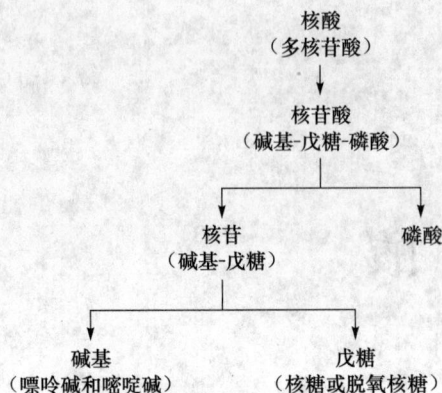

图 5-1 核酸逐级水解产物

上的原子编号，戊糖上的碳原子编号的右上角均加上"′"。

2）碱基

碱基有嘌呤碱基和嘧啶碱基两大类。它们均为含氮杂环化合物，且呈弱碱性，故称碱基或含氮碱基。

（1）嘌呤碱基。嘌呤碱基是嘌呤的衍生物。核酸中的嘌呤碱基主要为腺嘌呤（A）和鸟嘌呤（G）两种，其结构如图 5-3 所示。

（2）嘧啶碱基。核酸中的嘧啶碱基主要有胞嘧啶（C）、尿嘧啶（U）、胸腺嘧啶（T）三种，其结构如图 5-4 所示。

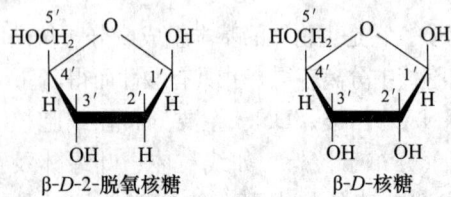

图 5-2 核糖的结构

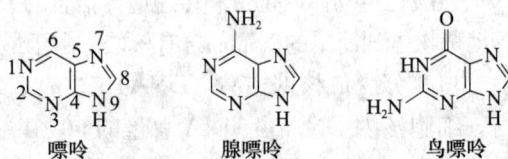

图 5-3 嘌呤碱基的结构

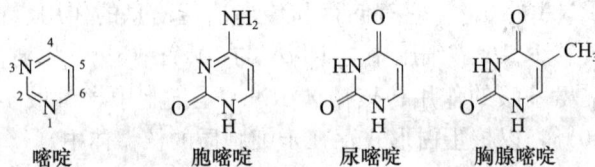

图 5-4 嘧啶碱基的结构

在一些核酸中还存在少量其他修饰碱基。由于含量很少，故又称微量碱基或稀有碱基。核酸中的含氮碱基均为无色固体，熔点高，为 200～300℃；在有机溶剂中溶解度很小，在水中溶解度也不大，不被稀酸、稀碱破坏；与苦味酸可结晶为晶体。嘌呤碱基可被银盐沉淀，这可用于嘌呤碱基和嘧啶碱基的分离和鉴定。

3）磷酸

核酸是含磷的生物大分子，任何核酸都含有磷酸，所以核酸呈酸性。核酸中的磷酸参与形成 $3',5'$-磷酸二酯键，使核酸连成多核苷酸链。

4）核苷

核苷是核糖或脱氧核糖与嘌呤或嘧啶生成的糖苷。糖环上的 $C1'$ 与嘧啶碱基的 N1 或嘌呤碱基的 N9 相连接。所以糖与碱基之间形成的键是 N—C 键，称为 N-糖苷键。核苷可以分成核糖核苷与脱氧核糖核苷两大类。

生物体内的核糖核苷主要有腺嘌呤核糖核苷（简称腺苷，A）、鸟嘌呤核糖核苷

（简称鸟苷，G）、胞嘧啶核糖核苷（简称胞苷，C）和尿嘧啶核糖核苷（简称尿苷，U）。生物体内的脱氧核糖核苷主要有腺嘌呤脱氧核糖核苷（简称脱氧腺苷，dA）、鸟嘌呤脱氧核糖核苷（简称脱氧鸟苷，dG）、胞嘧啶脱氧核糖核苷（简称脱氧胞苷，dC）和胸腺嘧啶脱氧核糖核苷（简称脱氧胸苷，dT）。其结构如图 5-5 所示。

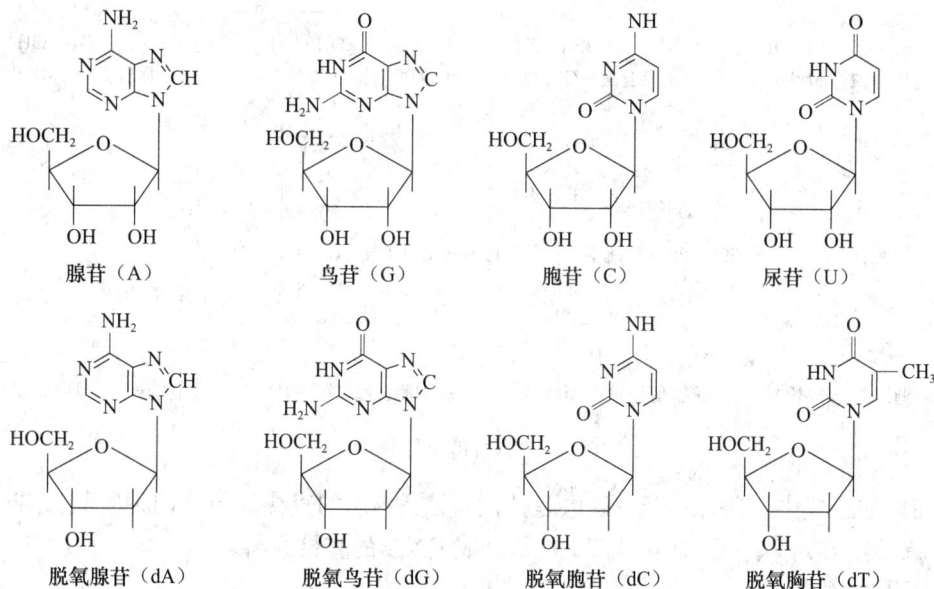

图 5-5　核苷的结构

5）核苷酸

核苷酸是核苷的磷酸酯，是核苷中的戊糖羟基被磷酸酯化形成的。根据核苷酸组成中戊糖的不同，核苷酸可分为两大类：核糖核苷酸和脱氧核糖核苷酸。各种核苷酸在文献中通常用英文缩写表示，如腺苷酸为 AMP，鸟苷酸为 GMP。脱氧核苷酸则在英文缩写前加小写 d，如 dAMP、dGMP 等。以 RNA 的腺苷酸为例：磷酸与核糖 5 位碳原子上羟基缩合形成 $5'$-腺苷酸，用 $5'$-AMP 表示；当磷酸基连接在核糖 3 位或 2 位碳原子上，分别为 $3'$-AMP 和 $2'$-AMP。在生物体内存在的核苷酸主要是由核苷分子戊糖上的 $5'$-OH 与磷酸酯化而成的。构成核酸的核苷酸结构如图 5-6 所示。

核苷酸一般为无色粉末或晶体，易溶于水，不溶于有机溶剂，具有旋光性，在酸性溶液中不稳定，易被破坏，在中性及碱性溶液中很稳定。

3. 细胞内重要的核苷酸

1）多磷酸核苷

核苷酸分子的磷酸基可以进一步磷酸化，形成核苷二磷酸或核苷三磷酸。例如，生物体内的腺苷酸与 1 分子磷酸结合成腺苷二磷酸（ADP），腺苷二磷酸再与 1 分子磷酸结合成腺苷三磷酸（ATP）。

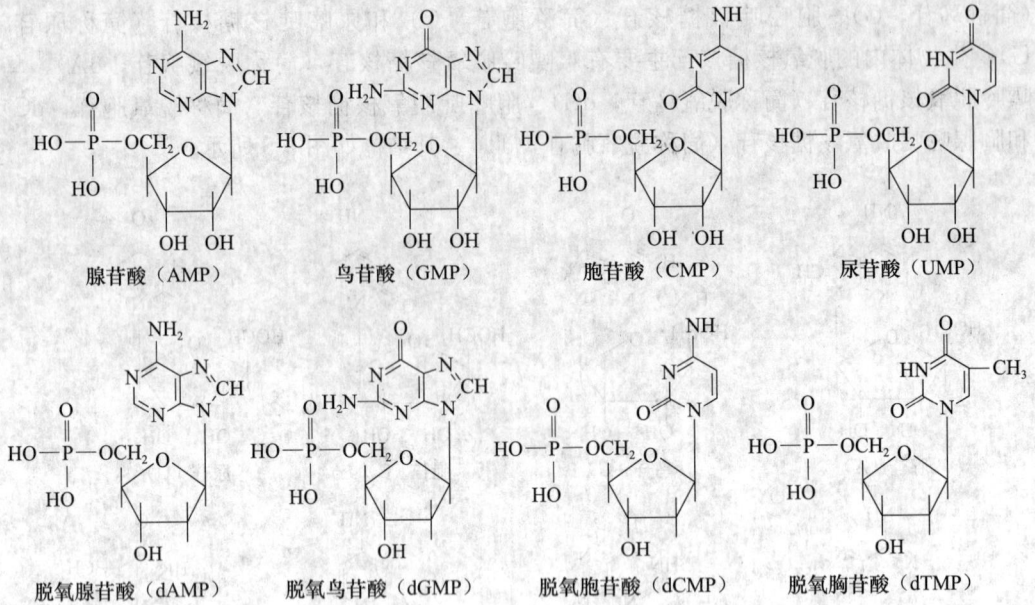

图 5-6　核苷酸的结构式

在核酸合成中，四种核苷三磷酸是体内合成 RNA 的直接原料，四种脱氧核苷三磷酸（dATP、dGTP、dCTP 和 dTTP）是合成 DNA 的直接原料。

2）核苷酸衍生物

生物体内普遍存在一类环化核苷酸。其中最重要的有 $3',5'$-环化腺苷酸（cAMP）和 $3',5'$-环化鸟苷酸（cGMP）。二者广泛存在于生物细胞内。在肌肉组织中，腺苷酸脱氨可以形成次黄嘌呤核苷酸，它在生物体内是合成 AMP 和 GMP 的关键物质，对生物的遗传有重要功能。另外，还是一种很好的助鲜剂，有肉鲜味，与味精不同比例混合可制成具有特殊风味的强力味精。

此外，在生物体内还有很多具有重要作用的核苷衍生物，如 NAD^+、$NADP^+$ 和 FAD 等。

二、核酸的结构

1. 核酸的一级结构

1）连接方式

核酸分子是由核苷酸单体通过 $3',5'$-磷酸二酯键聚合而成的多核苷酸长链。核苷酸单体之间是通过脱水缩合而成为聚合物的，这点与蛋白质的肽链形成很相似。核酸的一级结构是指各种核苷酸在多核苷酸链中的排列顺序和连接方式。多核苷酸链是有方向的，一端叫 $3'$-端，一端叫 $5'$-端。$3'$-端是指多核苷酸链的戊糖上具有 $3''$-磷酸基（或羟基）的末端，而具有 $5'$-磷酸基（或羟基）的末端则称为 $5'$-端。虽然构成 DNA 或 RNA 的核苷酸主要有四种，但由于核苷酸的数量巨大，且按一定的顺序相互连接，因此 DNA 和 RNA 的种类繁多。

2）表示方法

为了进一步简化书写，常用线条式表示其一级结构，即用垂直线表示戊糖的碳链，A、G、C、T、U 等表示不同的碱基，P 表示磷酸基，由 P 引出的斜线一端与 C3′ 相连，另一端与 C5′ 相连，以表示两个核苷酸残基之间的 3′,5′-磷酸二酯键。

有时，也用 p 表示磷酸基，碱基用单字母符号代替，p 在碱基字母的左边，pB（B 代表碱基）表示 5′-核苷酸；若 p 在碱基字母的右边，Bp（B 代表碱基）表示 3′-核苷酸，核酸一级结构的简写式如图 5-7 所示。因磷酸基相同，表示磷酸的字母"p"也可以省略。

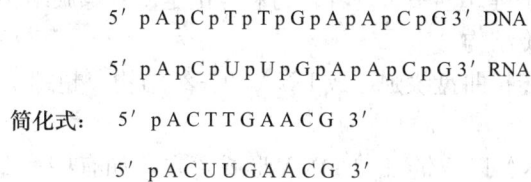

5′ pApCpTpTpGpApApCpG 3′ DNA

5′ pApCpUpUpGpApApCpG 3′ RNA

简化式： 5′ pACTTGAACG 3′

5′ pACUUGAACG 3′

图 5-7 核酸一级结构简写式

2. DNA 的空间结构

DNA 的空间结构是指多核苷酸链之间以及多核苷酸链内部通过氢键和碱基堆积力等作用力在空间形成的螺旋、卷曲和折叠的构象。它包括 DNA 的二级结构和超螺旋结构。

1）DNA 的二级结构

DNA 的二级结构一般是指 DNA 的空间双螺旋结构。它是由科学家 James Watson 和 Francis Crick 于 1953 年提出来的，如图 5-8 所示。双螺旋结构模型的要点如下：

（1）DNA 分子由两条反向平行的多核苷酸链构成，一条链的方向为 5′→3′，另一条链的方向为 3′→5′。两条链围绕同一中心轴形成右手螺旋，螺旋表面有一条大沟和一条小沟（图 5-8）。

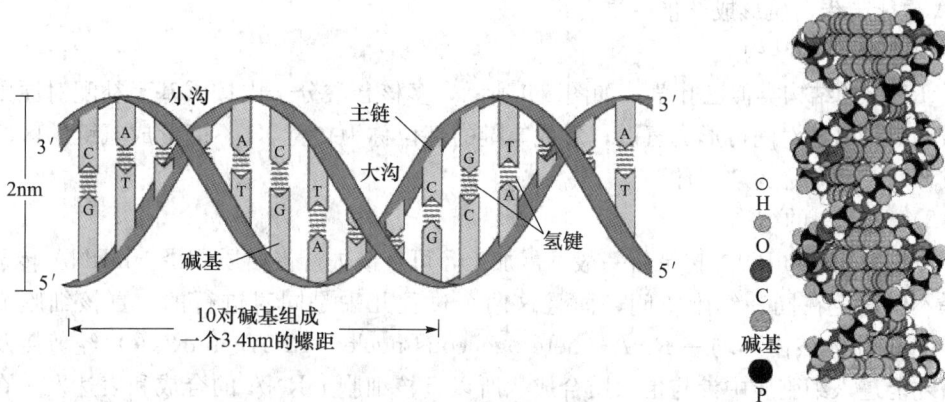

图 5-8 DNA 的双螺旋结构

（2）嘌呤碱基和嘧啶碱基位于螺旋结构内侧，磷酸与脱氧核糖在外侧，彼此之间通过

$3', 5'$-磷酸二酯键连接，形成 DNA 的骨架。碱基平面与纵轴垂直，糖环平面与纵轴平行。

（3）双螺旋的直径为 2nm，相邻两个核苷酸之间在纵轴方向上的距离即碱基堆积距离为 0.34nm，两核苷酸之间的夹角为 $36°$，沿中心轴每 10 个核苷酸旋转一周。

（4）DNA 的两条链互补。一条多核苷酸链上的嘌呤碱基与另一条链上的嘧啶碱基以氢键相连，根据碱基结构特征，只能形成嘌呤与嘧啶配对，即 A 与 T 相配对，形成 2 个氢键；G 与 C 相配对，形成 3 个氢键。因此 G 与 C 之间的连接较为稳定。

DNA 双螺旋结构中，有 3 种作用力起到维持稳定的作用：①两条多核苷酸链间的互补碱基对之间形成的氢键；②碱基平面间的堆积力；③磷酸基团上的负电荷与介质中阳离子之间形成的离子键。其中碱基堆积力和氢键是使双螺旋结构稳定的主要因素。

2）DNA 的超螺旋结构

双螺旋结构进一步扭曲盘绕则形成 DNA 的三级结构，超螺旋结构是三级结构的主要形式。

生物体内有些 DNA 以双链环状 DNA 形式存在，如有些病毒 DNA，某些噬菌体 DNA，细菌染色体与细菌中的质粒 DNA，真核细胞中的线粒体 DNA、叶绿体 DNA。环状 DNA 分子可以是共价闭合环，即环上没有缺口，也可以是缺口环，环上有一个或多个缺口。在 DNA 双螺旋结构的基础上，共价闭合环 DNA 可以进一步扭曲形成超螺旋结构。根据螺旋的方向可分为正超螺旋和负超螺旋。正超螺旋使双螺旋结构更紧密，双螺旋圈数增加，而负超螺旋可以减少双螺旋的圈数。几乎所有天然 DNA 中都存在负超螺旋结构。

3. RNA 的结构

绝大部分 RNA 分子都是线状单链，但是 RNA 分子的某些区域可自身回折进行碱基互补配对，形成局部双螺旋。在 RNA 局部双螺旋中，A 与 U 配对，G 与 C 配对。除此以外，还存在非标准配对，如 G 与 U 配对。RNA 分子中的双螺旋与 DNA 双螺旋相似，而非互补区则膨胀形成凸出或者环，这是 RNA 中最普遍的二级结构形式，二级结构进一步折叠形成三级结构，RNA 只有在具有三级结构时才能成为有活性的分子。RNA 也能与蛋白质形成核蛋白复合物。

1）tRNA 的结构

tRNA 的结构类似三叶草，如图 5-9 所示，多核苷酸分子内按碱基互补配对原则形成碱基对，碱基对间可形成氢键，形成氢键的部位称为"臂"，不能形成氢键的区段就形成环状突起，称为"突环"。

2）mRNA 的结构

原核生物中 mRNA 转录后一般不需加工，可直接进行蛋白质翻译。mRNA 转录和翻译不仅发生在同一细胞空间，而且这两个过程几乎是同时进行的。真核细胞成熟 mRNA 的前体核内不均一 RNA（heterogeneous nuclear RNA，hnRNA）经剪接及修饰后才能进入细胞质中参与蛋白质合成。所以真核细胞 mRNA 的合成和表达发生在不同的空间和时间。mRNA 的结构在原核生物和真核生物中差别很大。

3）rRNA 的结构

所有生物的核糖体都是由大小两个亚基所组成的，大小亚基分别由几种 rRNA 和

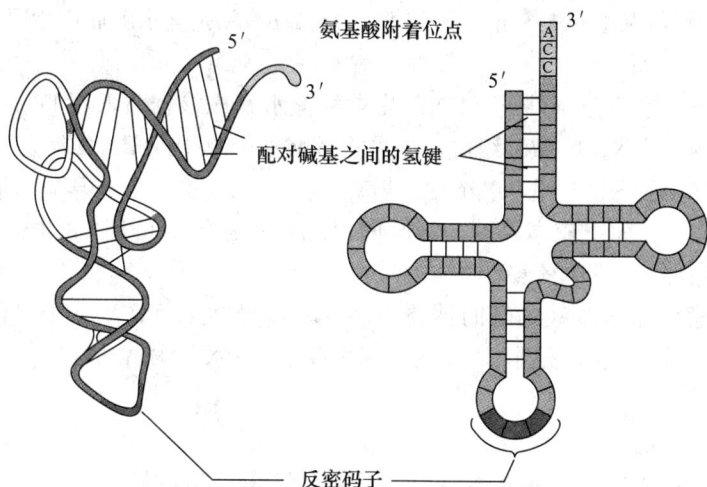

图 5-9　tRNA 三叶草型二级结构（引自王镜岩《生物化学》第三版）

数十种蛋白质组成。由于相对分子质量的不同，其沉降常数也不同，如原核细胞核糖体的沉降常数为 70S，而真核细胞核糖体的沉降常数为 80S。

实验证明，核糖体是一种核酶，其组成中的 rRNA 可催化肽链的合成，蛋白质只用于维持 rRNA 的空间构象。核糖体是蛋白质合成的场所。

三、核酸的性质

1. 物理性质

核酸为大分子物质，DNA 的相对分子质量一般为 $1.6 \times 10^6 \sim 2.2 \times 10^9$，为白色纤维状固体。RNA 为白色粉末或结晶，其相对分子质量较小（一般 tRNA 分子最小为 10^4 左右，mRNA 相对分子质量约为 0.5×10^6 或更大些，rRNA 相对分子质量则为 0.6×10^6）。

由于 DNA 和 RNA 的分子内含有许多极性基团（如羟基、磷酸基等）而形成不同程度的极性，因此微溶于水，而不溶于乙醇、乙醚、氯仿、戊醇和三氯乙酸等一般有机溶剂。利用核酸的这种性质可以用乙醇把核酸从水溶液中沉淀出来。当乙醇浓度达到 50％时，DNA 便沉淀析出。当乙醇浓度增大至 75％时，RNA 也沉淀出来。常利用二者在有机溶剂中溶解度的差别，将 DNA 和 RNA 分离。

大多数 DNA 为线形分子，无分支，其长度可以达到几厘米，而分子的直径只有 2nm，因此 DNA 溶液的黏度极高。RNA 溶液的黏度比 DNA 溶液的黏度要小得多。

2. 化学性质

1）核酸的水解

核酸可被酸、碱或酶作用而水解，但其水解程度因水解条件而异。

（1）酸水解。在酸性条件下，糖苷键比磷酸酯键更易水解，而且嘌呤碱基的糖苷键比嘧啶碱基的糖苷键对酸更不稳定。因此 DNA 在 pH1.6 时，在 37℃对水透析即可完全除去嘌呤碱基，而成为无嘌呤酸。若要水解嘧啶核苷酸，则需要较高的温度，如用三氟乙酸密封加热至 155℃，保温 60～80min，可使 DNA 或 RNA 完全水解而产生嘌呤碱基和嘧啶碱基。

（2）碱水解。在室温条件下，RNA 易被稀碱水解成核苷酸，而 DNA 对碱较稳定。可利用此性质测定 RNA 的碱基组成，也可将核酸混合物中的 RNA 除去。常用于 RNA 水解的碱有 NaOH、KOH 等，碱浓度一般为 0.3～1mol/L，在室温至 37℃下水解 18～24h 就可水解完毕，如用较高温度，则时间可缩短。水解后可用 $HClO_4$ 中和，所得的产物为 2′-单核苷酸、3′-单核苷酸。

（3）酶水解。水解核酸的酶的种类很多。非特异性水解磷酸二酯键的酶为磷酸二酯酶，如蛇毒磷酸二酯酶和牛脾磷酸二酯酶，专一水解核酸的磷酸二酯酶称为核酸酶。

2）核酸的酸碱性

由于核酸分子中既含有酸性的磷酸基团又含有碱性的碱基，在一定的环境条件下可以解离而带正电荷或负电荷，故核酸是两性电解质，其等电点随核酸种类的不同而不同，如 DNA 的等电点为 4.0～4.5，RNA 的等电点为 2.0～2.5。

3）核酸的紫外吸收性质

核酸分子中的嘌呤碱基与嘧啶碱基都具有共轭双键，使碱基、核苷、核苷酸和核酸在 240～290nm 的紫外波段有一强烈的吸收峰，最大吸收值在 260nm 左右，可以利用紫外吸收特性测定核酸和核苷酸的纯度和浓度。

核酸样品的纯度也可用紫外分光光度法测定。首先测定在 260nm 与 280nm 的吸光值（A）或光密度值（D），然后计算 A_{260}/A_{280}（或 D_{260}/D_{280}）的比值，就可判断核酸样品的纯度。纯 DNA 的 A_{260}/A_{280}（或 D_{260}/D_{280}）应大于 1.8，纯 RNA 应达到 2.0。

4）核酸的变性

核酸的变性是指通过一些理化因素的作用，使核酸双螺旋结构解体，空间结构被破坏，形成单链无规则线团状态，其理化性质发生改变、生物活性丧失的过程。核酸变性的本质是维持双螺旋结构的氢键和碱基堆积力受到破坏。

引起核酸变性的因素很多，如加热、强酸、强碱、有机溶剂或射线等，其中加热引起的变性称为热变性。DNA 变性后，黏度下降，生物活性丧失。

5）核酸的复性

变性后的 DNA 在去除变性因素并处于适宜的条件时，彼此分离的双链又可重新结合成为双螺旋结构，其原有性质可得到部分恢复，这一过程称为复性。DNA 片段的大小、DNA 的浓度和温度对 DNA 复性都有一定的影响。

DNA 分子复性后，其一系列的理化性质随即恢复，如黏度增加、浮力密度降低，在波长 260nm 处的紫外吸收值下降（减色效应），生物活性也得以部分恢复。

四、核酸的分离、纯化

对核酸进行研究，首先要进行核酸的分离和测定。核酸制备过程中的关键问题是防止核酸的降解和变性，采用的方法因所用生物材料的不同而有较大差异，但无论采用何种方法，都应尽量遵循以下原则：①尽可能保持其天然状态；②条件温和，防止操作条件过酸、过碱；③避免剧烈搅拌，抑制核酸酶的作用。

1. DNA 的分离纯化

真核生物中的 DNA 以核蛋白（DNP）形式存在于核内。DNP 溶于水或浓盐溶液（1mol/L NaCl），但不溶于生理盐溶液（0.14mol/L NaCl）中，利用此性质，可将真核细胞破碎后用浓盐溶液提取 DNP，然后用水稀释至 NaCl 浓度为 0.14mol/L，使 DNP 纤维沉淀出来，如此反复多次的溶解和沉淀，可完成 DNP 的纯化。

由于苯酚是很强的蛋白质变性剂，因此可用水饱和的苯酚与 DNP 一起振荡、冷冻离心，DNA 溶于上层水相，而变性的蛋白质残留物位于中间界面和苯酚相中，如此反复操作多次可除去蛋白质。然后与水相合并，在有盐存在的条件下加 2 倍体积的冷乙醇，可将 DNA 沉淀出来，再用乙醚和乙醇洗，即可得到纯的 DNA 样品。另外，也可用氯仿—异戊醇（辛醇）去除蛋白质，操作与苯酚法相似。

为了得到大分子的 DNA，避免核酸酶和机械振荡对 DNA 的降解，在细胞悬浮液中直接加入 2 倍体积含 1‰ SDS 的缓冲溶液，并加入广谱蛋白酶（浓度最后可达 100μg/mL），在 65℃保温 4h，使细胞蛋白质全部降解，然后用苯酚法提取。

苯酚抽提法：苯酚作为蛋白质变性剂，同时抑制了 DNase 的降解作用。用苯酚处理匀浆液时，由于蛋白质与 DNA 连接键已断，蛋白质分子表面又含有很多极性基团，因而能与苯酚相似相溶。蛋白质分子溶于酚相，而 DNA 溶于水相。离心分层后取出水层，多次重复操作，再合并含 DNA 的水相，利用核酸不溶于醇的性质，用乙醇沉淀DNA。此时 DNA 是十分黏稠的物质，可用玻璃棒慢慢绕成一团，取出。此法的特点是提取的 DNA 保持天然状态。

2. RNA 的分离纯化

RNA 比 DNA 更不稳定，而且核糖核酸分解酶广泛存在，因此分离、纯化 RNA 更加困难。目前常用的制备方法有如下两种：

（1）酸性胍盐—苯酚—氯仿提取法。异硫氰酸胍是极强烈的蛋白质变性剂，它几乎可使所有的蛋白质变性，所以可使核糖核酸分解酶失活。然后用苯酚和氯仿多次去除蛋白质，即可制备纯的 RNA。

（2）胍盐—氯化铯梯度离心法。用胍盐可使核糖核酸分解酶失活，防止 RNA 被降解，然后用氯化铯溶液进行提取，最后进行密度梯度离心。由于蛋白质密度 $<1.33g/cm^3$，DNA 密度在 $1.71g/cm^3$ 左右，而 RNA 的密度 $>1.89g/cm^3$，因此 RNA 沉在离心管的底部，可用注射针头从管壁侧面刺入抽取纯 RNA。

3. 核酸含量的测定

1）定磷法

测定无机磷最常用的方法是钼蓝比色法。先用浓硫酸或 $HClO_4$ 将样品消化，使核酸中的磷转变成无机磷，然后使消化液与钼酸铵定磷试剂作用产生钼蓝，其最大吸收峰在 660nm 处，在一定范围内溶液光密度与磷含量成正比，据此可计算出核酸含量。

核酸样品中有时含有无机磷杂质，因此要先除去样品中的无机磷或先测定未经消化的样品中的磷含量，并将其从消化样品的磷含量中去除。

2）定糖法

二苯胺法是定糖法中测定 DNA 含量的常用方法，DNA 在酸性溶液中与二苯胺共热，其脱氧核糖可参与反应生成蓝色化合物，其最大吸收峰在 595nm 波长处。而当 RNA 与盐酸共热时核糖可转变为糠醛，糠醛可与甲基苯二酚（地衣酚）反应，生成鲜绿色化合物，其最大吸收峰在 670nm 处，反应需要三氯化铁作催化剂。

技能训练

实训项目举例

酵母蛋白质和 RNA 的制备（稀碱法）

一、实训任务书

1. 学习目标

掌握从酵母细胞中分离制备蛋白质和 RNA 的原理和方法，学习普通离心机的使用方法。

2. 实训任务

（1）利用稀碱法破碎酵母细胞并提取粗蛋白。

（2）利用苯酚法提取酵母细胞中的 RNA。

3. 查阅资料

（1）《生物化学》（王镜岩主编）。

（2）《核酸生物化学》（李冠一主编）。

（3）《生物化学》（赵宝昌主编）。

（4）《生物化学》（张邦建主编）。

（5）生物谷网站等。

二、实训程序

1. 实训方案实施过程

学生通过学习本项目实训方法以及查阅资料完成最优实训方案→小组讨论→教师点评→实训操作→总结。

2. 实训原理

酵母细胞富含蛋白质和核酸。用稀碱液（0.2％的氢氧化钠）处理酵母使细胞裂解，离心收集上清液，得到酵母核蛋白抽提液。用盐酸调节提取液的 pH 至 3.0（核蛋白的等电点），核蛋白溶解度下降而大量析出，离心收集沉淀物为酵母蛋白质粗制品。

酵母核蛋白是一种结合蛋白质，是蛋白质与核酸的复合物。酵母核酸主要是 RNA（含量为干菌体的 2.67％～10.0％），DNA 含量较少，仅为 0.03％～0.516％。如设法使酵母核蛋白中的蛋白质与核酸分离并除去蛋白质和 DNA，就可得到较纯的 RNA 制品。可通过以下操作完成：将核蛋白制品溶于含 SDS 的缓冲液中，加等体积的水饱和酚，剧烈振荡后离心，将溶液分成两层，上层为水相含有 RNA，下层为酚相，变性蛋白质及 DNA 存在于酚相及两相界面处。吸出水相并加乙醇即可沉淀出酵母 RNA。若用氯仿—异戊醇进一步处理 RNA 制品，可获得纯度更高的 RNA。

3. 样品、试剂与仪器

（1）样品：鲜酵母或干酵母粉，pH0.5～5.0 的精密试纸。

（2）试剂（均为分析纯）：

① 0.2％NaOH 溶液。

② 6mol/L 盐酸溶液。

③ 95％乙醇。

④ SDS 缓冲液：0.3％SDS，0.1mol/L NaCl，0.05mol/L 乙酸钠，用乙酸调到 pH 5.0。

⑤ 饱和酚液：重蒸苯酚用 SDS—缓冲溶液饱和。

⑥ 氯仿-异戊醇：24∶1（体积分数）。

⑦ 含 2％乙酸钾的 95％乙醇溶液。

⑧ 无水乙醚。

（3）仪器：离心机、干燥箱、恒温水浴锅、真空干燥箱、天平、751 型分光光度计、冰箱、量筒（50mL）、蒸发皿、烧杯（50mL、100mL）、Eppendorf 管（1.5mL）。

4. 操作步骤

1）酵母核蛋白的提取

称取鲜酵母 30g 或干酵母粉 5g，倒入 100mL 的烧杯中。加入 40mL 0.2％ NaOH 溶液，在 20～40℃水浴中搅拌，提取 30～60min 后，在 4000r/min 下离心 10min，取上清液于 50mL 的烧杯中，并置于放有冰块的 250mL 烧杯中冷却，待冷至 10℃以下时，用 6mol/L HCl 小心地调节溶液的 pH 至 3.0 左右。随着 pH 下降，溶液中白色沉淀逐渐增加，到等电点时沉淀最多（注意严格控制 pH）。pH 调好后继续于冰水中静置 10min，使沉淀充分，颗粒变大。将此悬浮液以 3000r/min 离心 20min，倒掉上层清液。将沉淀物转入蒸发皿内，放入干燥箱中干燥后称重，这就是酵母核蛋白粗品。

2）苯酚法提取酵母 RNA

取上述核蛋白研碎，加 10mL SDS 缓冲液使成匀浆，洗入各 Eppendorf 管（略少于管容积的一半），室温静置 10min，再加等体积的饱和酚液，室温下剧烈振荡 5min 后置冰浴中分层，4000r/min 离心 10min，吸出上层清液，转入新的 Eppendorf 管，加 2 倍体积 95％乙醇（含 2％乙酸钾），在冰浴中放置 30min，使 RNA 沉淀。再以 10 000r/min 离心 5min，弃上清液，沉淀用少许无水乙醇和乙醚各洗一次，迅速离心各 1min，保留沉淀。倾去乙醚后，减压真空干燥，准确称重，记录（或将沉淀溶于少量 1mol/L NaCl 溶液中，4℃保存备用）。

5. 注意事项

（1）利用等电点控制核蛋白析出时，应严格控制 pH。

（2）用苯酚法制备 RNA 的过程中，用乙醇沉淀得到的 RNA 中，除 RNA 外还含有部分多糖，本实验采用 2％乙酸钾溶解非解离的多糖以达到纯化 RNA 的目的。

6. 实训结果

1）计算核蛋白提取率

核蛋白提取率计算公式如下：

$$核蛋白提取率 = \frac{核蛋白质量(g)}{酵母质量(g)} \times 100\%$$

2）RNA 含量测定

将干燥后或保留沉淀的 RNA 配制成浓度为 $10\sim50\mu g/mL$ 的溶液，在 751 型分光光度计上测定其 260nm 处的吸光度，按下式计算 RNA 含量：

$$RNA 含量 = \frac{A_{260}}{0.024 \times L} \times \frac{RNA 溶液总体积(mL)}{RNA 称取量(\mu g)} \times 100\%$$

式中：A_{260}——260nm 处吸光度；

     L——比色杯光径，cm；

     0.024——1mL 溶液含 $1\mu g$ RNA 的吸光度。

3）计算 RNA 提取率

RNA 提取率计算公式如下：

$$RNA 提取率 = \frac{RNA 含量(\%) \times RNA 制品质量(g)}{酵母质量(g)} \times 100\%$$

思考与复习

(1) 为什么用稀碱溶液可使酵母细胞裂解？

(2) 如何从酵母中提取到较纯的 RNA？

(3) 如何鉴定提取到的 RNA 组分？

可选实训项目

质粒 DNA 的提取、酶切与鉴定

1. 实训目的

掌握质粒的小量快速提取法；了解质粒酶切鉴定原理。

2. 实训原理

质粒是一种染色体外的稳定遗传因子，大小为 $1\sim200kb$，是具有双链闭合环状结构的 DNA 分子。主要存在于细菌、放线菌和真菌细胞中。质粒具有自主复制和转录能力，能使子代细胞保持它们的拷贝数，并表达它携带的遗传信息。它可独立游离在细胞质内，也可整合到细菌染色体中，质粒离开宿主细胞就不能存活，它控制的许多生物学功能赋予宿主细胞的某些表型。

分离质粒的方法包括 3 个基本步骤：培养细菌使质粒扩增；收集和裂解细菌；分离和纯化质粒 DNA。采用溶菌酶可破坏菌体细胞壁，SDS 可使细胞膜裂解，经溶菌酶和阴离子去污剂（SDS）处理后，细菌 DNA 缠绕附着在细胞膜碎片上，离心时易被沉淀出来，而质粒 DNA 则留在上清液中。用酒精沉淀洗涤，可得到质粒 DNA。

质粒 DNA 分子质量一般在 $10^6 \sim 10^7$ 道尔顿范围内。在细胞内，共价闭环 DNA (covalenty closed circular DNA，cccDNA) 常以超螺旋形式存在。若两条链中有一条链发生一处或多处断裂，分子就能旋转而消除链的张力，这种松弛的分子叫做开环 DNA。在电泳时，同一质粒如以 cccDNA 形式存在，则它比其开环和线状 DNA 的泳动速度都快，因此在本实训中，质粒 DNA 在电泳凝胶中呈现 3 条区带。

限制性内切酶是一种工具酶，这类酶的特点是具有能够识别双链 DNA 分子上的特异核苷酸顺序的能力，能在这个特异性核苷酸序列内，切断 DNA 的双链，形成一定长度和顺序的 DNA 片段。限制性内切酶对环状质粒 DNA 有多少切口，就能产生多少酶切片段，因此鉴定酶切后的片段在电泳凝胶的区带数，就可推断酶切口的数目，从片段的迁移率可以大致判断酶切片段大小的差别。用已知分子质量的线状 DNA 做对照，通过电泳迁移率的比较，就可以粗略推测分子形状相同的未知 DNA 的分子质量。

3. 样品、试剂与仪器

(1) 样品：质粒。

(2) 试剂：

① T. E. G 缓冲液（pH 8.0 25mmol/L Tris-HCl，10mmol/L EDTA，50mmol/L 葡萄糖）：用前加溶菌酶 4mg/mL。

② pH 4.8 乙酸钾溶液：用 60mL 5mol/L KAc，11.5mL 冰乙酸，28.5mL 蒸馏水。

③ 酚/氯仿［1∶1（体积分数）］：酚需在 160℃ 重蒸，加入抗氧化剂 8-羟基喹啉，使其浓度为 0.1%，并用 pH8.0 Tris-HCl 缓冲液平衡两次。氯仿中加入异戊醇，氯仿/异戊醇（24∶1，体积分数）。

④ TE 缓冲液：10mmol/L pH 8.0 Tris-HCl，1mmol/L EDTA，其中含有 RNA 酶（RNase）20μg/mL。

⑤ TBE 缓冲液：称取 Tris 10.88g、硼酸 5.52g 和 EDTA·Na_2·$2H_2O$ 0.72g，用蒸馏水溶解后定容至 200mL，用前稀释 10 倍。

⑥ EB 染色液：称取 5g 溴化乙锭（EB），溶于蒸馏水中并定容到 10mL，避光保存。临用前用电泳缓冲液稀释 1000 倍，使其最终浓度达到 0.5μg/mL。

(3) 仪器：塑料离心管架和塑料离心管（1.5mL 30 个）、常用玻璃仪器及滴管、台式高速离心机、电泳仪、电泳槽、样品槽模板、微量加样器（10μL、100μL、1000μL）。

4. 操作步骤

1) 培养细菌

将带有质粒的大肠杆菌 DH5α 接种在 LB 琼脂培养基上，37℃ 培养 24~48h。

2) 从细菌中快速提取制备质粒 DNA

(1) 用 3~5 根牙签挑取平板培养基上的菌落，放入 1.5mL 小离心管中，或取液体培养菌液 1.5mL 置于小离心管中，10000r/min 去掉上清液。加入 150μL 的 T. E. G 缓冲液，充分混匀，在室温下放置 10min。

(2) 加入 200μL 新配制的 0.2mol/L NaOH，1%SDS。加盖，颠倒 2~3 次使之混匀。冰上放置 5min。

（3）加 150μL 冷却的乙酸钾溶液，加盖后颠倒数次混匀，冰上放置 15min 后，10 000r/min 离心 5min，上清液倒入另一离心管中。

（4）向上清液中加入等体积酚-氯仿，振荡混匀，10 000r/min 离心 2min，将上清液转移至新的离心管中。

（5）向上清液中加入等体积的无水乙醇，混匀，室温放置 2min。离心 2min，倒去上清乙醇溶液，将离心管倒扣在吸水纸上，吸干液体。

（6）加 1mL 70％乙醇，振荡并离心，倒去上清液，真空抽干，待用。

3）质粒 DNA 的酶解

将自提质粒加入 20μL 的 TE 缓冲液，使 DNA 完全溶解。取清洁、干燥、灭菌的具塞离心管，编号后用微量加样器按表 5-1 加入各种试剂。

表 5-1 实训数据表

管号	标准样品 λDNA/μg	标准样品 pBR322/μg	自提样质粒/μL	内切酶 $EcoR\ I$/μL	$EcoR\ I$ 酶切缓冲液 10/μL	水/μL
1			10		2	8
2			10	4	2	
3		0.5			2	
4	1				2	
5		0.5		4	2	
6			10		2	8
7			10		2	8

补无菌双蒸水至 20μL，依实际情况做相应的调整。

加样后，小心混匀，置于 37℃水浴中，酶解 2～3h，反应终止后，各酶切样品于冰箱中储存备用。

4）DNA 琼脂糖凝胶电泳

（1）琼脂糖凝胶的制备：称取 0.6g 琼脂糖，置于三角瓶中，加入 50mL TBE 缓冲液，经沸水浴加热全部融化后，取出摇匀，此为 1.2％的琼脂糖凝胶。

（2）胶板的制备：取橡皮膏（宽约 1cm）将有机玻璃板的边缘封好，水平放置，将样品槽板垂直立在整个玻璃板表面。将冷却至 65℃左右的琼脂糖凝胶液小心倒入，使胶液缓慢展开，直到在整个玻璃板表面形成均匀的胶层，室温下静置 30min，待凝固完全后，轻轻拔出样品槽模板，在胶板上即形成相互隔开的样品槽。用滴管将样品槽内注满 TBE 缓冲液以防止干裂，制备好板后立即取下橡皮膏，将胶板放在电泳槽中。

（3）加样：用微量加样器将上述样品分别加入胶板的样品小槽内。每加完一个样品，要用蒸馏水反复洗净微量加样器，以防止相互污染。

5）电泳

在凝胶板加完样品后立即通电。样品进胶前，应使电流控制在 20mA，样品进胶后电压控制在 60～80V，电流为 40～50mA。当指示前沿移动到距离胶板 1～2cm 处，停止电泳。

6）染色

将电泳后的胶板在 EB 染色液中进行染色，以观察在琼脂糖凝胶中的 DNA 条带。

5. 实训结果

在波长为 254nm 的紫外灯下，观察染色后的电泳胶板。DNA 存在处显示出红色的荧光条带。

思考与复习

（1）染色体 DNA 与质粒 DNA 分离的主要依据是什么？

（2）EB 染料有哪些特点？在使用时应注意些什么？

拓展知识

一、生物大分子的提取

核酸、蛋白质和脂类等生物大分子结构和功能的研究，是生命科学研究的重要方面。为获得结构完整的高纯度生物大分子，首先必须从生物材料中将其提取出来，然后再进行分离纯化。

1. 材料的选择与处理

在进行材料的选择时，常会提及有效成分一词。有效成分是指预纯化的某种单一物质。除有效成分以外的其他物质统称为杂质。在动植物和微生物材料中，有效成分的含量一般较少，如胰脏中胰岛素的含量小于其鲜重的百万分之一；稳定性较差，大多数对酸、碱、高温和高浓度有机溶剂等因子较敏感；易被微生物分解变质。因此，提取有效成分与选用的材料关系密切。选用的材料不同，有效成分的含量就不同；同一材料的部位或生长期不同，有效成分的含量也不尽相同。总的来说，选择材料时应遵循的原则：有效成分含量多、稳定性好；来源丰富，保持新鲜；提取工艺简单，有综合利用价值等。在实践过程中，要综合各方面的因素考虑。例如，上面提到的胰岛素，从含量上看，牛胰脏中的含量比猪的高，但从我国的实际来看，全国猪的饲养头数远比牛多。因此，制备胰岛素都用猪胰脏作材料。又如，磷酸单酯酶，从含量上看，虽然在胰脏、肝脏和脾脏中较丰富，但是因其与磷酸二酯酶共存，在进行提纯时，这两种酶很难分开，所以实践中常选用含磷酸单酯酶少且几乎不含磷酸二酯酶的前列腺作材料。

选到合适的材料后，应及时使用，以防有效成分遭到破坏。例如，从猪肠黏膜提取肝素时，如果用新鲜材料，每千克小肠可得到肝素钠 5～6 万单位；如将材料置于 25℃以上的室温存放约 1h，则肝素钠的含量会明显下降。其原因是，猪小肠的大量微生物（2500～3000 万/g）会产生降解肝素的酶系。若选择的材料难以立即使用，一般应采用冰冻或干燥等方法处理，同时还应将易于去掉的非必需物质如脂类除去。因常用的动物、植物和微生物材料的特点各异，所以处理的要求也不同。

1）动物脏器

（1）冰冻。从刚宰杀的牲畜得到的脏器要迅速拨去脂肪和筋皮等结缔组织，冲洗干净，若不马上抽提、纯化，应在很短的时间内置于 -10℃ 冰库（可短期保存）或 -70℃ 低温冰箱（数月不变质）储存。

脏器中含量较高的脂肪，容易氧化酸败，导致原料变质影响纯化操作和制品得率。

常用的脱脂方法有人工剥去脏器外的脂肪组织；浸泡在脂溶性的有机溶剂（如丙醇、乙醚）中脱脂；采用快速加热（50℃左右）、快速冷却的方法，使溶化的油滴冷却后凝结成块而被除去；利用油脂分离器使油脂与水溶液分离等。

（2）干燥。对于像脑下垂体一类的小组织，可置丙酮溶液中脱水，干燥后磨粉储存备用；对于含耐高温有效成分（如肝素）的肠黏膜，可在沸水中蒸煮处理，烘干后能长期保存。

2）植物组织

叶片用水洗净即可使用，或在 10h 内置−30～−4℃冰箱储藏备用；种子要泡胀或粉碎后才可使用。如材料含油脂较多，则要进行脱脂处理。

3）微生物

由于微生物具有种类多、繁殖快，培养简便，诱变容易和不受季节影响等优点，因此已成为制备生命大分子物质的主要材料之一。一般用离心法分离菌体和上清液，细胞内物质需要破碎菌体细胞才能分离，湿菌体可低温短期保存，冻干粉可在 4℃保存数月。

2. 确定测定方法

有效成分在原材料中含量较低，纯化是使其纯度增高的过程，因此，提取和分离的每个步骤均要测定有效成分的含量。测定方法要专一、准确、灵敏和简便。使用较多的测定方法有分光光度法、荧光分析法、生物活性（如酶活力、激素活性）测定、电泳分析等，有时可用电化学法和免疫分析法。

3. 细胞的破碎

通常人所需的物质大部分存在于细胞内，或游离在细胞质中，或与细胞器紧密结合（如氧化还原酶和有机磷水解酶等）。而预提取存在于细胞内的物质时，必须将细胞破碎。一般动物脏器的细胞膜较脆弱，极易破损，往往在组织绞碎或提取时就破坏了。而植物和微生物的细胞壁较牢固，需要在提取前进行专门的破碎细胞操作。

1）机械破碎

（1）研磨法。将剪碎的动物组织置于研钵中，用研磨棒研碎。为了提高研磨效果，可加入一定量的石英砂。用匀浆器处理，也能破碎动物细胞，此法较温和，适宜实验室使用。但加石英砂时，要注意其对有效成分的吸附作用。如大规模生产，可用电动研磨法。细菌和植物组织的细胞破碎均可用此法。

（2）组织捣碎器法。用捣碎器（转速 8000～10 000r/min）处理 30～45s 可将植物和动物细胞完全破碎。如用其破碎酵母菌和细菌的细胞，则加入石英砂才有效。但是在捣碎期间必须保持低温，捣碎的时间不宜太长，以防温度升高引起有效成分变性。

（3）超声波法。多用于微生物细胞的破碎，一般输出功率为 100～200W，破碎时间为3～15min。如果在细胞悬浮液中加石英砂，则可缩短时间。为了防止电器长时间运转产生过多的热量，常采用间歇处理和降温的方法。

（4）压榨法。用 30MPa 左右的压力迫使几十毫升细胞悬液通过小于细胞直径的小孔，致使其被挤破、压碎。此法温和，破坏细胞彻底，需相应设备，可大规模使用。

（5）冻融法。将细胞置低温下冰冻一定时间，然后取出置室温下（或 40℃左右）迅速融化。如此反复冻融多次，细胞可在形成冰粒和增加剩余胞液盐浓度的同时，发生溶胀、破碎。

2）溶胀和自溶

在低渗溶液如低浓度的稀盐溶液中，由于存在渗透压差，溶剂分子大量进入细胞，引起细胞膜发生胀破的现象称为溶胀。例如，红细胞置清水中会迅速溶胀破裂并释放出血红素。

细胞结构在本身所具有的各种水解酶如蛋白酶和酯酶等作用下，发生溶解的现象称自溶。应用此法时要特别小心，因为水解酶不仅能够使细胞壁、细胞膜破坏，同时也可将某些有效成分分解。

3）化学处理

用脂溶性的溶剂（丙酮、氯仿、甲苯）或表面活性剂（如十二烷基硫酸钠）处理细胞时可将细胞壁和细胞膜的结构部分溶解，进而使细胞释放出各种酶类等物质，导致整个细胞破碎。

4）生物酶降解

生物酶（如溶菌酶）有降解细菌细胞壁的功能。在用此法处理细菌细胞时，先是细胞壁消解，随之而来的是因渗透压差引起的细胞膜破裂，最后导致细胞完全破碎。例如，从某些细菌细胞提取质粒 DNA 时，不少方法都采用了加溶菌酶（来自蛋清）破坏细胞的步骤。而在破坏酵母菌的细胞时，可采用蜗牛酶（来自蜗牛）进行。一般对数期的酵母细胞对该酶较敏感。将酵母细胞悬浮于 0.1mol/L 柠檬酸-磷酸氢二钠缓冲液（pH5.4）中，加入 1% 蜗牛酶，在 30℃ 处理 30min，即可使大部分细胞壁破裂，如同时加入 0.2% 巯基乙醇，则效果更好。

4. 抽提

1）抽提的含义

抽提是指用适当的方法和溶剂，从原料中把有效成分分离出来的过程。经过处理后原材料中的有效成分，可用缓冲液或稀酸、稀碱、有机溶剂（如丙酮、乙醇）等溶液抽提。有时还可用蒸馏水抽提。一般理想的抽提溶液应具备以下条件：对有效成分溶解度大，破坏作用小；对杂质不溶解或溶解度很小；来源广泛、价格低廉、操作安全等。

2）抽提有效成分的影响因素

在抽提阶段，pH、金属离子、溶剂的浓度和极性等因子，对抽提有效成分的性质和数量起着重要的作用。这些因子若掌握得当，对抽提纯化全过程都是有益的。

（1）pH。对蛋白质或酶等具有等电点的两性电解质物质，一般抽提液的 pH 应选择在偏离等电点的稳定范围内。通常碱性蛋白质选用低 pH 的溶液抽提，酸性蛋白质选用高 pH 的溶液抽提，或者用调至一定 pH 的有机溶剂抽提。如果在抽提阶段需用弱碱（如 NH_4OH）或弱酸（如 HAc）控制粗匀浆液的 pH，要非常小心，并注意搅拌，切忌局部出现过高的酸、碱浓度，导致所需物质变性。另外，有些抽提过程的最适 pH 与使有效成分活性稳定的 pH 并不一致，这一点要特别注意。

（2）溶剂的极性和离子强度。有些生物大分子在极性大、离子强度高的溶液中稳定；有些则在极性小、离子强度低的溶液中稳定。例如，提取刀豆球蛋白 A 时，用 0.15mol/L 甚至更高浓度的 NaCl 溶液，都可使其从刀豆粉中溶解出来，稳定存在。而抽提脾磷酸二酯酶时，则需用 0.2mol/L 蔗糖水溶液。

通常降低极性的方法是在水溶液中增加蔗糖或甘油的浓度。若用二甲基亚砜或二甲基甲酰胺代替蔗糖或甘油，会使溶液的极性大大降低。在水溶液中加入中性盐如 KCl、NaCl、NH_4Cl 和（NH_4）$_2SO_4$ 能提高溶液的离子强度。一般来说，离子强度较低的中性盐溶液有促进蛋白质溶解、保护蛋白质活性的作用。离子强度过高则会使蛋白质发生盐析。常用的盐溶液是 NaCl 溶液，浓度以 0.15mol/L 为宜。但是在提取核蛋白或细胞器中的蛋白质时，为促使蛋白质与核酸、蛋白质与细胞器分离，宜用高浓度（0.5～2.0mol/L）的盐溶液。黏多糖类物质也溶于高离子强度的盐溶液。用有机溶剂抽提蛋白质等物质时，加入少量的中性盐可使其稳定。在将高浓度盐溶液的抽提物上层析柱时，一定要将盐除去。

（3）水解酶。水解酶与欲抽提的蛋白质或核酸接触时，一旦条件适宜，就会发生反应，导致蛋白质或核酸分解，而使实验失败。为此，必须采用加入抑制剂，调节抽提液的 pH、离子浓度或极性等方法，使这些酶丧失活性。例如，在抽提、纯化胰岛素时，为阻止胰蛋白酶活化，采用 68％的乙醇溶液（pH 2.5～3.0，用草酸调节），在 13～15℃抽提 3h，可得到满意的结果。因为 68％的乙醇可使胰蛋白酶暂时失活，草酸可除去蛋白酶的激活剂钙离子，加之酸性条件又不适合胰蛋白酶活化。而胰岛素在低于80％的酸性乙醇或丙酮溶液中，呈溶解状态，且稳定性较好。反之，如用高于 pH8.0的碱性溶液抽提，则胰岛素极不稳定，当然不会有好的提取效果。

（4）温度。一般认为蛋白质或酶制品在低温（如 0℃左右）时最稳定。例如，在生产人绒毛膜促性腺激素制品时，一定要在低温下进行。当温度低于 8℃时，从 200kg 孕妇尿中可提取约 100gHCG（一种糖蛋白物质）粗品（活力为 160U/mg）；当温度高于 20℃时，从400kg 孕妇尿中都提取不到 100g 粗品，而且活力很低。此外，高温下制备的 HCG 粗品很难进一步纯化至 3500U/mg，原因是高温会使 HCG 受到微生物和（或）糖苷酶的破坏。但是，有些情况却与此不同。例如，鸟肝丙酮酸羧化酶对低温敏感，25℃时才稳定。究竟什么温度对提取什么物质有利，必须从实践中摸索，切忌生搬硬套。

（5）搅拌。搅拌能促使欲抽提物与抽提液接触，并能增加溶解度。但是，一般宜采用温和的搅拌方法，速度太快时容易产生泡沫，导致某些酶类变性失活。

（6）氧化。一般蛋白质都含相当数量的巯基，该基团常常是酶和蛋白质的必需基团，若抽提液中存在氧化剂或氧分子，则会使巯基形成分子内或分子间的二硫键，导致酶（或蛋白质）失活（或变性）。在抽提液中加入 2-巯基乙醇（1～5mmol/L）或半胱氨酸（5～20mmol/L）、还原型谷胱甘肽和巯基乙酸盐（1～5mmol/L）等还原剂时，就可以防止巯基发生氧化作用，或者延缓某些酶活性的丧失。

（7）金属离子。蛋白质的巯基除易受氧化剂作用外，还能和金属离子如 Pb^{2+}、Fe^{2+} 或 Cu^{2+} 作用，产生沉淀复合物。这些金属离子主要来源于制备缓冲液的试剂。解决的方法：用去离子水或重蒸水配制试剂；在配制的试剂中加入 1～3mmol/L 的 EDTA（金属离子络合剂）。

（8）抽提液与抽提物的比例。在抽提时，抽提液与抽提物的比例要适当，一般以5∶1 为宜。如抽提液过多，则有利于有效成分的提取，但不利于纯化工序的进行。

二、核酸的提取和沉淀分离

核酸类化合物都溶于水而不溶于有机溶剂。所以核酸可用水溶液提取，而用有机溶剂沉淀法沉淀分离。在细胞内，核糖核酸与蛋白质结合成核糖核蛋白，脱氧核糖核酸与蛋白质结合成脱氧核糖核蛋白。

在 0.14mol/L 的氯化钠溶液中，核糖核蛋白的溶解度相当大，而脱氧核糖核蛋白的溶解度仅为在水中溶解度的 1%；当氯化钠的浓度达到 1mol/L 的时候，核糖核蛋白的溶解度小，而脱氧核糖核蛋白的溶解度比在水中的溶解度大 2 倍。所以常选用 0.14mol/L 的氯化钠溶液提取核糖核蛋白，而选用 1mol/L 的氯化钠溶液提取脱氧核糖核蛋白。

两种核蛋白在不同 pH 条件下溶解度也不相同，核糖核蛋白在 pH2.0～2.5 时溶解度最低，而脱氧核糖核蛋白则在 pH4.2 时溶解度最低。

1. 核糖核酸的提取

tRNA 的相对分子质量较小，在细胞破碎以后溶解在水溶液中，滤液用酸处理，调节到 pH 5，从沉淀中可分离得到 tRNA。mRNA 很不稳定，提取条件要严格控制。rRNA 占细胞内 RNA 的 75%～80%，一般提取的 RNA 主要是 rRNA。RNA 的提取方法主要有稀盐溶液提取和苯酚溶液提取。

1）稀盐溶液提取法

将细胞破碎制成细胞匀浆，然后用 0.14mol/L 的氯化钠溶液反复抽提，得到核糖核蛋白提取液，再进一步与脱氧核糖核蛋白及其他蛋白质和多糖等分离，可得 RNA。

2）苯酚溶液提取法

在细胞破碎制成匀浆后，加入等体积的 90% 苯酚溶液，在一定条件下振荡一定时间，将 RNA 与蛋白质分开，离心分层后，DNA 和蛋白质沉淀于苯酚层中，而 RNA 和多糖溶解于水层中。采用苯酚溶液提取法操作时，温度可控制在 2～5℃ 进行，称为冷酚法提取；也可控制在 60℃ 左右，称为热酚法提取。

苯酚溶液提取法不需事先提取核糖核蛋白，而是直接将 RNA 与蛋白质、DNA 等初步分开，是目前提取 RNA 的常用而有效的方法。必须注意，市售的苯酚往往含有某些重金属和杂质，可能引起核酸的变性或降解。使用时，苯酚一般需要减压重蒸。

此外，也可用表面活性剂，如十二烷基硫酸钠（SDS）、二甲基苯磺酸钠等处理细胞匀浆而提取 RNA。

2. 脱氧核糖核酸的提取

从细胞中提取 DNA，一般在细胞破碎后用浓盐法提取。即用 1mol/L 的氯化钠溶液从细胞匀浆中提取脱氧核糖核蛋白，再与含有少量辛醇或戊醇的氯仿一起振荡除去蛋白质。或者先以 0.14mol/L 氯化钠溶液（也可用 0.1mol/L NaCl 加上 0.05mol/L 柠檬酸代替）反复洗涤除去核糖核蛋白后，再用 1mol/L 氯化钠溶液提取脱氧核糖核蛋白，经氯仿-戊醇（辛醇）或水饱和酚处理，除去蛋白质，而得到 DNA。

3. 核酸的沉淀分离

核酸提取液中含有的蛋白质、多糖等可以用沉淀分离法除去。核酸的分离纯化应维持在 0～4℃ 的低温条件下，以防止核酸的变性和降解。为防止核酸酶引起的水解作用，可加入 SDS、EDTA、8-羟基喹啉、柠檬酸钠等以抑制核酸酶的活性。常用的沉淀分离法如下。

（1）有机溶剂沉淀法。由于核酸不溶于有机溶剂，所以可在核酸提取液中加入乙醇或 2-乙氧基乙醇，使 DNA 或 RNA 沉淀下来。

（2）等电点沉淀法。脱氧核糖核蛋白的等电点为 pH 4.2；核糖核蛋白的等电点为 pH 2.0～2.5；tRNA 的等电点为 pH5。所以将核酸提取液调节到一定的 pH，就可使不同的核酸或核蛋白分别沉淀而分离。

（3）钙盐沉淀法。在核酸提取液中加入一定体积比（一般为 1：10）的 10％氯化钙溶液，使 DNA 和 RNA 均成为钙盐形式，再加入 1：5 体积的乙醇，DNA 钙盐即形成沉淀析出。

（4）选择性溶剂沉淀法。选择适宜的溶剂，使蛋白质等杂质形成沉淀而与核酸分离，这种方法称为选择性溶剂沉淀法。例如，①在核酸提取液中加入氯仿-戊醇或氯仿-辛醇，振荡一段时间，使蛋白质在氯仿—水界面上形成凝胶状沉淀而离心除去，核酸仍留在水溶液中；②在氨基水杨酸等阴离子化合物存在下，核酸的苯酚提取液中，DNA 和 RNA 都进入水层，而蛋白质沉淀于苯酚层中被分离除去；③在 DNA 与 RNA 的混合液中，用异丙醇选择性地沉淀 DNA，使其与留在溶液中的 RNA 分离。

三、离心技术

离心技术是根据颗粒在做匀速圆周运动时，受到一个外向的离心力的行为而发展起来的一种分离技术。这项技术应用很广，诸如分离化学反应后的沉淀物、天然的生物大分子、无机物、有机物，以及收集细胞和细胞器等。

1. 基本原理

当一个粒子（生物大分子或细胞器）在高速旋转下受到离心力作用时，此离心力（F）可由下式表示：

$$F = ma = mw^2 r$$

式中：a——粒子旋转的加速度，cm/s^2；

m——沉降粒子的有效质量；

w——粒子旋转的角速度，rad/s；

r——粒子的旋转半径，cm。

离心力常用地球引力的倍数来表示，因而称为相对离心力（RCF）。相对离心力是指在离心场中，作用于颗粒的离心力相当于地球重力的倍数，单位是重力加速度（g，即 $980cm/s^2$）。相对离心力也可用数字乘以 g 来表示，如 $25\,000 \times g$，表示相对离心力为 25 000。相对离心力的计算公式如下：

$$RCF = (w^2 r)/980$$

由于 $w = (2\pi \times N)/60$，故

$$RCF = 1.119 \times 10^{-5} \times N^2 r$$

式中：N——每分钟转数，r/min。

由上式可见，只要给出旋转半径 r，则 RCF 和 N 之间可以相互换算。但是由于转头的形状及结构的差异，使每台离心机的离心管从管口至管底的各点与旋转轴之间的距离不一样，所以在计算中规定，旋转半径一律用平均半径（r_{av}）代替：

$$r_{av} = (r_{min} + r_{max})/2$$

　　一般低速离心时常以转速（r/min）表示，高速离心时常以相对离心力（g）表示。计算颗粒的相对离心力时，应注意离心管与旋转轴中心的距离 r 不同，即沉降颗粒在离心管中所处位置不同，所受离心力也不同。因此在报告超离心条件时，通常总是用地心引力的倍数"×g"代替每分钟转数"r/min"，因为它可以真实地反映颗粒在离心管内不同位置的离心力及其动态变化。科技文献中离心力的数据通常是指其平均值（RCF_{av}），即离心管中点的离心力。

　　2. 离心机的类型

　　离心机可分为工业用离心机和实验用离心机。实验用离心机又分为制备性离心机和分析性离心机。制备性离心机主要用于分离各种生物材料，每次分离的样品容量比较大。分析性离心机一般都带有光学系统，主要用于研究纯的生物大分子和颗粒的理化性质，依据待测物质在离心场中的行为（用离心机中的光学系统连续监测），能推断物质的纯度、形状和分子质量等。分析性离心机都是超速离心机。

　　1）制备性离心机

　　制备性离心机分为以下三类。

　　（1）普通离心机。最大转速为 6000r/min 左右，最大相对离心力近 6000×g，容量为几十毫升至几升，分离形式是固液沉降分离。转子有角式和外摆式。其转速不能严格控制，通常不带冷冻系统，在室温下操作。用于收集易沉降的大颗粒物质，如红细胞、酵母细胞等。

　　（2）高速冷冻离心机。最大转速为 25 000r/min，最大相对离心力为 89 000×g，最大容量可达 3L，分离形式也是固液沉降分离。转头配有各种角式转头、荡平式转头、区带转头、垂直转头和大容量连续流动式转头。一般都有制冷系统，以消除高速旋转转头与空气之间摩擦而产生的热量，离心室的温度可以调节并维持在 0～4℃，转速、温度和时间都可以严格、准确地控制，并有指针或数字显示。通常用于微生物菌体、细胞碎片、大细胞器、硫酸铵沉淀物和免疫沉淀物等的分离纯化，但不能有效地沉降病毒、小细胞器（如核蛋白体）或单个分子。

　　（3）超速离心机。转速可达 50000～80000r/min，最大相对离心力可达 510000×g。著名的生产厂商有美国的贝克曼公司和日本的日立公司等。离心容量由几十毫升至 2L，分离的形式是差速沉降分离和密度梯度区带分离，离心管平衡允许的误差要小于 0.1g。超速离心机的出现，使生物科学的研究领域得到扩展，它使过去仅仅在电子显微镜观察到的亚细胞器得到分级分离，还可以分离病毒、核酸、蛋白质和多糖等。

　　超速离心机主要由驱动和速度控制、温度控制、真空系统和转头四部分组成。超速离心机的驱动装置是由水冷或风冷电动机通过精密齿轮箱或带变速，或直接用变频感应电动机驱动，并由微机进行控制。由于驱动轴的直径较小，因而在旋转时此细轴可有一定的弹性弯曲，以适应转头轻度的不平衡，而不致于引起振动或转轴损伤。除速度控制系统外，还有一个过速保护系统，以防止转速超过转头的最大规定转速而引起转头的撕裂或爆炸。为此，离心腔用能承受此种爆炸的装甲钢板密闭。

　　温度控制是由安装在转头下面的红外线射量感受器直接并连续监测离心腔的温度，以保证更准确、更灵敏的温度调控，这种红外线温控比高速离心机的热电偶控制装置更敏感、更准确。

超速离心机装有真空系统，这是它与高速离心机的主要区别。离心机的速度在2000r/min以下时，空气与旋转转头之间的摩擦只产生少量的热；速度超过20000r/min时，由摩擦产生的热量显著增大；当速度在40000r/min以上时，由摩擦产生的热量就成为严重问题。为此，将离心腔密封，并用机械泵和扩散泵串联工作的真空泵系统将其抽成真空，使温度的变化容易控制，摩擦力很小，这样才能达到所需的超高转速。

2）分析性离心机

分析性离心机使用了特殊设计的转头和光学检测系统，以便连续监视物质在离心场中的沉降过程，从而确定其物理性质。分析性超速离心机的转头是椭圆形的，以避免应力集中于孔处。此转头通过一个有柔性的轴连接到一个高速的驱动装置上，转头在一个冷冻的和真空的腔中旋转，转头上有2～6个装离心杯的小室，离心杯是扇形石英的，可以上下透光。离心机中装有一个光学系统，在整个离心期间都能通过紫外吸收或折射率的变化监测离心杯中沉降着的物质，在预定的期间可以拍摄沉降物质的照片。在分析离心杯中物质沉降的情况时，在重颗粒和轻颗粒之间形成的界面就像一个折射的透镜，结果在检测系统的照相底版上产生一个"峰"。由于沉降不断进行，界面向前推进，因此峰也移动，从峰移动的速度可以计算出样品颗粒的沉降速度。

分析性超速离心机能在短时间内，用少量样品得到一些重要信息。例如，能够确定生物大分子是否存在以及大致的含量；计算生物大分子的沉降系数；结合界面扩散，估计分子的大小；检测分子的不均一性及混合物中各组分的比例；测定生物大分子的相对分子质量；还可以检测生物大分子的构象变化等。

3. 制备性超速离心的分离方法

1）差速沉降离心法

这是最普通的离心法。即采用逐渐增加离心速度或低速和高速交替进行离心，使沉降速度不同的颗粒在不同的离心速度及不同离心时间下分批分离的方法。此法一般用于分离沉降系数相差较大的颗粒。

差速沉降离心首先要选择好颗粒沉降所需的离心力和离心时间。当以一定的离心力在一定的离心时间内进行离心时，在离心管底部就会得到最大和最重颗粒的沉淀。分出的上清液在加大转速时再进行离心，又会得到第二部分较大、较重颗粒的沉淀及含较小和较轻颗粒的上清液。如此多次离心处理，即能把液体中的不同颗粒较好地分离开。此法所得的沉淀是不均一的，仍混杂有其他成分，需经过2～3次的再悬浮和再离心，才能得到较纯的颗粒。

此法主要用于组织匀浆液中分离细胞器和病毒，其优点是操作简便，离心后用倾倒法即可将上清液与沉淀分开，并可使用容量较大的角式转子。缺点是需多次离心；沉淀中有夹带，分离效果差，不能一次得到纯颗粒；沉淀于管底的颗粒受挤压，容易变性失活。

2）密度梯度区带离心法（区带离心法）

区带离心法是将样品加在惰性梯度介质中进行离心沉降或沉降平衡，在一定的离心力下把颗粒分配到梯度中特定位置上，形成不同区带的分离方法。此法的优点：①分离效果好，可一次获得较纯颗粒；②适应范围广，能像差速离心法一样分离具有沉降系数差的颗粒，又能分离有一定浮力密度差的颗粒；③颗粒不会挤压变形，能保持颗粒活性，并防止已形成的区带由于对流而引起混合。此法的缺点：①离心时间较长；②需要制备惰性梯度介质溶液；③操作严格，不易掌握。

密度梯度区带离心法又可分为以下两种。

（1）差速区带离心法。在一定的离心力作用下，颗粒各自以一定的速度沉降，在密度梯度介质的不同区域上形成区带的方法称为差速区带离心法。当不同的颗粒间存在沉降速度差时，即可使用本法，而不需要像差速沉降离心法所要求的那样大的沉降系数差。此法仅用于分离有一定沉降系数差的颗粒（20%的沉降系数差或更少）或分子质量相差3倍的蛋白质，与颗粒的密度无关。大小相同、密度不同的颗粒（如线粒体、溶酶体等）不能用此法分离。此离心法的关键是选择合适的离心转速和时间。

先在离心管中装好密度梯度介质溶液，将样品液加在梯度介质的液面上。离心时，由于离心力的作用，颗粒离开原样品层，按不同沉降速度向管底沉降。离心一定时间后，沉降的颗粒逐渐分开，最后形成一系列界面清楚的不连续区带。沉降系数越大，往下沉降越快，所呈现的区带也越低。离心必须在沉降最快的大颗粒到达管底前结束。样品颗粒的密度要大于梯度介质的密度。梯度介质通常用蔗糖溶液，其最大密度和浓度可达$1.28g/cm^3$和60%。

（2）等密度区带离心法。等密度区带离心产生梯度有两种方式：预形成梯度和离心形成梯度。前者是在离心管中预先放置好梯度介质，样品加在梯度液面上；后者是将样品预先与梯度介质溶液混合后装入离心管，通过离心形成梯度。

离心时，样品的不同颗粒向上浮起，一直移动到与它们的密度相等的等密度点的特定梯度位置上，形成几条不同的区带，这就是等密度区带离心法。体系到达平衡状态后，再延长离心时间或提高转速已无意义，处于等密度点上的样品颗粒的区带形状和位置均不再受离心时间的影响。提高转速可以缩短达到平衡的时间。离心所需时间以最小颗粒到达等密度点（即平衡点）的时间为基准，有时长达数日。

等密度区带离心法的分离效率取决于样品颗粒的浮力密度差，密度差越大，分离效果越好，与颗粒大小和形状无关，但大小和形状决定着达到平衡的速度、时间和区带宽度。

等密度区带离心法所用的梯度介质通常为氯化铯（CsCl），其密度可达$1.7g/cm^3$。此法可分离核酸、亚细胞器等，也可以分离复合蛋白质，但对简单蛋白质不适用。

收集区带的方法有许多种：①用注射器和滴管由离心管上部吸出；②用针刺穿离心管从底部滴出；③用针刺穿离心管区带部分的管壁，把样品区带抽出；④用一根细管插入离心管底，泵入超过梯度介质最大密度的取代液，将样品和梯度介质压出，用自动部分收集器收集。

4. 离心操作的注意事项

高速与超速离心机是生物化学实验教学和科研的重要精密设备，因其转速高，产生的离心力大，如使用不当或缺乏定期的检修和保养，则可能发生严重事故，因此使用离心机时必须严格遵守操作规程。

（1）使用各种离心机时，必须事先在天平上精密地平衡离心管和其内容物，平衡时质量之差不得超过各个离心机说明书上所规定的范围。每个离心机不同的转头有各自的允许差值，转头中绝对不能装载单数的管子。当转头只是部分装载时，管子必须互相对称地放在转头中，以便使负载均匀地分布在转头的周围。

（2）装载溶液时，要根据各种离心机的具体操作说明进行，根据待离心液体的性质及体积选用合适的离心管。有的离心管无盖，液体不得装得过多，以防离心时甩出，造成转头不平衡、生锈或被腐蚀。制备性超速离心机的离心管，一般要求将液体装满，以免离心时塑料离心管的上部凹陷变形。严禁使用显著变形、损伤或老化的离心管。每次使用后，必须仔细检查转头，及时清洗、擦干。转头是离心机中需重点保护的部件，搬动时要小心，不能碰撞，避免造成伤痕，转头长时间不用时，要涂上一层上光蜡。

（3）若要在低于室温的温度下离心，则转头在使用前应放置在冰箱或置于离心机的转头室内预冷。

（4）离心过程中不得随意离开，应随时观察离心机上的仪表是否正常工作，如有异常的声音应立即停机检查，及时排除故障。

（5）每个转头各有其最高允许转速和使用累积时限，使用转头时要查阅说明书，不得过速使用。每一个转头都要有一份使用档案，记录累积的使用时间，若超过了该转头的最高使用限时，须按规定降速使用。

实训模块六

维　生　素

背景知识

复习与回忆

一、维生素的概念和发现

维生素（vitamin）是生物体维持细胞生长发育和正常代谢所必需的微量小分子有机化合物。人和动物所需的维生素大多不能自身合成或合成量很少，必须由食物供给。这类物质既不参与构成机体组织，也不为机体提供能量，而是一类调节物质。

人们对于维生素的认知可以追溯到公元前 3500 年，古埃及人发现了能防治夜盲症的物质，也就是后来的维生素 A。1897 年，Eijkman 证明未经碾磨的糙米能治疗脚气病，他认为米壳中有一种"保护因素"可对抗食物中过量的糖。1911 年，波兰科学家 Casimir Funk，经过千百次的试验，终于从米糠中提取出一种能够治疗脚气病的白色物质。这种物质被芬克称为"维持生命的营养素"，简称维生素。随后，越来越多的维生素被陆续发现。

二、维生素的种类和命名

目前，已经发现的维生素有 30 几种，每一种又包含许多具有同样生物效价的衍生物，同时还存在着能在人及动物体内转化为相应维生素的维生素原（前体）。

维生素，一般是按其被发现的先后顺序以拉丁字母命名的，如 A、B、C、D 等；也有根据它们的化学结构特点和生理功能命名的，如硫胺素、抗癞皮病维生素等；还有发现时以为是一种，后来证明是多种维生素混合存在，便又在拉丁字母下方注 1、2、3…等数字加以区别，如 B_1、B_2、B_6、B_{12} 等；其间还有的名称相互混淆，如有的将维生素 B_2 叫维生素 G，将泛酸叫维生素 B_1，将叶酸叫维生素 M 或维生素 R，将生物素叫维生素 H。还有人将精氨酸、甘氨酸和半胱氨酸三者的混合物叫维生素 B_4，将必需脂肪酸叫维生素 F 等，其实它们中有些并非维生素。这些混淆的名称现在已多废弃不用，这就造成目前我们见到的维生素名称无论从拉丁字母及阿拉伯数字顺序来看都是不连贯的。

三、维生素的特点

维生素在物质的代谢和维持生理功能等方面起着重要的调节作用。它们的化学结构与性质虽然各异，但有如下共同点。

（1）均以维生素本身，或可被机体利用的前体化合物（维生素原）的形式存在于天然食物中。

（2）非机体结构成分，不提供能量，但担负着特殊的代谢功能。

（3）一般不能在体内合成（维生素 D 除外）或合成量很少，必须由食物提供。

（4）人体需要量很少，但决不能缺少，否则缺乏至一定程度，可引起维生素缺乏症，对人体健康造成危害。

（5）在生物体内其常以辅酶或辅基的形式参与酶的功能。

基础知识

维生素在化学组成和结构上，并非同一类化合物，有胺、酸、醇、醛等物质，因此，不能按其化学结构进行分类。一般按其溶解性质可将维生素分为水溶性维生素和脂溶性维生素两大类：水溶性维生素包括 B 族维生素和维生素 C；脂溶性维生素包括维生素 A、维生素 D、维生素 E、维生素 K 等，均为油样物质，不溶于水。

一、脂溶性维生素

维生素 A、维生素 D、维生素 E、维生素 K 均不溶于水而溶于脂类和脂类溶剂，因此称为脂溶性维生素。在食物中它们多与脂质共同存在，因此它们在肠道被吸收时与脂质的吸收有密切关系。在血液中，脂溶性维生素与脂蛋白或特殊的结合蛋白结合运输，其排泄主要通过胆汁由粪便排出。当胆道阻塞、胆汁酸盐缺乏或长期腹泻造成脂质吸收不良时，脂溶性维生素的吸收也大为减少，甚至会引起缺乏症；当摄入量超过机体需要量时，可在体内，尤其是在肝内储存；若长期摄入量过多，则可出现中毒反应。

1. 维生素 A

维生素 A 的化学名为视黄醇，也叫抗干眼病因子。天然维生素 A 包括维生素 A_1 及维生素 A_2 两种，其结构式如图 6-1 所示。维生素 A 末端的—CH_2OH 在体内氧化后成为—CHO，称为视黄醛，或进一步氧化成—COOH，称为视黄酸。视黄酸是维生素 A 在体内经吸收代谢后最具有生物活性的产物。胡萝卜素是维生素 A 原，胡萝卜素中最具维生素 A 生物活性的是 β-胡萝卜素，在人类肠道中的吸收利用率，大约为维生素 A 的 1/6，其他胡萝卜素的吸收率更低。

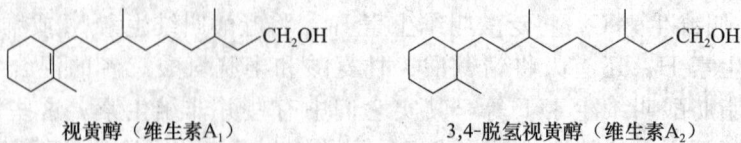

视黄醇（维生素A_1）　　　　　3,4-脱氢视黄醇（维生素A_2）

图 6-1　维生素 A 的结构式

维生素 A 呈黄色油状物或黄色粉末。不溶于水，溶于乙醇、乙醚、氯仿和丙酮。因高度不饱和，化学性质活泼，易被空气、氧化剂氧化。特别是在高温条件下，紫外线和金属均可促进其氧化破坏。当油脂酸败时，其中维生素 A 和维生素 A 原将受到严重破坏。

维生素 A 在人体的代谢活动中起非常重要的作用。

（1）维持皮肤黏膜的完整性。维生素 A 对上皮细胞的细胞膜起稳定作用，可维持上皮细胞的形态稳定和功能健全。

（2）构成细胞膜内的感光物质。视网膜上对暗光敏感的杆状细胞含有感光物质视紫红质，是 11-顺式视黄醇与视蛋白结合而成，为暗视觉的必需物质。

（3）促进生长发育和维护生殖功能。维生素 A 参与细胞的 RNA、DNA 的合成，对细胞的分化、组织更新有一定的影响。

（4）维持和促进免疫功能。维生素 A 对许多细胞功能活动有维持和促进作用，是通过其在细胞核内的特异性受体——视黄酸受体实现的。

当维生素 A 摄入不足，膳食脂肪含量不足，患有慢性消化道疾病等，可导致维生素 A 缺乏，引起夜盲症，上皮组织干燥，抵抗病菌能力降低。维生素 A 摄入过量会降低细胞膜和溶菌体膜的稳定性，导致细胞膜损失，组织酶释放，引起皮肤、骨骼、脑、肝等多种脏器组织病变。

维生素 A 在动物性食物，如动物内脏、蛋类、乳类中含量丰富；但在不发达地区，人群往往主要依靠植物来源的胡萝卜素，胡萝卜素在深色蔬菜中含量较高，如在西兰花、胡萝卜、菠菜、生菜中含量较丰富。

2. 维生素 D

维生素 D 又称钙化醇，为固醇类衍生物，因为具有抗佝偻病的作用，故又称为抗佝偻病维生素。维生素 D 种类很多，以维生素 D_2（麦角钙化醇）及维生素 D_3（胆钙化醇）最为重要，结构如图 6-2 所示。两者结构非常相似，皆为无色晶体，对氧、热、酸、碱均较稳定，但油脂的酸败可影响维生素 D 的含量。大多数植物中都含有麦角固醇，植物叶经日光照射后形成维生素 D_2；7-脱氢胆固醇则是动物体内的类固醇之一，经紫外光照射后形成维生素 D_3。因此，凡能经常接受阳光照射者不会发生维生素 D 缺乏症。

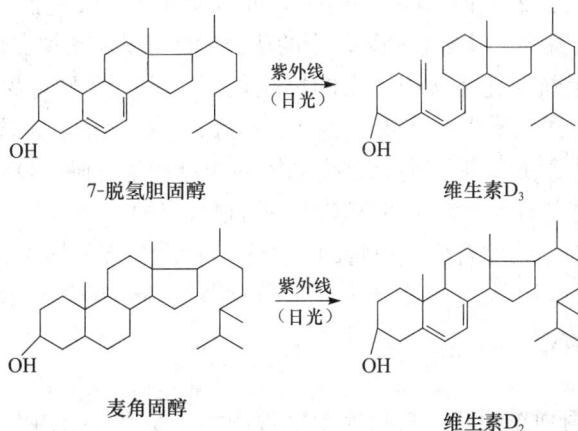

7-脱氢胆固醇　　紫外线（日光）　　维生素 D_3

麦角固醇　　紫外线（日光）　　维生素 D_2

图 6-2　维生素 D 的结构式

维生素 D 的主要功能是提高血浆钙和磷的水平到超饱和程度，以满足骨骼矿物质的需要。维生素 D 能促进肠道对钙、磷的吸收，进而通过钙与蛋白质的结合参与骨骼的生长，促进牙齿健全。

在婴幼儿时期，维生素 D 缺乏以钙、磷代谢障碍和骨样组织钙化障碍为特征，严重者出现骨骼畸形，如方头、鸡胸、漏斗胸、"O"形腿和"X"形腿。成人维生素 D 缺乏会使成熟骨矿化不全，表现为骨质软化症，特别是妊娠、哺乳妇女以及老年人容易发生，常见症状是骨痛、肌无力，活动时加剧，严重时骨骼脱钙引起骨质疏松，发生自发性或多发性骨折。

维生素 D 有两个来源，一为外源性，即依靠食物来源；另一为内源性，即通过阳光（紫外线）照射由人体皮肤产生。植物性食物如蘑菇、蕈菌类含有维生素 D_2，动物性食物中则含有维生素 D_3。以鱼肝和鱼油含量最丰富；其次在鸡蛋、黄油和咸水鱼（如鲱鱼、沙丁鱼）中含量相对较高；牛乳和人乳的维生素 D 含量较低；蔬菜、谷物、水果中几乎不含维生素 D。

3. 维生素 E

维生素 E 又名生育酚，是 6-羟基苯并二氢吡喃环的异戊二烯衍生物，结构简式如图 6-3 所示。它包括生育酚和生育三烯酚两类共 8 种化合物，即 α、β、γ、δ 生育酚和 α、β、γ、δ 生育三烯酚。虽然维生素 E 的 8 种结构非常相似，但其生物活性却相差甚远。α-生育酚是自然界中分布最广泛、含量最丰富、活性最高的维生素 E 的形式，β-生育酚、γ-生育酚和 δ-生育酚的活性分别为 α-生育酚的 50%、10% 和 20%。α-生育三烯酚的活性大约为 α-生育酚的 30%。

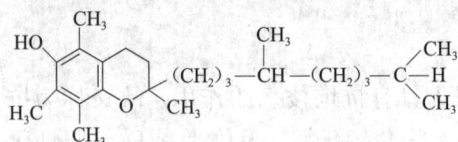

图 6-3　维生素 E 的结构

维生素 E 为油状液体，呈橙黄色或淡黄色，极易氧化而保护其他物质不被氧化，是动物和人体中最有效的抗氧化剂。它对酸、热都很稳定，对碱不稳定，在铁盐、铅盐或油脂酸败条件下会加速其氧化。无氧条件下，它对热、光以及酸性环境相对较稳定；有氧条件下，游离酚羟基的酯是稳定的。

人体维生素 E 缺乏仅发生在早产儿身上，或者幼儿和成人在脂肪吸收不良时，以及患囊状纤维症等病人身上。对维生素 E 作用的认识大部分是从动物实验中间接获得的。

维生素 E 是非酶抗氧化系统中重要的抗氧化剂。维生素 E 对免疫功能、胚胎发育和生殖、神经和骨骼肌具有保护作用，还有抗不育、预防流产、延缓衰老、预防冠心病和癌症的作用。维生素 E 缺乏，会导致线粒体的能量产生下降、DNA 氧化和突变，以及质膜正常运转功能的改变。早产儿容易出现溶血性贫血。

维生素 E 只能在植物中合成。植物的叶子和其他绿色部分均含有维生素 E。绿色植物的维生素 E 的含量高于黄色植物。麦胚、向日葵及其油富含 α-生育酚，而玉米和大豆中只含有 γ-生育酚。

4. 维生素 K

维生素 K 又称凝血维生素，自然界中发现的维生素 K 有维生素 K_1 和维生素 K_2 两种。从化学结构（图 6-4）上看，维生素 K_1 和 K_2 都是 2-甲基-1,4-萘醌的衍生物。

天然存在的维生素 K 是黄色油状物，人工合成的则是黄色结晶粉末。所有的维生素 K 都有较好的热稳定性，但易遭酸、碱、氧化剂和光（特别是紫外线）的破坏。由于天然食物中维生素 K 对热稳定，并且不溶于水，所以在正常的烹调过程中损失很少。

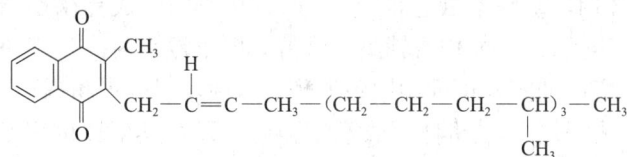

维生素K₁

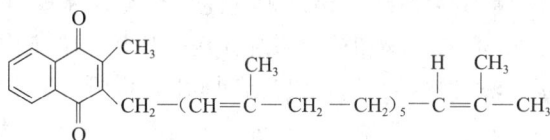

维生素K₂

图 6-4　维生素 K 的结构式

维生素 K 可调节凝血蛋白的合成，防止出血，并参与一系列连续不断的蛋白水解反应，最终使可溶性纤维蛋白转化为不溶性纤维蛋白，再与血小板交连形成血凝块。

维生素 K 缺乏引起低凝血酶原血症，表现为凝血缺陷和出血。新生儿是对维生素 K 营养需求的一个特殊群体，有相当多的婴儿产生新生儿出血症，可表现为皮肤、胃肠道、胸腔内出血，最严重的病例是颅内出血。

哺乳动物的维生素 K 需要量可以通过膳食摄入和肠道微生物合成这两种途径而得到满足。维生素 K 广泛存在于动物性和植物性食物中，绿色植物、动物肝脏和鱼类都含有丰富的维生素 K，其次是牛奶、麦麸、大豆等食物。另外，人和哺乳动物肠道中的大肠杆菌可以合成维生素 K，因此人体一般不会缺乏维生素 K。

二、水溶性维生素

水溶性维生素包括 B 族维生素和维生素 C。它们不同于脂溶性维生素，在化学结构上彼此之间差别较大。除维生素 B_{12} 外，它们均可以在植物中合成，在体内储存很少，一旦体液中超过其肾阈时，即从尿液中排除，因此必须经常由膳食提供，也很少有中毒现象发生。

1. 维生素 B_1

维生素 B_1 分子中含有一个带氨基的嘧啶环和一个含硫的噻唑环，故称为硫胺素。结构式如图 6-5 所示。一般使用的维生素 B_1 都是化学合成的硫胺素盐酸盐，为白色结

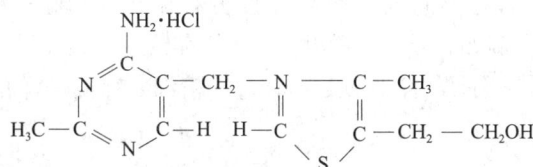

图 6-5　维生素 B_1 结构式

晶，极易溶于水，微溶于乙醇，不溶于其他有机溶剂。耐热，酸性条件下稳定，碱性条件下加热易破坏；有氧化剂存在时，易被氧化产生脱氢硫胺素，脱氢硫胺素在紫外线照射下呈现蓝色荧光，利用这一特性可进行定性定量分析。

维生素 B_1 在体内经硫胺素激酶催化，与 ATP 作用生成焦磷酸硫胺素（TTP）后才具有生物活性。维生素 B_1 能构成辅酶，维持体内正常代谢；TTP 在体内是 α-酮酸脱氢酶体系和转酮醇酶的辅酶，可抑制胆碱酯酶的活性，促进胃肠蠕动。

如果维生素 B_1 摄入不足或机体吸收利用障碍，以及其他原因引起需要量增加，则会导致机体维生素 B_1 缺乏。在正常情况下，神经组织的能源主要由糖氧化供给，当维生素 B_1 缺乏时，神经组织能量供给不足，导致多发性神经炎，表现出食欲不足、皮肤麻木、四肢乏力、肌肉萎缩、心力衰竭和神经系统损伤等症状，临床称为脚气病。

维生素 B_1 广泛存在于天然食物中，但含量随食物种类而异。最丰富的来源是葵花籽仁、花生、大豆粉、瘦猪肉；其次为粗粮、小麦粉、小米、玉米、大米等谷类食物；鱼类、蔬菜和水果中含量较少。

2. 维生素 B_2

维生素 B_2 又名核黄素，以结构中含有 D-核醇和黄素而得名，其化学本质为核糖醇与 6,7-二甲基异咯嗪的缩合物，结构如图 6-6 所示。维生素 B_2 为橘黄色晶体，微溶于水，极易溶于碱性溶液，在酸性溶液中稳定，在碱性溶液中易被破坏，对光敏感。水溶液呈黄绿色荧光，可作为定量分析的依据。

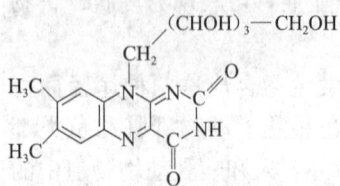

图 6-6　维生素 B_2 结构式

维生素 B_2 在体内以 FAD、FMN 的形式存在，与特定蛋白质结合，形成黄素蛋白，通过三羧酸循环中的一些酶及呼吸链等参与体内氧化还原反应与能量生成；FAD、FMN 作为辅基参与色氨酸转化为烟酸和维生素 B_6 转化为磷酸吡哆醛的过程；FAD 作为谷胱甘肽还原酶的辅基，参与体内抗氧化防御系统，维持还原性谷胱甘肽的浓度；与细胞色素结合，参与药物代谢，提高机体对环境的应激适应能力。由于 FAD、FMN 广泛参与体内各种氧化还原反应，因此维生素 B_2 能促进糖、脂肪和蛋白质的代谢，对维持皮肤、黏膜和视觉的正常机能均有一定作用。

维生素 B_2 缺乏最常见的原因为膳食供应不足、食物的供应限制、储存和加工不当导致维生素 B_2 的破坏和丢失。缺乏维生素 B_2 导致能量、氨基酸和脂类代谢受损，引起继发性铁营养不良和继发性贫血，主要症状是唇炎、舌炎、角膜炎、皮脂脂溢性皮炎和贫血；此外，严重维生素 B_2 缺乏可引起免疫功能低下和胎儿畸形。

维生素 B_2 广泛存在于奶类、蛋类、各种肉类、动物内脏、谷类、蔬菜和水果等动物性和植物性食物中。粮谷类的维生素 B_2 主要分布在谷皮和胚芽中，碾磨加工过程会丢失一部分维生素 B_2。例如，精白米维生素 B_2 的存留率只有 11%，小麦标准粉维生素 B_2 的存留率只有 35%，因此，谷类加工不宜过于精细。绿叶蔬菜的维生素 B_2 含量较其他蔬菜高。

3. 维生素 B_3

维生素 B_3 在自然界分布十分广泛，故又称为遍多酸或泛酸。它是由 α,γ-二羟基-β, β-二甲基丁酸与 β-丙氨酸通过肽键缩合而成的酸性物质。其结构如图 6-7 所示。

泛酸为淡黄色黏稠油状物，易溶于水及乙醇，不溶于氯仿和苯，其钠、钾、钙盐易结晶，味微苦，在中性溶液中对热稳定，对氧化剂、还原剂也很稳定，但遇酸、碱或干热易分解。

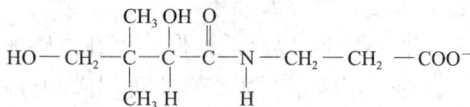

图 6-7 泛酸的结构式

在生物组织中，泛酸作为辅酶 A 的组成成分参与物质代谢，其生理功能是在代谢中作为酰基的载体，对糖、脂类和蛋白质三大物质代谢中的酰基转移起重要作用。

缺乏辅酶 A 可表现为厌食、乏力等症状。辅酶 A 被广泛用作多种疾病的重要辅助药物，如白细胞减少症、原发性血小板减少性紫癜、脂肪肝及各种肝炎、功能性低热和冠心病等。

泛酸广泛存在于动植物组织中，在肝、肾、蛋、瘦肉、小麦、米糠、花生、豆类、甜山芋中含量较丰富，尤其在蜂王浆中含量最多，同时人体肠道中的细菌也能合成泛酸，所以人类极少发生泛酸缺乏症。

4. 维生素 PP

维生素 PP 又称烟酸及烟酰胺。其结构式如图 6-8 所示。因其具有防止癞皮病的作用，又称为抗癞皮病维生素。

图 6-8 维生素 PP 的结构式

烟酸为白色针状结晶，味苦；烟酰胺晶体呈白色粉末，两者均溶于水和乙醇，不溶于乙醚。烟酰胺的溶解度要大于尼克酸。烟酰胺和烟酸的性质比较稳定，酸、碱、氧、光或加热条件下不易破坏，所以一般加工烹调损失很少，但会随水流失。

维生素 PP 可构成烟酰胺腺嘌呤二核苷酸（辅酶 I，NAD^+ 或 CoI）及烟酰胺腺嘌呤二核苷酸磷酸（辅酶 II，$NADP^+$ 或 CoII），在生物氧化还原反应中起电子载体和递氢体作用；还是葡萄糖耐量因子的组成成分，有增加葡萄糖的利用及促使葡萄糖转化为脂肪的作用。

维生素 PP 的缺乏会引起癞皮病。此病发病缓慢，常有前驱症状，如体重减轻、疲劳乏力、记忆力差、失眠等。如不及时治疗，则可出现皮炎、腹泻和痴呆。

烟酸及烟酰胺广泛存在于食物中，植物食物中存在的主要是烟酸；动物性食物中以烟酰胺为主。烟酸和烟酰胺在肝、肾、瘦肉、鱼及坚果类中含量丰富；乳、蛋中的含量虽然不高，但色氨酸较多，可转化成烟酸。谷类中的烟酸 $80\% \sim 90\%$ 存在于它们的种皮中。

5. 维生素 B_6

维生素 B_6 是一组含氮化合物，都是吡啶的衍生物，主要以天然形式存在，包括吡哆醛（PL）、吡哆醇（PN）和吡哆胺（PM），其结构如图 6-9 所示。这三种形式性质相似，均具有维生素 B_6 的活性，每种成分的生物学活性取决于其代谢为磷酸吡哆醛的程度。

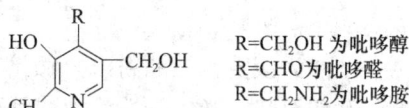

R=CH_2OH 为吡哆醇
R=CHO 为吡哆醛
R=CH_2NH_2 为吡哆胺

图 6-9 维生素 B_6 的结构式

维生素 B_6 为无色晶体，易溶于水和乙醇。对光和碱较敏感，但在酸性溶液中较稳定，高温下极易被破坏。

维生素 B_6 以其活性形式存在，磷酸吡哆醛作为酶的辅酶，除了参与神经递质、糖原、神经鞘磷脂、血红素、类固醇和核酸代谢外，还参与氨基酸代谢及一碳单位代谢，一碳单位代谢障碍可造成巨幼红细胞贫血。

维生素 B_6 在动植物性食物中广泛存在，原发性缺乏并不常见。人类维生素 B_6 缺乏的症状包括虚弱、失眠、周围神经病、唇干裂、口炎等。维生素 B_6 缺乏的典型临床症状是脂溢性皮炎、小细胞性贫血、癫痫样惊厥及忧郁和精神错乱。

维生素 B_6 的食物来源广泛，通常肉类、全谷类产品（特别是小麦）、蔬菜和坚果类中最高。动物性来源的食物中维生素 B_6 的生物利用率优于植物性来源的。

6. 生物素

生物素又名维生素 H 或维生素 B_7，是由一个尿基环和一个带有戊酸侧链的噻吩环组成的。其结构如图 6-10 所示。

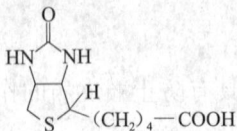

图 6-10　生物素的结构式

生物素为无色针状晶体，微溶于水，不溶于乙醇、乙醚及氯仿。在常温下和酸性环境中较稳定，在碱性溶液中不稳定，高温和氧化剂会使其失活。

生物素的主要功能是在脱羧-羧化反应和脱氨反应中起辅酶作用，可以把 CO_2 由一种化合物转移到另一种化合物上，从而使一种化合物转变成另一种化合物。

生物素缺乏，常见于长期服用磺胺类抗生素、生食生鸡蛋或长期慢性腹泻者。缺乏表现主要以皮肤症状为主，可见毛发变细、失去光泽、皮肤干燥、鳞片状皮炎，严重者皮疹可延伸到眼睛、鼻子和嘴的周围。此外，伴有食欲减退、恶心、呕吐等。

哺乳动物所需生物素可以通过膳食摄入和肠道微生物合成这两种途径而得到满足。生物素广泛存在于天然食物中，干酪、肝、大豆粉中含量最丰富，其次为奶类。在精制谷类、多数水果中含量较少。肠道菌也能合成生物素供人体需要，故一般很少出现缺乏症。

7. 叶酸

叶酸的化学名称为碟酰谷氨酸，最初是由肝脏中分离出来，后来发现绿叶中含量十分丰富，而命名为叶酸。它是由 2-氨基-4-羟基-6-甲基蝶啶、对氨基苯甲酸和 L-谷氨酸三部分组成的。其结构如图 6-11 所示。

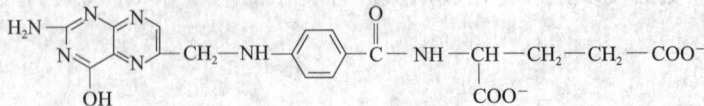

图 6-11　叶酸的结构式

叶酸为淡黄色结晶粉末，微溶于水，其钠盐易溶解；不溶于乙醇、乙醚等有机溶剂。叶酸对热、光、酸性溶液均不稳定，在碱性和中性溶液中对热稳定，烹调中损失可达 50%～90%。

叶酸在肠壁、肝脏及骨髓等组织中，经叶酸还原酶作用，可还原成具有生理活性的四氢叶酸。四氢叶酸作为体内生化反应中一碳单位转移酶系的辅酶，参与嘌呤和胸腺嘧啶的合成，进一步合成 DNA 和 RNA；参与氨基酸之间的相互转化，以及血红蛋白及甲基化合物（如肾上腺素、胆碱、肌酸等）的合成。

叶酸缺乏主要是摄入不足、吸收利用不良或需要量增加。缺乏症状表现为手足麻木、肌肉动作不协调、忧郁、易怒、巨幼细胞性贫血、胎儿发育不良等。

叶酸广泛存在于动、植物性食物中。富含叶酸的食物有猪肝、猪肾、鸡蛋、豌豆、菠菜。人类肠道也能合成叶酸，故一般很少出现缺乏症。

8. 维生素 B_{12}

维生素 B_{12} 又称氰钴胺素，是具有氰钴胺素生物活性的类咕啉物质的总称，分子中含有三价钴的多环系。其结构如图 6-12 所示。

维生素 B_{12} 是红色结晶，熔点较高（300℃以上），无臭、无味，能溶于水、乙醇及丙酮。结晶的维生素 B_{12} 及其水溶液较稳定，在中性溶液中耐热，日光、酸、碱、氧化剂及还原剂均能引起破坏。

维生素 B_{12} 在体内以两种辅酶的形式即甲基 B_{12} 和辅酶 B_{12} 发挥生理作用，参与同型半胱氨酸甲基化转变为蛋氨酸、甲基丙二酸、琥珀酸的异构化反应。

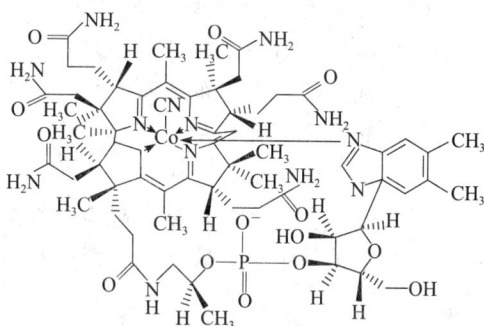

图 6-12 维生素 B_{12} 的结构式

维生素 B_{12} 缺乏主要是吸收利用不良引起的。缺乏症状表现为巨幼细胞性贫血和高同型半胱氨酸血症。膳食中的维生素 B_{12} 来源于动物性食物，主要食物来源为肉类、动物内脏、鱼、禽、贝壳类及蛋类，乳及乳制品中含量较少。植物性食物基本不含维生素 B_{12}。

9. 维生素 C

维生素 C 又称抗坏血酸，是一种含有 6 个碳原子的多羟基化合物，其结构如图 6-13 所示。天然存在的维生素 C 有 L-型和 D-型两种异构体，后者无生物活性。

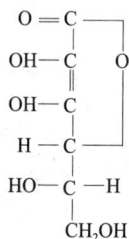

图 6-13 维生素 C 的结构

维生素 C 是无色无臭的片状晶体，有酸味，易溶于水和乙醇，具有很强的还原性，不稳定，不耐热。在中性或碱性溶液中易氧化而被破坏，遇光或金属离子如 Fe^{2+}、Cu^{2+}，维生素 C 更易被破坏；在酸性溶液中较稳定。

维生素 C 既可以氧化型、又可以还原型存在于体内，所以它既可以作为氢供体又可以作为氢受体，在体内氧化还原反应中发挥非常重要的作用。维生素 C 是一种较强的还原剂，可使细胞色素 C、细胞色素氧化酶及分子氧还原，与一些金属离子螯合。虽然它不是辅酶，但可以增加某些金属酶的活性。维生素 C 参与羟化反应，促进胶原合成、神经递质合成、类固醇羟化、有机药物或毒物羟化以解毒；另外，维生素 C 具有还原作用，可促进抗体形成、铁的吸收、四氢叶酸形成，维持巯基酶的活性，清除自由基。

维生素 C 在膳食摄入减少或机体需要量增加又得不到及时补充时，会引起维生素 C 缺乏病即坏血病；其症状表现为创口溃疡不易愈合，骨骼和牙齿易于折断或脱落，毛细血管通透性增大，毛囊周围充血，严重时皮下、黏膜、肌肉等出血。

人体不能合成维生素 C，因此人体所需的维生素 C 需靠食物提供。维生素 C 的主要食物来源是新鲜蔬菜和水果，蔬菜中辣椒、茼蒿、苦瓜、豆角、菠菜、土豆、韭菜等中含量丰富；水果中酸枣、鲜枣、草莓、柑橘、柠檬等中含量最多；动物的内脏中也含有少量的维生素 C。

思考与复习

(1) 什么是维生素和维生素原？

(2) 维生素 A 的生理功能是什么？

(3) 维生素 B 有几种，其生理功能如何？

(4) 试述维生素 E 的生理功能。

(5) 简述维生素 C 的生理功能。

(6) 试总结维生素与辅酶的关系。

(7) 长期食用生鸡蛋会引起哪种维生素的缺乏？为什么？

(8) 常见的维生素缺乏症有哪些？

技能训练

实训项目举例

胡萝卜中维生素 A 和维生素 E 的测定

一、实训任务书

1. 学习目标

(1) 熟悉食品中定量测定维生素 A 和维生素 E 的原理和方法。

(2) 掌握紫外分光光度法测定维生素 A 和维生素 E 的方法。

2. 实训任务

(1) 认识维生素 A 和维生素 E 的重要性质。

(2) 测定食品中维生素 A 含量的原理和方法。

(3) 测定食品中维生素 E 含量的原理和方法。

(4) 掌握高压液相色谱仪的使用方法。

(5) 掌握高速离心机的使用方法。

(6) 掌握紫外分光光度计的使用方法。

3. 查阅资料

(1) 定量测定食品中维生素 A 和维生素 E 的原理和方法。

(2) 测定蔬菜、水果中维生素 A 和维生素 E 的方法。

（3）高效液相色谱法的测定原理和测定程序。

（4）紫外分光光度计的操作步骤。

（5）高速离心机的操作程序。

二、实训程序

1. 实训方案实施过程

学生通过学习本项目实训方法以及查阅资料完成实训方案→小组讨论→教师点评→实训操作→总结。

2. 实训原理

样品中的维生素 A 及维生素 E 经皂化提取处理后，将其从不可皂化部分提取至有机溶剂中。用高效液相色谱法 C_{18} 反相柱将维生素 A 和维生素 E 分离，经紫外检测器检测，并用内标法定量测定。最小检出量：维生素 A 为 0.8ng；α-维生素 E 91.8ng；γ-维生素 E 36.6ng；δ-维生素 E 20.6ng。

3. 样品、试剂与仪器

（1）样品：胡萝卜。

（2）试剂：实验用水为蒸馏水。试剂不加说明为分析纯。

① 无水乙醚：不含有过氧化物。

a. 过氧化物检查方法：用 5mL 乙醚加 1mL 10％碘化钾溶液，振摇 1min，如有过氧化物则放出游离碘，水层呈黄色或加 4 滴 0.5％淀粉液，水层呈蓝色。该乙醚需处理后使用。

b. 去除过氧化物的方法：重蒸乙醚时，瓶中放入纯铁丝或铁末少许。弃去 10％初馏液和 10％残馏液。

② 无水乙醇：不得含有醛类物质。

a. 检查方法：取 2mL 银氨溶液于试管中，加入少量乙醇，摇匀，再加入 10％氢氧化钠溶液，加热，放置冷却后，若有银镜反应则表示乙醇中有醛。

b. 脱醛方法：取 2g 硝酸银溶于少量水中。取 4g 氢氧化钠溶于温乙醇中。将两者倾入 1L 乙醇中，振摇后，放置暗处两天（不时摇动，促进反应），经过滤，置蒸馏瓶中蒸馏，弃去初蒸出的 50mL。当乙醇中含醛较多时，硝酸银用量应适当增加。

③ 无水硫酸钠。

④ 甲醇：重蒸后使用。

⑤ 重蒸水：水中加少量高锰酸钾，临用前蒸馏。

⑥ 10％抗坏血酸溶液（质量浓度）：临用前配制。

⑦ 1∶1 氢氧化钾溶液。

⑧ 10％氢氧化钠溶液（质量浓度）。

⑨ 5％硝酸银溶液（质量浓度）。

⑩ 银氨溶液：加氨水至 5％硝酸银溶液中，直至生成的沉淀重新溶解为止，再加 10％氢氧化钠溶液数滴，如发生沉淀，再加氨水直至溶解。

⑪ 维生素 A 标准液：视黄醇（纯度 85％）或视黄醇乙酸酯（纯度 90％）经皂化处理后使用。用脱醛乙醇溶解维生素 A 标准品，使其浓度大约为 1mL 相当于 1mg 视黄

醇。临用前用紫外分光光度法标定其准确浓度。

⑫ 维生素 E 标准液：α-生育酚（纯度 95%），γ-生育酚（纯度 95%），δ-生育酚（纯度 95%）。用脱醛乙醇分别溶解以上三种维生素 E 标准品，使其浓度大约为 1mL 相当于 1mg。临用前用紫外分光光度法分别标定此三种维生素 E 的准确浓度。

⑬ 内标溶液：称取苯并〔e〕芘（纯度 98%），用脱醛乙醇配制成浓度为 1mL 相当于 10μg 苯并〔e〕芘的内标溶液。

⑭ pH 1~14 试纸。

（3）仪器：

① 实验室常用设备。

② 高压液相色谱仪带紫外分光检测器。

③ 旋转蒸发器。

④ 高速离心机。小离心管：具塑料盖的 1.5~3.0mL 塑料离心管（与高速离心机配套）。

⑤ 高纯氮气。

⑥ 恒温水浴锅。

⑦ 紫外分光光度计。

4. 操作步骤

1）样品处理

将成熟期的胡萝卜以清水去掉泥沙及污物，截去粗糙带绿的蒂把及根须，去皮后切片、热烫并打浆。

（1）皂化。准确称取上述样品 1~10g 于皂化瓶中，加 30mL 无水乙醇进行搅拌，直到颗粒物分散均匀为止。加 5mL10% 抗坏血酸，苯并〔e〕芘标准液 2.00mL，混匀。加 10mL 1∶1 氢氧化钾，混匀。于沸水浴上回流 30min，使皂化完全。皂化后立即放入冰水中冷却。

（2）提取。将皂化后的样品移入分液漏斗中，用 50mL 水分 2~3 次洗皂化瓶，洗液并入分液漏斗中。用约 100mL 乙醚分两次洗皂化瓶及其残渣，乙醚液并入分液漏斗中。如有残渣，可将此液通过有少许脱脂棉的漏斗滤入分液漏斗。轻轻振摇分液漏斗 2min，静置分层，弃去水层。

（3）洗涤。用约 50mL 水洗分液漏斗中的乙醚层，用 pH 试纸检验直至水层不显碱性（最初用水洗并轻摇，可逐次增加振摇强度）。

（4）浓缩。将乙醚提取液经过无水硫酸钠（约 5g）滤入与旋转蒸发器配套的 250~300mL 球形蒸发瓶内，用约 10mL 乙醚冲洗分液漏斗及无水硫酸钠 3 次，并入蒸发瓶内，并将其接至旋转蒸发器上，于 55℃ 水浴中减压蒸馏并回收乙醚。待瓶中剩下约 2mL 乙醚时，取下蒸发瓶，立即用氮气吹掉乙醚。立即加入 2.00mL 乙醇，充分混合，溶解提取物。

（5）将乙醇液移入一小塑料离心管中，离心 5min（5000r/min）。上清液供色谱分析。如果样品中维生素含量过少，可用氮气将乙醇液吹干后，再用乙醇重新定容，并记下体积比。

2）标准曲线的绘制

（1）维生素 A 和维生素 E 标准浓度的标定方法。

取维生素 A 和各维生素 E 标准液若干微升，分别稀释至 3.00mL 乙醇中，并分别按给定波长测定各维生素的吸光值。用比吸光系数计算出该维生素的浓度。测定条件如表 6-1 所示。

表 6-1　各维生素吸光值

标准液	加入标准液的量（S）/μL	比吸光系数 E	波长（λ）/nm
视黄醇	10.00	1835	325
γ-生育酚	100.0	71	294
δ-生育酚	100.0	92.8	298
α-生育酚	100.0	91.2	298

标准浓度的计算：

$$X_1 = \frac{A}{E} \times \frac{1}{100} \times \frac{3.00}{S \times 10^{-3}}$$

式中：X_1——维生素浓度，g/mL；

　　　A——维生素的平均紫外吸光值；

　　　S——加入标准液的量，μL；

　　　E——某种维生素 1% 比吸光系数；

　　　10^{-3}——标准液稀释倍数。

（2）标准曲线的绘制。本方法采用内标法定量。把一定量的维生素 A、γ-生育酚、α-生育酚、δ-生育酚及内标苯并〔e〕芘液混合均匀。选择合适的灵敏度，使上述物质的各峰高约为满量程的 70%，为高浓度点。高浓度的 1/2 为低浓度点（其内标苯并〔e〕芘的浓度值不变），用此两种浓度的混合标准液进行色谱分析。维生素标准曲线是以维生素峰面积与内标物峰面积之比为纵坐标，维生素浓度为横坐标绘制，或计算直线回归方程。如有微处理机，则按仪器说明用两点内标法进行定量。

本方法不能将 β-维生素 E 和 γ-维生素 E 分开，故 γ-维生素 E 峰中包含 β-维生素E峰。

（3）高效液相色谱分析。色谱条件（推荐条件）如下。

预柱：ultrasphere ODS 10μm，4mm×4.5cm。

分析柱：ultrasphere ODS 5μm，4.6mm×25cm。

流动相：甲醇∶水＝98∶2，混匀，于临用前脱气。

紫外检测器波长：300nm。量程为 0.02。

进样量：20μL。

流速：1.7mL/min。

（4）样品分析。取样品浓缩液 20μL，待绘制出色谱图及色谱参数后，再进行定性和定量。

① 定性：用标准物色谱峰的保留时间定性。

② 定量：根据色谱图求出某种维生素峰面积与内标物峰面积的比值，并以此值在标准曲线上查到其含量，或用回归方程求出其含量。

（5）计算。

$$X_2 = \frac{c}{m} \times V \times \frac{100}{1000}$$

式中：X_2——某种维生素的含量，mg/100g；

　　　c——由标准曲线上查到某种维生素的含量，μg/mL；

　　　V——样品浓缩定容体积，mL；

　　　m——样品质量，g。

用微处理机两点内标法进行计算时，按其计算公式计算或由微处理机直接给出结果。

（6）结果的允许差。同一实验室，同时测定或重复测定结果的相对偏差绝对值≤10％。

思考与复习

（1）样品皂化的目的是什么？

（2）此方法的优缺点各是什么？

（3）还有什么方法可以测定维生素 A 及维生素 E 的含量？

可选实训项目

实训一　维生素 C 的定量测定

1. 实训目的

（1）学习定量测定维生素 C 的原理和方法。

（2）学会测定蔬菜、水果中维生素 C 的方法。

（3）熟练掌握滴定管的操作。

2. 实训原理

维生素 C 又称抗坏血酸，其具有很强的还原性，在中性和微酸性环境中能将染料 2,6-二氯靛酚还原为无色的还原型 2,6-二氯靛酚，同时自身氧化为脱氢抗坏血酸。由于氧化型 2,6-二氯靛酚在酸性溶液中显红色，在中性或碱性溶液中显蓝色，因此可以根据滴定样品液颜色的改变来判断终点。通常以每 100g 样品所含抗坏血酸的毫克数表示被测样品的维生素 C 含量。在无杂质干扰时，滴定所消耗 2,6-二氯靛酚的量与样品中所含维生素 C 的量成正比，反应式为

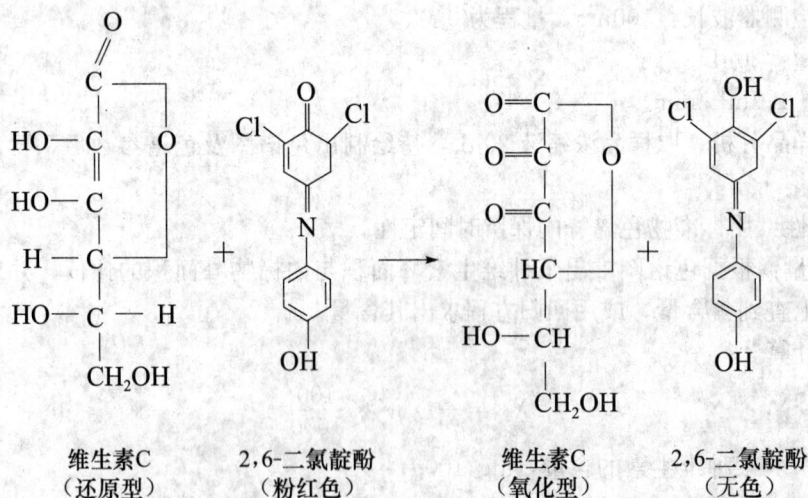

| 维生素C（还原型） | 2,6-二氯靛酚（粉红色） | 维生素C（氧化型） | 2,6-二氯靛酚（无色） |

3. 样品、试剂与仪器

（1）样品：

① 橘子。

② 绿叶蔬菜。

（2）试剂：

① 2‰草酸溶液：溶解 20g 草酸于 700mL 蒸馏水中，然后稀释至 1000mL。

② 1‰草酸溶液：取 2‰草酸溶液 500mL，用蒸馏水稀释至 1000mL。

③ 维生素 C 标准溶液：准确称取 100mg 分析纯维生素 C 溶于 1‰草酸溶液，移入 500mL 容量瓶定容。储于棕色瓶，冷藏，最好现用现配。

④ 2,6-二氯靛酚溶液：称取 50mg 2,6-二氯靛酚溶于 200mL 含有 52mg $NaHCO_3$ 的热水中，冷却后加水稀释至 250mL，滤去不溶物，储于棕色瓶内冷藏（4℃下约可保存 1 周）。

标定方法：取 5mL 已知浓度的维生素 C 标准液，加入 1‰草酸溶液 5mL 摇匀，用上述配置的 2,6-二氯靛酚溶液滴定至粉红色 15s 不退色为止。用下式计算：

$$2,6\text{-二氯靛酚溶液相当于维生素 C 的体积（mL）}=\frac{c \times V_1}{V_2}$$

式中：c——维生素 C 标准液浓度，mg/mL；

V_1——维生素 C 标准液的体积，mL；

V_2——消耗 2,6-二氯靛酚溶液的体积，mL。

（3）仪器：三角瓶（50mL）、研钵、刻度吸管、容量瓶（50mL）、微量滴定管、漏斗、试纸。

4. 操作步骤

（1）用分析天平精确称取样品 1~3g 置于研钵中，加少量 2‰草酸溶液进行研磨，成糊状后加入 1‰草酸溶液 10~15mL 浸提片刻，将浸提液滤入 50mL 容量瓶，如此抽提 2~3 次。最后用 1‰草酸溶液定容至 50mL。

（2）用吸管吸取样液 5mL，放入 50mL 三角瓶中，再加入 1‰草酸溶液 5mL，以 2,6-二氯靛酚溶液至粉红色 15s 不退色为止。记录消耗 2,6-二氯靛酚溶液量。如此共做 3 次平行试验。

（3）另取 5mL 1‰草酸溶液 2 份，按上面的方法做空白滴定，记录消耗的 2,6-二氯靛酚溶液量。

5. 实训结果

1）数据记录

将实训数据记录在表 6-2 中。

表 6-2 数据记录表

测定管号	1	2	3	空白
消耗 2,6-二氯靛酚溶液的体积/mL				

2）结果计算

样品中维生素 C 含量计算如下：

$$x=\frac{(V_1-V_2) \times m_1 \times 100}{m}$$

式中：x——样品中维生素 C 含量，mg/100g；

V_1——滴定样液消耗的 2,6-二氯靛酚溶液的体积，mL；

V_2——滴定空白消耗的 2,6-二氯靛酚溶液的体积，mL；

m_1——1mL 2,6-二氯靛酚溶液能氧化维生素 C 的质量，mg；

m——5mL 样液含样品的质量，g。

6. 注意事项

（1）整个操作过程要迅速，尤其在滴定时，一般不要超过 2min，滴定消耗 2,6-二氯靛酚溶液应在 1～4mL，过高或过低时应酌量增减样液。

（2）若样液有色，影响滴定终点判断，可用对维生素 C 无吸附作用的优质白陶土脱色后再用。

📚 **思考与复习**

（1）为什么整个操作过程要迅速，滴定时间对结果有哪些影响？

（2）滴定管在使用之前有哪些注意事项？

实训二　食品中维生素 D 的测定

1. 实训目的

（1）学习定量测定维生素 D 的原理和方法。

（2）学会比色法测定维生素 D 的方法。

（3）熟练掌握分光光度计的操作。

2. 实训原理

维生素 D 常被用于强化食品，促进钙的吸收，以防止婴儿佝偻病和成人骨质软化症。维生素 D 的测定多采用高效液相色谱法，另外还有紫外分光光度法。

样品经皂化、正己烷提取、正相 HPLC 净化、反相 HPLC 定量分析，与标准品进行比较，根据保留时间定性，峰高或峰面积定量。维生素的含量一般用国际单位（IU）表示。1IU 维生素 D 相当于 $0.025\mu g$ 的维生素 D。

3. 样品、试剂与仪器

（1）样品：牛奶。

（2）试剂：

① 甲醇。

② 无水乙醇。

③ 正己烷。

④ 环己烷。

⑤ 异丙醇。

⑥ KOH。

⑦ 维生素 C。

⑧ 维生素 D_2 标准储备液：精确称取 10mg 维生素 D_2 标准品，用甲醇定容至 100mL，于 $-20℃$ 冰箱中储存。

（3）仪器：

① 高效液相色谱仪。

② 混合器。

③ 电热恒温水浴锅。

4. 操作步骤

1）样品处理

取牛奶 15mL（或干食品 5g）置于烧瓶中，加水 15mL、无水乙醇 15mL、维生素 C 0.4g、KOH 7.5g 混匀，与 75℃水浴中皂化 30min。冷却至室温，倾入分液漏斗中。振荡 10min，静置分层。两液面若有乳化层，加几滴无水乙醇轻轻摇动即可消除。下层皂化液放入另一分液漏斗中再用 45mL 正己烷提取，共萃取 3 次，抽提液依次用 5％的 KOH 50mL、蒸馏水 75mL、55％乙醇 75mL 振荡洗涤，移入 3 支烧瓶，于 50℃水浴中减压蒸干，残渣用正己烷溶解移入试管，氮气吹干，加入正相色谱流动相 200μL 溶解备用。

2）净化条件及净化

色谱柱：硅胶柱（10μm，30cm×4mm）；检测器 UV 254nm；流动相为正己烷-环己烷（1∶1），含异丙醇 0.8％，流速 1.5mL/min。

用正相 HPLC 净化样品，将维生素 D_2 标准样品进样，测得标准样品保留时间。注入试样 200μL，收集与标准样品相同保留时间的洗脱液于试管中。氮气吹干，残留物溶于 200μL 甲醇，用于定量分析。色谱条件如下。

色谱柱：C_{18}柱（10μm，30cm×4mm）。

检测器：UV 254nm。

流动相：甲醇-水（98∶2），用前脱气。

流速：0.7mL/min。

3）样品维生素 D 含量的测定

从维生素 D_2 标准储备液中分别取 0.1mL、0.2mL、0.3mL、0.4mL 和 0.5mL，用甲醇定容至 10mL，依次进样 20μL，以维生素 D_2 浓度（IU/mL）与相应的峰高绘制标准曲线。

在分析样品的过程中，按不同时间进样 20μL，取其平均峰高（或峰面积）计算样品中维生素 D 的含量。

5. 实训结果

1）数据记录

将实训数据记录在表 6-3 中。

表 6-3　数据记录表

进样次数	1	2	3
峰面积			
峰面积平均值			

2）结果计算

计算公式如下：

$$x = \frac{cV}{m} \times 100$$

式中：x——试样中维生素 D 的含量，IU/100g；

V——定容后的体积，mL；

c——试样中维生素 D 的浓度（在标准曲线中查得），IU/mL；

m——试样的质量，g。

6. 注意事项

（1）整个样品处理过程应在低温条件下避光操作。

（2）皂化前，应排出瓶中空气，这有助于稳定测试结果；皂化过程应严格控制时间，皂化完应迅速降温，方可保证分析的精密度。

思考与复习

（1）比较高效液相色谱法与其他测定方法的优缺点。

（2）影响测定结果的因素有哪些？若食品中含有大量维生素 A，则对测定结果有何影响，如何除去？

拓展知识

一、维生素在食品工业中的应用

维生素大多不能在人体内合成或合成量很小，在体内的储存量很小，因此必须从食物中摄取。人体如果摄入不足会造成维生素缺乏，不仅会影响正常的生长发育，生理作用也不能协调一致，严重的还会引起各种疾病，甚至死亡。因此，很多消费者在选择食品时，更加注重其中营养成分的含量，而具有增强人体免疫功能的维生素食品尤其受到消费者的青睐。

现如今全世界每年维生素的产销量达到 30 万 t，25 亿美元。维生素主要用于医药、食品添加剂和饲料添加剂三个方面，其中饲料添加剂占 50%，食品添加剂 20%～25%，医药占 25%～30%。作为动物饲料的市场正以每年 2%～3% 的速度增长，在药用和食用领域都以 4%～5% 的速度增长。下面介绍目前食品工业中使用最为普遍的维生素 A、维生素 C、维生素 E。

（一）维生素 A 在食品中的应用

由于维生素 A 缺乏至今仍是世界性特别是发展中国家的营养缺乏病之一，因此对加工食品中维生素 A 的强化显得非常重要。在营养强化米、面粉和乳制品中，维生素 A 均作为一种重要的营养素加以添加，补充剂量以达到人体日需求量为止。如为了某种特定保健需要，剂量可适量增加，此时应制成维生素 A 浓缩胶丸之类产品，不宜以很高的添加量补充到大量摄取的日常食品中。

在食品中强化营养素，需要考虑强化食品的有效性、安全性以及可接受性。选择维生素 A 强化的食物载体时，必需考虑该种食物在居民的消费中覆盖率较高，居民对食物的摄入量均衡，而且食物不因强化维生素而改变品质。不同国家根据本国居民的食物消费习惯，采用了多种维生素 A 强化方式。

1. 强化植物油

美国的食物援助计划（title Ⅱ-food aid program）要求在植物油中强化维生素 A>18mg/kg，同时建议美国居民每人平均食用这种强化植物油 16g/d，使维生素 A 的摄入量大约达到推荐膳食摄入量（RNI）的 50%。巴西在 1990 年开始进行人群试验，对大豆油强化维生素 A 后的生物学价值进行评价。

2. 强化黄油

发达国家利用强化维生素 A 的人造黄油防治维生素 A 缺乏症已有近百年的历史。1917 年，丹麦开始采用强化维生素 A 的人造黄油预防干眼症，采用的强化剂量为 9mg/kg，至 1919 年干眼症患病率显著降低。后于 1920 年将强化量降低为 5.4mg/kg，并延续至今。欧洲一些国家从 1930 年开始在黄油中添加维生素 A，以解决战争引起的居民维生素 A 缺乏问题。这种食品强化方式一直沿用到现在。强化剂量一般为 1~15mg/g，平均每人食用 15g/d，可提供相当于 RNI 2%~40% 的水平。亚洲的印度在黄油中强化维生素 A 的剂量为 7.5mg/kg，根据居民不同膳食类型的调查，可以增加 0.4%~21%RNI 的摄入量。

3. 强化面粉

委内瑞拉、菲律宾和美国都推行面粉中强化维生素 A 的计划。强化剂量范围在 2~8mg/kg，这些国家的居民每日平均食用面粉约为 80g，由这种强化食物获得的维生素 A 相当于 RNI 的 20%~80%。

4. 强化食糖

中美洲的几个国家都成功地实施了在糖中进行维生素 A 的强化，如洪都拉斯、危地马拉、哥斯达黎加、萨尔瓦多等。这些国家在食糖中强化维生素 A，用量为 9mg/kg，可以为 3 岁及以上人群提供 45%~180%RNI。

5. 强化味精

印度尼西亚于 1980 年研究在味精中强化维生素 A 的可行性，并通过在强化味精中添加 810mg/kg 的维生素，使居民从中额外得到 30%RNI 的维生素 A。

（二）维生素 C 在食品中的应用

维生素 C 的摄入途径已经从医药渗透到食品，它既是一种人体必须的营养素，又是一种强氧化剂，因此食品中加入维生素 C 兼有营养强化和防变质、保鲜等双重作用。我国已将维生素 C 列入国家"食品营养强化剂"，国家标准为 GB 19880—1994。维生素 C 在食品中可发展的品种有维生素 C 肉食品、维生素 C 面包（烘烤膨胀剂）、维生素 C 蛋糕、维生素 C 啤酒（提高澄清度）、维生素 C 果汁、维生素 C 葡萄酒、维生素 C 调味品、维生素 C 保鲜剂、维生素 C 牛奶等。以下介绍维生素 C 在腌肉、果汁、蔬菜和酿造制品加工中的应用。

1. 在腌肉中的应用

抗坏血酸钠几乎应用于所有的商品化腌肉（香肠制品和传统肉制品）的加工中，它能促进腌肉色素的合成，抑制肉毒杆菌生长和亚硝基胺的合成。

2. 在水果和蔬菜中的应用

因为维生素 C 有摄取氧的功能，所以对含有空气的密封包装产品具有特殊意义。

维生素C含量低的水果和蔬菜添加维生素C后，可以有效地阻止氧化作用，保持水果的颜色和风味。

3. 在果汁和软饮料中的应用

维生素C在软饮料、果汁饮料中用作类胡萝卜素和香味物质的稳定剂，保持新鲜水果的香气。

4. 在酿造制品中的应用

啤酒在储藏期间易产生浑浊，产品的颜色、香味和滋味都会有变化。维生素C是一种合乎要求的食品添加剂，在啤酒中可用作抗氧化剂。果酒生产中也可以把维生素C作为抗氧化剂使用。

5. 在焙烤食品中的应用

维生素C是一种应用十分广泛的焙烤剂，特别是在面包加工中应用广泛。它作为氧化剂可加强面筋含量低的面粉，改善面团的气体保留容量，增强弹性，改进面团的水分吸收，排除改良剂过量所带来的危险，缩短未改良面粉的成熟期。作为还原剂，可以降低连续式面团加工中的能量消耗，增加面团产量，缩短面团加工时间。

（三）维生素E在食品中的应用

天然维生素E在医药、保健品、食品、化妆品等领域得到广泛应用，成为近年倍受关注的热点产品。天然维生素E来自于绿色植物的油脂，食用安全，生物活性高，是一种性能优良的食品添加剂。天然维生素E作为食品添加剂主要起抗氧化和补充营养的作用。目前，天然维生素E已在食用油、乳制品、烘烤食品、婴儿食品、饮料中得到广泛应用，下面对此进行介绍。

1. 食用油

我国卫生部标准规定，天然维生素E作为食品添加剂在食用油中用量为$100\sim180mg/kg$，主要起抗氧化作用，可延长食用油的保存期，防止其腐化变质。同时，由于天然维生素E耐热性好，热损失小，有利于食用油进一步加工。

2. 乳制品

我国卫生部标准规定，天然维生素E作为食品添加剂在乳制品中的用量为$100\sim180mg/kg$，一方面起抗氧化作用，延长乳制品的保存期，防止其腐化变质；另一方面补充在乳制品加工过程中维生素E的损失。

3. 烘烤食品

由于天然维生素E沸点高、耐热性好，作为食品添加剂加入需烘烤的食品，可以使烘烤食品得到长期保存，口感好，营养丰富。

4. 婴儿食品

我国卫生部标准规定，天然维生素E作为食品添加剂在婴儿食品中用量为$40\sim70mg/kg$。由于婴儿正处于生长发育的旺盛时期，补充适量的天然维生素E，可以保证婴儿的正常发育。

5. 饮料

我国卫生部标准规定，天然维生素E作为食品添加剂在乳饮料中的用量为$10\sim20mg/kg$，强化饮料中用量为$20\sim40mg/kg$。在乳饮料中，天然维生素E可以防止其中的脂肪氧化变质，同时可以改善口感；而在强化饮料中，适量的天然维生素 E 可以调节人体生理机能，提高运动员的成绩。

6. 口香糖

在口香糖中加入 1% 的天然维生素 E，可以消除口臭，保持口腔清新。

7. 肉制品

在熏肉制品中加入适量天然维生素 E，可以防止致癌物亚硝胺的形成。

目前市场上，在乳制品中添加维生素的产品很多，国内乳制品市场上的主要产品有牛奶、酸牛奶饮品、奶粉、乳酪、冰淇淋、甜点以及各个产品的衍生产品。对乳制品进行营养强化的维生素和人们日常膳食中所含的维生素相同，按其溶解性，可分为两大类：脂溶性维生素和水溶性维生素，脂溶性维生素有维生素 A、维生素 D、维生素 E、维生素 K 等，而水溶性维生素则包括维生素 B_1、维生素 B_2、维生素 B_6、维生素 B_{12}、维生素 C、叶酸、泛酸、生物素等。

二、高效液相色谱法

以高压液体为流动相的液相色谱分析法称高效液相色谱法（HPLC）。其基本方法是用高压泵将具有一定极性的单一溶剂或不同比例的混合溶剂泵入装有填充剂的色谱柱。经进样阀注入的样品被流动相带入色谱柱内进行分离后依次进入检测器，由记录仪、积分仪或数据处理系统记录色信号或进行数据处理而得到分析结果。

由于高效液相色谱法具有分离效能高、选择性好、灵敏度高、分析速度快、适用范围广（样品不需气化，只需制成溶液即可）、色谱柱可反复使用等特点，使它在生物大分子的分离和纯化方面占据了极其重要的地位。

（一）高效液相色谱仪

高效液相色谱仪由高压输液系统、进样系统、分离系统、检测器、部分收集器、数据获取和处理系统等六大部分组成(图 6-14)。

1. 高压输液系统

高压输液系统由溶剂储存器、高压泵、梯度洗脱装置和压力表等组成。

（1）溶剂储存器。溶剂储存器一般由玻璃、不锈钢或氟塑料制成，容量为 1～2L，用来储存足够数量、符合要求的流动相。

（2）高压输液泵。高压输液泵是高效液相色谱仪中的关键部件之一，其功能是将溶剂储存器中的流动相以高压形式连续不断地送入液路系统，使样品在色谱柱中完成分离过程。

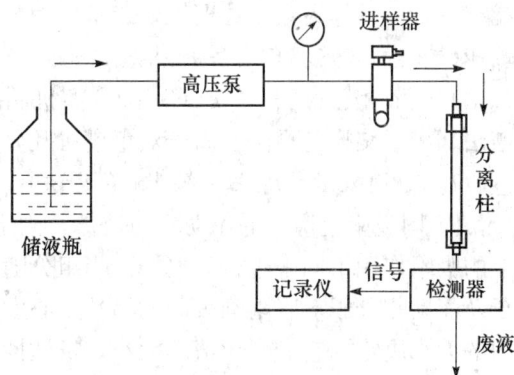

图 6-14 高效液相色谱仪的结构示意图

（3）梯度洗脱装置。梯度洗脱就是在分离过程中使两种或两种以上不同极性的溶剂按一定程序连续改变它们之间的比例，从而使流动相的强度、极性、pH 或离子强度相应地变化，达到提高分离效果、缩短分析时间的目的。梯度洗脱的实质是通过不断地变化流动相的强度，来调整混合样品中各组分的 k 值，使所有谱带都以最佳平均 k 通过色谱柱。它在液相色谱中所起的作用相当于气相色谱中的程序升温，所不同的是，在梯度洗脱中溶质 k 的变化是通过溶质的极性、pH 和离子强度来实现的，而不是借改变温度（温度程序）来达到。

2. 进样系统

进样系统包括进样口、注射器和进样阀等，它的作用是把分析试样有效地送到色谱柱上进行分离。

3. 分离系统

分离系统包括色谱柱、恒温器和连接管等部件。色谱柱一般用内部抛光的不锈钢制成。其内径为 2~6mm，柱长为 10~50cm，多为直形柱，内部充满微粒固定相，柱温一般为室温或接近室温。

4. 检测器

检测器是液相色谱仪的关键部件之一，最常用的检测器为紫外吸收检测器。对检测器的要求是：灵敏度高、重复性好、线性范围宽、死体积小以及对温度和流量的变化不敏感等。在液相色谱中，有两种类型的检测器，一类是溶质性检测器，它仅对被分离组分的物理或物理化学特性有响应，属于此类检测器的有紫外、荧光、电化学检测器等；另一类是总体检测器，它对试样和洗脱液总的物理和化学性质有响应，属于此类检测器的有示差折光检测器等。

5. 部分收集器

如果进行的色谱分离不是为了纯粹的色谱分析，而是为了用收集品去做其他鉴定或小型制备，部分收集是经常要用的。

6. 数据获取和处理系统

先进的高效液相色谱仪的数据获取和处理系统通常是一台专用的微型计算机，其功能有二：一是作为数据处理机，二是作为控制机。

（二）高效液相色谱法的分类

高效液相色谱法（HPLC）按分离机制的不同分为液-固吸附色谱法、液-液分配色谱法、离子交换色谱法、离子对色谱法及分子排阻色谱法。

1. 液-固吸附色谱法（或吸附色谱法）

液-固吸附色谱法的流动相为液体，固定相为吸附剂。其实质是根据物质在固定相上的吸附作用不同来进行分离的。当组分随着流动相通过色谱柱中的吸附剂时，组分分子及流动相分子对吸附剂表面的活性中心发生吸附竞争。组分分子对活性中心的竞争能力的大小决定了它们保留值的大小。被活性中心吸附越强的组分分子越不容易被流动相洗脱。液-固吸附色谱所使用的固定相，多数是有吸附活性的吸附剂，常用的有表面多孔型和全多孔微粒型硅胶、氧化铝、分子筛等。

2. 液-液分配色谱法

流动相与固定相都是液体的色谱法，称为液-液色谱法或称液-液分配色谱法。试样溶于流动相后，在色谱柱内经过分界面进入固定液（固定相）中，由于试样组分在固定相和流动相之间的相对溶解度存在差异，因而溶质在两相间进行分配。跟气-液分配色谱的相似之处在于，分离顺序决定于分配系数的大小，分配系数大的组分保留值大。但是气相色谱法中流动相的性质对分配系数影响不大，而液相色谱中流动相的种类对分配系数却有较大的影响。

3. 离子交换色谱法

离子交换色谱利用被分离组分与固定相之间发生离子交换的能力差异来实现分离。离子交换色谱的固定相一般为离子交换树脂，树脂分子结构中存在许多可以电离的活性中心，待分离组分中的离子会与这些活性中心发生离子交换，形成离子交换平衡，从而在流动相与固定相之间形成分配。固定相的固有离子与待分离组分中的离子之间相互争夺固定相中的离子交换中心，并随着流动相的运动而运动，最终实现分离。现在它不仅适用于混合物的分离，也可用于有机物的分离，如氨基酸、蛋白质等生物大分子，因此应用范围较广。

4. 离子对色谱法

离子对色谱法是将一种（或多种）与溶剂分子电荷相反的离子（称为对离子或反离子）加到流动相或固定相中，使其与溶质离子结合形成离子对化合物，从而控制溶质离子的保留行为。它主要用于分析离子强度大的酸碱物质。

离子色谱主要用于测定各种离子的含量，特别适于测定水溶液中低浓度的阴离子，如饮用水水质分析，高纯水的离子分析，矿泉水、雨水、各种废水和电厂水的分析，纸浆和漂白液的分析，食品分析，生物体液（尿和血等）中的离子测定，以及钢铁工业、环境保护等方面的应用。离子色谱能测定下列类型的离子：有机阴离子、碱金属、碱土金属、重金属、稀土离子和有机酸，以及胺和铵盐等。

5. 分子排阻色谱法

分子排阻色谱法是利用多孔凝胶固定相的独特性，主要根据凝胶孔隙的孔径大小与高分子样品分子的线团尺寸间的相对关系而对溶质进行分离的分析方法。固定相是有一定孔径的多孔性填料，流动相是可以溶解样品的溶剂。小分子质量的化合物可以进入孔中，滞留时间长；大分子质量的化合物不能进入孔中，直接随流动相流出。它利用分子筛对分子量大小不同的各组分排阻能力的差异而完成分离。常用于分离高分子化合物，如组织提取物、多肽、蛋白质、核酸等。

（三）高效液相色谱分离方法的选择

1. 按相对分子质量的大小选择

对于相对分子质量在 200 以下、易挥发、热稳定性好的化合物，可采用气相色谱法；相对分子质量在 200～2000 的化合物，可用液-固相色谱法、液-液相色谱法、离子交换色谱法；相对分子质量大于 2000 的试样，适宜用凝胶色谱法进行分离。

2. 按试样的溶解性选择

能迅速溶于水的样品，可采用反相液-液色谱法；若试样全部或大部分能溶于 HCl 或 NaOH 溶液，表示试样属于离子型化合物，可采用离子交换色谱法来分离；溶于非水溶性溶剂（如己烷、异己烷、苯、甲苯等烃类）的试样，可选用液-固相色谱法分离；溶于二氯甲烷的试样，选用常规的液-液色谱（正相色谱）法和吸附色谱法分离；溶于甲醇等溶剂的试样，则可以用反相液-液色谱法分离与分析。

水分与矿物质

背景知识

复习与回忆

水与矿物质都是生命营养素，但都不提供能量。水是食品的组成成分，每种食品都因其特定的含水量，才显示出它们各自的色香味形等特征。水的含量、分布和取向不仅对食品的结构、外观、质地、风味、新鲜程度和腐败变质的敏感性产生极大的影响，对生物组织的生命过程也起着至关重要的作用。

构成生物体的矿物质已知有 50 多种，除去 C、H、O、N 四种构成水分和有机物质的元素以外，其他元素统称为矿物质成分。在人和动物体内，矿物质总量不超过体重的 $4\% \sim 5\%$，但却是不可缺少的成分。它们的共同特点：不能在生物体内合成，也不能在体内代谢过程中消失，除非排出体外。人体是从食物、饮用水及食盐中获取矿物质的。

基础知识

一、水

1. 水的存在形式

根据食品中水与其他组分结合力的强弱程度不同，将食品中的水分为结合水和自由水。结合水是以氢键与食品的有机成分结合的水，在食品中其含量不容易发生增减变化，结合水在低温（$-40℃$或更低）下不能冻结；结合水不能作为外加溶质的溶剂；结合水处在溶质和其他非水物质的邻近位置，它的性质显著地不同于同一体系中自由水的性质；结合水不能被微生物所利用。

自由水是指存在于组织、细胞和细胞间隙中容易结冰的水，具有水的全部性质。在$-40℃$以下可以结冰；以液体形式移动，在气候干燥时以蒸汽形式逸出；可以为微生物所利用，并可进行各种化学反应；在食品内可以作为溶剂。

2. 水分活度

水分活度（A_w）指一个食物样品中水蒸气分压 P 与同一温度下纯水的饱和蒸汽压 p_0 之比。也可以理解为一个物质所含有的自由状态的水分子数与纯水在此同等条件下同等温度与有限空间内的自由状态的水分子数的比值。

$$A_w = p/p_0$$

式中：A_w——水分活度；

p——一定温度下食物中的水蒸汽分压；

p_0——同温度下纯水的饱和蒸汽分压。

水分活度的数值为 $0 \sim 1$，纯水的水分活度 $A_w = 1$，因溶液的蒸汽压降低，所以溶液的 $A_w < 1$。

水分活度反映了食品中的水分存在形式和被微生物利用的程度；水分活度反映食品的内在性质，它决定食品的内部结构和组成。例如，鱼和水果等含水量高的食品的 A_w 为 $0.98 \sim 0.99$；谷类、豆类含水量少的食品的 A_w 一般为 $0.60 \sim 0.64$。微生物得以在食品上繁殖，是由于食品的 A_w 适合其生长。各种微生物得以繁殖的 A_w 见表7-1。从表中可知 A_w 偏高的食品易受微生物的污染而腐败变质，可见 A_w 对估价食品的耐储藏性及指导我们控制食品的 A_w 以达到抑菌保存的目的有重要意义。

表 7-1　食品中水分活度与微生物生长

A_w范围	在此范围内的最低 A_w 值能抑制的微生物	在此 A_w 范围内的食品
$1.0 \sim 0.95$	大肠杆菌、变形杆菌、芽孢杆菌、一些酵母菌等	蔬菜、水果、罐头、肉、鱼、乳、面包
$0.95 \sim 0.91$	沙门氏杆菌、肉毒杆菌、乳酸杆菌、芽孢杆菌、一些霉菌和酵母菌等	熟香肠、含蔗糖 40% 或 7% 食盐的食品、腌制肉、一些水果浓缩物，含有蔗糖 55% 或食盐 12% 的食品
$0.91 \sim 0.89$	多数酵母菌及小球菌等	含蔗糖食盐的 65% 或食盐 15% 的食品，人造奶油
$0.87 \sim 0.80$	多数霉菌、金黄色葡萄球菌及多数酵母菌等	大多数浓缩水果汁、甜炼乳，糖浆
$0.8 \sim 0.65$	大多数嗜盐细菌、产毒素的曲霉、耐旱霉菌等	面粉、米、蛋糕、含水 15%～17% 的豆类食物、果冻、果酱、糖渍水果、糖果、果干等
0.65 以下	微生物不繁殖	含水分 3%～5% 的饼干。含水分 2%～3% 的全脂奶粉，含水分 5% 的脱水蔬菜、玉米片，含水分 5% 的全蛋粉等

3. 水的硬度及表示方法

水的总硬度是指水中钙、镁离子的总浓度，包括碳酸盐硬度（也叫暂时硬度，即通过加热能以碳酸盐形式沉淀下来的钙、镁离子）和非碳酸盐硬度（永久硬度，即通过加热后不能沉淀下来的那部分钙、镁离子）。钙、镁盐的总量越高，硬度越太。水的硬度是水质的一项重要指标。硬度对工业用水关系很大，尤其是锅炉用水。硬度大，会使锅炉产生锅垢（水垢），造成传热不良，浪费能源，甚至会使锅炉局部过热而引起爆炸。各种工业用水对硬度都有一定的要求。饮用水中硬度过高会影响肠胃的消化功能，我国生活饮用水卫生标准中规定总硬度（以 $CaCO_3$ 计）不得超过 450mg/L。因此，水的硬度测定有着很重要的意义。

总硬度为暂时硬度与永久硬度之和。

$$总硬度 = \frac{[Ca^{2+}]}{40.08} + \frac{[Mg^{2+}]}{24.3} \quad (mmol/L)$$

式中：$[Ca^{2+}]$——水中 Ca^{2+} 含量，mg/L；

$[Mg^{2+}]$——水中 Mg^{2+} 含量（mg/L）；

40.08——钙离子的摩尔质量；

24.3——镁离子的摩尔质量。

水的硬度的表示方法有三种。

第一种：用 mmol/L 表示。这是一种最常见的表示物质浓度的方法，而且是法定计量的基本单位。硬度、碱度等水质指标均以此表示水中物质浓度的大小，而且是以一价离子作为基本单元。对于二价离子或分子均以其 1/2 作为基本单元。同样对于三价离子或分子以其 1/3 作为基本单元。

第二种：用"度"表示。硬度的单位也有用"度"表示的，如"德国度"，"英国度"等都有不同的含义。我国在水质标准中经常采用"德国度"表示。它的定义是当水中硬度离子的浓度相当于 10mg/L，CaO 时称 1 度。

德国硬度——1 德国硬度相当于 CaO 含量为 10mg/L，或为 0.178mmol/L。

英国硬度——1 英国硬度相当于 $CaCO_3$ 含量为 17.1mg/L，或为 0.143mmol/L。

法国硬度——1 法国硬度相当于 $CaCO_3$ 含量为 10mg/L，或为 0.1mmol/L。

美国硬度——1 美国硬度相当于 $CaCO_3$ 含量为 1mg/L，或为 0.01mmol/L。

第三种：用 mg/L $CaCO_3$ 表示。有许多水质分析资料用 mg/L $CaCO_3$ 表示水中硬度离子的含量。因为 1/2 $CaCO_3$ 的摩尔质量为 50g，所以 1mmol/L 相当于 50mg/L $CaCO_3$。

硬度最常用的单位是德国度，即 1L 水中含有 10mg CaO 为 1 度。换算关系为 1mmol/L＝5.608 度。

二、矿物质

矿物质是构成生物体的组成部分，可维持生物体的渗透压，维持机体的酸碱平衡；可作为酶的活化剂；对食品的感官质量有重要作用。

1. 矿物质的分类

根据矿物质元素在生物体内的含量通常将其分为两类：含量＞0.01% 的称为常量元素或大量元素；含量＜0.01% 称为微量元素。

常量元素：包括钙、钾、钠、磷、硫、氯等。

微量元素：包括铁、锌、铜、碘、锰、钼、钴、硒、硅等。

从食物和营养的角度，分为必需元素、非必需元素和有毒元素。

必需元素：存在于机体健康组织中，并且含量比较恒定，缺乏时可使机体组织或功能出现异常，补充后又恢复健康，且摄入过量易中毒。

非必需元素：包括铝、硼、镍、锡、铬。

有毒元素：常见的有汞、镉、铅、砷等，过量摄入后，会对机体的生理功能及正常代谢产生阻碍作用，造成人体中毒。

2. 食品中重要的矿物质

1）钙

（1）存在形式。成人体内含钙总量为 850～1200g，占体重的 1.5%～2%，是人体内含量最高的一种无机元素。其中99％集中于骨骼和牙齿中，主要的存在形式为羟基磷灰石结晶 $3Ca_3(PO_4)_2 \cdot Ca(OH)_2$，也有部分非结晶型的磷酸钙。幼年时期主要是非结晶型的磷酸钙，成年后羟基磷灰石结晶占优势。1％存在于软组织、细胞外液和血液中。

（2）生理功能。

① 形成和维持骨骼和牙齿的结构。骨钙的更新速率随年龄的增长而减慢。幼儿每2年更新1次，成人10～12年更新1次。40岁以后骨中的矿物质逐渐减少。

② 维持神经与肌肉的正常活动。血清 Ca 离子浓度降低时，肌肉、神经兴奋性增高，引起手足抽搐；过高则损害肌肉的收缩功能，引起心脏、呼吸衰竭。

③ 参与凝血过程，激活凝血酶原，使之变为凝血酶。

④ 调节或激活多种酶，如 ATP 酶、脂肪酶、蛋白质分解酶等。

儿童、青少年缺钙会引起骨骼、牙齿发育不正常，引起佝偻病；成年人缺钙会引起骨质软化病及骨质疏松症。

（3）吸收与代谢。吸收钙在小肠中通过主动转运与被动转运吸收，一般钙吸收率为20％～60％。钙吸收受膳食中草酸盐、植酸盐、膳食纤维的影响，脂肪消化不良，可使未被吸收的脂肪酸与钙形成皂钙，而影响钙的吸收。膳食中如维生素 D、乳糖、蛋白质有促进钙吸收的作用。此外，钙的吸收还与机体状况有关。

钙在体内代谢后主要经肠道排出，钙从尿中排除量约为摄入量的20％左右。高温作业和哺乳期可通过汗和乳汁排除。钙在体内的储留受膳食供给水平及人体对钙的需要程度等影响。

钙的吸收与维生素 D 的摄入量及太阳的紫外线照射量有关。

（4）食物来源。最理想的钙源：乳及乳制品（吸收率高）。钙的良好来源：豆腐及豆制品、排骨、虾皮、海带、绿色蔬菜等。谷类、肉类、水果等食物含钙量低，且谷类等植物性食物中含植酸较多，钙不易被吸收；可用钙强化食品。

2）磷

磷在成人体内含量为650g，85％～90％存在于骨骼和牙齿中。

（1）生理功能。磷是构成骨骼、牙齿及软组织的重要成分，也是许多维持生命的物质如核酸、酶、磷蛋白等的重要成分。

（2）吸收与代谢。磷主要在小肠内吸收，摄入混合膳食时，吸收率达60％～70％。磷主要从肾脏排出。

（3）食物来源。瘦肉、蛋、鱼、干酪、蛤蜊，动物的肝、肾等含量都很高；海带、芝麻酱、花生、干豆类、坚果等，含量也很高；粮谷类中的磷多为植酸磷，吸收、利用率较低；由于磷的食物来源广泛，一般不易缺乏。

3）镁

（1）生理功能。镁是许多酶的激活剂，对维持心肌正常生理功能有重要作用。人体缺镁会导致心肌坏死，出现抑郁、肌肉软弱无力和晕眩等症状。长期缺镁会使骨质变脆，牙齿生长不良。

（2）食物来源。食物中镁的最好来源是绿色蔬菜及水果。肉和脏器中也富含镁，乳中较少。我国推荐镁的参考摄入量为成人每日 350mg。

4）钾

（1）生理功能。维持糖、蛋白质的正常代谢；维持细胞内正常渗透压；维持神经肌肉的应激性和正常功能；维持心肌的正常功能；维持细胞内外正常的酸碱平衡；降低血压。

低血钾的临床表现如下。神经肌肉表现：全身乏力，尤以四肢肌肉为最；肌腱反射迟钝或消失，严重者瘫痪。消化道表现：食欲不振、恶心、呕吐、腹胀、肠麻痹。心血管表现：心律失常（异位搏动、传导阻滞）。中枢神经表现：倦怠、反应迟钝、嗜睡或者烦躁不安。

（2）食物来源。蔬菜、水果是钾最好的来源；含 1000mg/100g 以上的有紫菜、黄豆、冬菇；含 500～1000mg/100g 的有小豆、绿豆、黑木耳、花生仁、干枣等。

5）钠

（1）生理功能。调节体内水分和渗透压；维持酸碱平衡；纳泵——钠、钾离子的主动运转，使钠离子主动从细胞内排出，以维持细胞内外渗透压的平衡；维持血压正常；增强神经肌肉的兴奋性。

缺钠的临床表现：主要表现为低钠综合征，即疲乏、倦怠、眩晕，直立时可发生昏厥；重者厌食、恶心、呕吐，视力模糊，心跳加速，脉搏细弱，血压下降；再重者淡漠无情，木僵，昏迷，甚至因周围循环衰竭而死亡。高钠的危害：流行病学调查发现，食盐摄入量较多的地区，患高血压和心脏病的人就多。此外，胃癌、食管癌、膀胱癌的发生也与高盐饮食有关。

（2）食物来源。主要是食盐、盐渍食品（腌制肉、烟熏食品、酱咸菜、咸味休闲食品、发酵豆制品）、含钠复合物（谷氨酸钠、小苏打、酱油）。

6）铁

（1）生理功能。铁是人体必需的微量元素，成人体内含铁 4～5g。60％～70％的铁存在于红细胞的血红蛋白中，其余的铁分布于肌红蛋白、铁蛋白、铁血黄素、细胞色素及一些酶类中。机体内的铁均与蛋白质结合在一起，无游离的铁离子存在。铁在机体内参与氧的运送、交换和组织呼吸过程。此外，铁还与能量代谢及促进肝脏等组织细胞的生长发育有关。人体缺铁会引起缺铁性贫血。

（2）食物来源。食物中的肝、肾、蛋、大豆、芝麻、绿色蔬菜等是铁的良好来源。此外，为了提高铁的吸收率，还应注意动、植物性食品混合食用以加强铁的吸收。

7）锌

（1）生理功能。锌也是人体必需的微量元素之一。机体内锌含量仅次于铁，为 1.4～2.3g，主要存在于头发、皮肤、骨骼、肝脏、肌肉、眼睛及雄性腺中。血液中的锌主要以酶组分的形式存在于红细胞中。

锌在机体内参与很多酶的组成，并为酶的活性所必需。例如，它是红细胞磷酸酐酶的组成成分，又是蛋白质合成的一个重要因素。此外，锌还可以加速生长发育、增强创伤的愈合能力及对味觉和食欲有明显影响。

（2）食物来源。动物性食品中锌的生物有效性高于植物性食品，所以，牛肉、羊肉、猪肉、鱼类及海产品等动物性食品是锌的可靠来源。此外，豆类、小麦等也含锌。

8）碘

（1）生理功能。人体内含碘总量为 20～50mg，其中约 20％以甲状腺素、三碘甲腺原氨酸的形式存在于甲状腺中，其余以蛋白质结合碘的形式分布于血浆中，此外，肌肉、肾上腺及其他腺体内也存碘。

碘的生理功能主要体现在参与甲状腺素的合成及对机体代谢的调节。它能调节体内的能量代谢，蛋白质、脂类与糖代谢，促进生长发育，影响个体体力、智力的发展以及神经、肌肉组织等的活动。

机体缺碘可造成甲状腺肿，孕妇缺碘会引起新生儿患"呆小症"。食物中碘含量不足并不是造成机体缺碘的唯一原因。有些食物中本身含有抗甲状腺素物质，如卷心菜、油菜、萝卜中含有的硫脲类化合物就具有这种性能。

（2）食物来源。海产品尤其是海带、紫菜、发菜、海蜇等富含碘，是碘的良好来源。蛋、乳、海盐中的原盐也含一定量的碘。

技能训练

实训项目举例

水的硬度检测

一、实训任务书

1. 学习目标

（1）通过查阅相关资料，能合理安排时间，设计水的硬度测定的实训方案。

（2）通过查阅资料、小组讨论、教师指导，总结水的硬度测定的实训方法，并能独立完成。

（3）了解缓冲溶液的应用。

（4）掌握配位滴定的基本原理、方法和计算。

（5）掌握铬黑 T、钙指示剂的使用条件和终点变化。

（6）出具完整的结果报告。

（7）在学与做的过程中培养团队协作精神，提高与人交往合作的能力。

2. 实训任务

（1）能独立查阅专业文献，获取有效信息。

（2）能独立设计并完成整个实训过程。

（3）能正确理解实训原理。

（4）能及时总结实训中的不足和错误。

（5）掌握样品采集、保存及预处理方法。

（6）能熟练并准确地计算结果。

（7）能准确配制实训过程中所用的各种试剂。

3. 查阅资料

(1) 水硬度的测定包括哪些内容？如何测定？

(2) 水硬度测定的意义？

(3) 我国如何表示水的总硬度，怎样换算成德国硬度？

(4) 怎样移取 100mL 水样？

二、实训程序

1. 实训方案实施过程

学生通过学习本项目实验方法以及查阅资料完成最优实训方案→小组讨论→教师点评→实训操作→总结。

2. 高硬度水的测定

1) 实训原理

通常把含有较多钙盐和镁盐的水称为硬水。高硬度水中的钙、镁离子能与硫酸根结合，使水产生苦涩味，还会使人的胃肠功能紊乱，出现暂时的腹胀、排气多、腹泻等现象。测定水的硬度就是测定水中 Ca^{2+}、Mg^{2+} 的含量，即水的总硬度。

测定水的硬度，一般采用络合滴定法，即用 EDTA 标准溶液滴定水中的 Ca^{2+}、Mg^{2+} 的总量，然后换算为相应的硬度单位。

用 EDTA 滴定 Ca^{2+}、Mg^{2+} 总量时，一般在 pH＝10.0±0.1 的氨性缓冲溶液中进行，用 EBT（铬黑 T）作指示剂。化学计量点前，Ca^{2+}、Mg^{2+} 和 EBT 生成紫红色络合物。当用 EDTA 标准滴定溶液滴定至化学计量点时，游离出指示剂，溶液呈现纯蓝色，根据消耗 EDTA 的体积，即可算出硬度值。

为提高终点指示的灵敏度，可在缓冲溶液中加入一定量的 EDTA 二钠镁盐。如果用酸性铬蓝 K 作指示剂，可不加 EDTA 二钠镁盐。

铁含量大于 2mg/L、铝含量大于 2mg/L、铜含量大于 0.01mg/L、锰含量大于 0.1mg/L 会对测定有干扰，可在加指示剂前用 2mL L-半胱氨酸盐酸盐溶液和 2mL 三乙醇胺溶液进行联合掩蔽以消除干扰。

2) 试剂与仪器

(1) EDTA 标准溶液（0.01mo/L）：称取 2g 乙二胺四乙酸二钠于 250mL 烧杯中，加 500mL 水，加热溶解，冷却，摇匀，使用前标定。如溶液需保存，最好将溶液储存在聚乙烯塑料瓶中。

(2) L-半胱氨酸盐酸盐溶液：10g/L。

(3) 氨-氯化铵缓冲溶液：称取 67.5g 氯化铵，溶于 570mL 浓氨水中，加入 1g EDTA 二钠镁盐，并用水稀释至 1L。

(4) EBT 指示液：5g/L。

(5) 三乙醇氨溶液：1＋4。

(6) 盐酸溶液：1＋1。

(7) 氢氧化钠溶液：50g/L。

3）操作步骤

（1）取 100mL 水样置于 250mL 锥形瓶中。如果水浑浊，取样前应过滤。

注：水样酸性或碱性很高时，可用氢氧化钠溶液或盐酸溶液中和后再加缓冲溶液。

（2）加 5mL 氨-氯化铵缓冲溶液，加 2～3 滴铬黑 T 指示剂。

注：对碳酸盐硬度很高的水样，在加入缓冲溶液前应先稀释或先加入所需 EDTA 标准溶液量的 80％～90％（记入滴定体积内），否则加入缓冲溶液后，碳酸盐析出，终点拖长。

（3）在不断摇动下，用乙二胺四乙酸二钠标准溶液进行滴定，接近终点时应缓慢滴定，溶液由酒红色转为蓝色即为终点。

同时做空白实验。

4）结果计算

计算公式如下：

$$c_1 = \frac{(V_1 - V_0)c}{V} \times 1000$$

式中：c_1——高硬度含量，mmol/L；

　　　　V_1——滴定水样消耗 EDTA 标准溶液的体积，mL；

　　　　V_0——滴定空白溶液消耗 EDTA 标准溶液的体积，mL；

　　　　c——EDTA 标准溶液浓度的准确值，mol/L；

　　　　V——所取水样的体积，mL。

取平行测定结果的算术平均值为测定结果。两次平行测定结果的绝对差值不大于 0.02mmol/L。

3. 低硬度水的测定

1）实训原理

在 pH＝10.0±0.1 的水溶液中，用酸性铬蓝 K 作指示剂，用 EDTA 标准溶液滴定至蓝色为终点。根据消耗 EDTA 的体积，即可算出硬度值。

铁含量大于 2mg/L、铝含量大于 2mg/L、铜含量大于 0.01mg/L、锰含量大于 0.1mg/L 会对测定有干扰，可在加指示剂前用 2mL L-半胱氨酸盐酸盐溶液和 2mL 三乙醇胺溶液进行联合掩蔽以消除干扰。

2）试剂与仪器

（1）硼砂缓冲溶液：称取 40g 硼砂（$Na_2B_4O_7 \cdot 10H_2O$），加 10g 氢氧化钠，溶于水中并稀释至 1L，储于塑料瓶中。

注：硼砂缓冲溶液也可用氨-氯化铵缓冲溶液代替。

（2）酸性铬蓝 K 指示剂（5g/L）：称取 0.5g 酸性铬蓝 K（$C_{16}H_9O_{12}N_2S_3Na_3$）与 4.5g 盐酸羟胺，在研钵中研匀，加 10mL 硼砂缓冲溶液，溶于 40mL 水中，用 95％乙醇稀释至 100mL，储于棕色瓶中备用。使用期不应超过 1 个月。

（3）EDTA 标准溶液（0.005mol/L）：称取 2g EDTA 二钠于 250mL 烧杯中，加 500mL 水，加热溶解，冷却，摇匀，稀释 2 倍，使用前标定。如溶液需保存，最好将溶液储存在聚乙烯塑料瓶中。

（4）其他试剂同高硬度水的测定。

3）实训步骤

（1）取 100mL 水样置于 250mL 锥形瓶中。

注：水样酸性或碱性很高时，可用氢氧化钠溶液或盐酸溶液中和后再加缓冲溶液。

（2）加 1mL 硼砂缓冲溶液，2～3 滴酸性铬蓝 K 指示剂。

（3）在不断摇动下，用乙二胺四乙酸二钠标准溶液进行滴定，接近终点时应缓慢滴定，溶液由红色转为蓝色即为终点。同时做空白试验。

水样硬度小于 25μmol/L 时应采用 5mL 微量滴定管。

4）结果计算

计算公式如下：

$$c_2 = \frac{(V_1 - V_0)c}{V} \times 10^6$$

式中：c_2——低硬度含量，μmol/L；

$\quad$ V_1——滴定水样消耗 EDTA 标准溶液的体积，mL；

$\quad$ V_0——滴定空白溶液消耗 EDTA 标准溶液的体积，mL；

$\quad$ c——EDTA 标准溶液浓度的准确值，mol/L；

$\quad$ V——所取水样的体积，mL。

取平行测定结果的算术平均值为测定结果。两次平行测定结果的绝对差值不大于 1.0μmol/L。

4. 注意事项

（1）本方法适用于天然水、冷却水、软化水、H 型阳离子交换器出水、锅炉给水水样硬度的测定。

（2）使用铬黑 T 作指示剂时，硬度测定范围为 0.1～5mmol/L，硬度超过5mmol/L时，可适当减少取样体积，稀释到 100mL 后测定。使用酸性铬蓝 K 作指示剂时，硬度测定范围为 1～100μmol/L。

（3）指示剂用量不可过多。

（4）配位反应进行较慢，因此滴定速度不宜太快，尤其临近终点时更应缓慢滴定并充分摇动。

（5）测定硬度的过程中，在近终点（紫色带红）时加热能加快反应速度，使终点变色明显。但加热温度不宜过高，否则 NH_3 逸出过多，将改变溶液的 pH，影响滴定。

📚 思考与复习 ◎

（1）铬黑 T 指示剂的应用条件是什么？

（2）为什么测定钙、镁总量时，要控制 pH＝10？简述测定条件。

（3）怎样表示实验结果？

（4）简述用 EDTA 滴定法测定水中总硬度操作时需要注意的问题。

可选实训项目

实训一 食品中的水分测定

1. 实训目的

掌握固体与半固体或液体食品中水分含量的测定方法（直接干燥法）。

利用食品中水分的物理性质，在101.3kPa（一个大气压）、101～105℃下采用挥发方法测定样品中干燥减少的质量，包括吸湿水、部分结晶水和该条件下能挥发的物质，再通过干燥前后的称量数值计算出水分的含量。

2. 样品、试剂与仪器

（1）样品：固体食品、半固体食品。

（2）试剂：除非另有规定，本方法中所用试剂均为分析纯。

① 盐酸：优级纯。

② 氢氧化钠（NaOH）：优级纯。

③ 盐酸溶液（6mol/L）：量取50mL盐酸，加水稀释至100mL。

④ 氢氧化钠溶液（6mol/L）：称取24g氢氧化钠，加水溶解并稀释至100mL。

⑤ 海砂：取用水洗去泥土的海砂或河砂，先用盐酸（1＋1）煮沸0.5h，用水洗至中性，再用氢氧化钠溶液（240g/L）煮沸0.5h，用水洗至中性，经105℃干燥备用。

（3）仪器：

① 扁形铝制或玻璃制称量瓶。

② 电热恒温干燥箱。

③ 干燥器：内附有效干燥剂。

④ 天平：精确度为0.1mg。

3. 操作步骤

1）固体样品

（1）取洁净铝制或玻璃制的扁形称量瓶，置于101～105℃干燥箱中，瓶盖斜支于瓶边。加热1.0h，取出盖好，置干燥器内冷却0.5h，称量，并重复干燥至前后2次质量差不超过2mg，即为恒重。

（2）将混合均匀的样品迅速磨细至颗粒小于2mm，不易研磨的样品应尽可能切碎，称取2～10g样品（精确至0.0001g），放入此称量瓶中，样品厚度不超过5mm。如为疏松样品，厚度不超过10mm，加盖，精密称量后，置于101～105℃干燥箱中，瓶盖斜支于瓶边，干燥2～4h后，盖好取出，放入干燥器内冷却0.5h后称量。

（3）然后再放入101～105℃干燥箱中干燥1h左右取出，放入干燥器内冷却0.5h后再称量。并重复以上操作至前后两次质量差不超过2mg，即为恒重。

注：两次恒重值在最后计算中，取最后一次的称量值。

2）半固体或液体样品

（1）取洁净的蒸发皿，内加10.0g海砂及一根小玻璃棒，置于（100±5）℃干燥箱中，干燥0.5～1.0h后取出。

（2）放入干燥器内冷却 0.5h 后称量，并重复干燥至恒重。

（3）然后精密称取 5～10g 样品，置于蒸发皿中，用小玻璃棒搅匀放在沸水浴上蒸干，并随时搅拌，擦去皿底的水滴，置（100±5）℃的干燥箱中干燥 4h 后盖好取出，放入干燥器内冷却 0.5h 后称量。以下按（1）中自"然后放入（100±5）℃干燥箱中干燥 1h 左右"起依法操作。

4. 注意事项

（1）本法设备操作简单，但时间较长，且不适宜胶体、高脂肪、高糖食品及含有较多的高温易氧化、易挥发物质的食品。

（2）本法测得的水分还包括微量的芳香油、醇、有机酸等挥发性物质。

（3）加入海砂，是为了增大受热与蒸发面积，防止食品结块，加速水分蒸发，缩短分析时间。

（4）水分蒸净与否，无直观指标，只能依靠恒重来判断。恒重是指两次烘烤称量的质量差不超过规定的质量，一般不超过 2mg。

（5）本方法最低检出量为 0.002g。取样量为 2g 时，方法检出限为 0.10g/100g，方法相对误差≤5％。

5. 实训结果

1）数据记录

把实训数据记录在表 7-2 中。

表 7-2　数据记录表

	0	1	2	3
称量瓶质量（干燥前）/g				
样品质量（干燥前）/g				
称量瓶和样品干燥后质量/g				
称量瓶质量（干燥后）/g				

2）结果计算

样品中水分的含量按下式进行计算：

$$X = \frac{m_1 - m_2}{m_1 - m_3} \times 100\%$$

式中：X——样品中水分的含量，g/100g；

$\quad\quad m_1$——称量瓶（加海砂、玻璃棒）和样品的质量，g；

$\quad\quad m_2$——称量瓶（加海砂、玻璃棒）和样品干燥后的质量，g；

$\quad\quad m_3$——称量瓶（加海砂、玻璃棒）的质量，g。

水分含量≥1/100g 时，计算结果保留 3 位有效数字；水分含量＜1/100g 时，结果保留 2 位有效数字。

思考与复习

（1）直接干燥法测定水分的注意事项有哪些？

（2）简述直接干燥法测定果蔬中水分的预处理方法。

实训二 食品中锌的测定

1. 实训目的

掌握锌的测定方法。

2. 实训原理

锌是人体必需的微量元素，但若摄入过量，则会引起锌中毒。样品灰化或酸消解处理后，导入原子吸收分光光度计中，经原子化，锌在波长 213.8nm 处，对锌空心阴极灯发射的谱线有特异吸收。在一定浓度范围内，其吸收值与锌的含量成正比，与标准系列比较后能求出食品中锌的含量。

3. 样品、试剂与仪器

（1）样品：谷类、蔬菜、瓜果及豆类、禽蛋及水产品、乳制品。

（2）试剂：

① 磷酸（1＋10）。

② 盐酸（1＋11）：量取 10mL 盐酸，加到适量水中，再稀释至 120mL。

③ 锌的标准储备液：准确称取 0.500g 金属锌（99.99％），溶于 10mL 盐酸中，然后在水浴上蒸发至近干，再用少量水溶解后移入 1000mL 容量瓶中，以水稀释至刻度，储于聚乙烯瓶中。1mL 此溶液相当于 0.5mg 锌。

④ 锌的标准使用液：吸取 10.0mL 锌的标准储备液，置于 50mL 容量瓶中，以盐酸（0.1mol/L）稀释至刻度。1mL 此液相当于 100.0μg 锌。

（3）仪器：

① 原子吸收分光光度计。

② 马弗炉。

③ 分析天平。

4. 操作步骤

1）样品的处理

（1）谷类：去除其中的杂物和尘土，必要时除去外壳，磨碎，过 40 目筛，混匀。称取 5.00～10.00g 置于 50mL 瓷坩埚中，小火炭化至无烟后，移入马弗炉中，于（500±25）℃下灰化 8h，取出坩埚，放冷后再加入少量混合酸，以小火加热，避免蒸干，必要时补加少许混合酸。如此反复处理，直至残渣中无炭粒。等坩埚稍冷，加 10mL 盐酸（1＋11）溶解残渣，移入 50mL 容量瓶中，再用盐酸（1＋11）反复洗涤坩埚，洗液也并入容量瓶中，稀释至刻度，混匀备用。取与样品处理量相同的混合酸和盐酸（1＋11），按相同的操作方法做试剂空白实验，校正结果。

（2）蔬菜、瓜果及豆类：将可食用部分洗净晾干，充分切碎或打碎后混匀。称取 10.00～20.00g 置于瓷坩埚中，加 1mL 磷酸（1＋10），小火炭化，然后按谷类样品的处理自"至无烟后，移入马弗炉中"起按步骤进行操作。

（3）禽、蛋及水产品：将可食用部分充分混匀后，称取 5.00～10.00g 置于瓷坩埚中，小火炭化，然后按谷类样品的处理自"至无烟后，移入马弗炉中"起按步骤进行操作。

（4）乳制品：样品经混匀后，量取 50mL 置于瓷坩埚中，加 1mL 磷酸（1＋10），在水浴上蒸干，再小火炭化，然后按谷类样品的处理自"至无烟后，移入马弗炉中"起按步骤进行操作。

2）测定

（1）分别吸取 0.00mL、0.10mL、0.20mL、0.40mL、0.80mL 锌的标准溶液置于 50mL 容量瓶中，再以 HCl（1ml/L）稀释至刻度，混匀（各容量瓶中的溶液 1mL 分别相当于 0.0μg、0.2μg、0.4μg、0.8μg、1.6μg 锌）。

（2）将处理后的样液、试剂空白溶液及各容量瓶中锌的标准溶液分别导入已调至最佳条件的火焰原子化器内进行测定。

（3）参考测定条件：灯电流为 6mA，波长为 213.8nm，狭缝为 0.38nm，空气流量为 10L/min，乙炔流量为 2.3L/min，灯头高度为 3mm，背景校正为氘灯。

（4）以锌含量对应吸收值，绘制标准曲线（或计算直线回归方程），然后将样品吸收值与曲线比较（或代入方程），求出其中锌的含量。

5. 实训结果

结果计算公式如下：

$$X = \frac{(A_1 - A_2) \times V \times 1000}{m \times 1000}$$

式中：X——试样中锌的含量，mg/kg 或 mg/L；

A_1——测定用试样液中锌的含量，μg/mL；

A_2——试剂空白液中锌的含量，μg/mL；

m——试样质量或体积，g 或 mL；

V——试样处理液的总体积，mL。

计算结果保留两位有效数字。

实训三　食品中钙含量的测定（原子吸收分光光度法）

1. 实训目的

掌握食品中钙含量的测定方法。

2. 实训原理

将湿法消化后的样品制备成溶液，以镧作释放剂，将溶液喷入原子吸收仪器的火焰中，经火焰原子化后，吸收 422.7nm 的共振线，根据吸收量的大小与钙含量成正比的关系，通过与标准系列比较进行定量分析。

3. 样品、试剂与仪器

（1）样品：蔬菜、水果、鲜肉、面粉等。

（2）试剂：

① 盐酸。

② 硝酸。

③ 高氯酸。

④ 混合酸消化液：硝酸：高氯酸＝4：1。

⑤ 0.5mol/L 硝酸溶液：量取 32mL 硝酸，加去离子水并稀释至 1000mL。

⑥ 20g/L 氧化镧溶液：称取 23.45g 氧化镧（纯度大于 99.99%），现用少量水湿润，再加 75mL 盐酸于 1000mL 容量瓶中，加去离子水稀释至刻度。

⑦ 钙标准储备溶液：准确称取 1.2486g 碳酸钙（纯度大于 99.99%），加 50mL 去离子水，加盐酸溶解，移入 1000mL 容量瓶中，加 20g/L 氧化镧溶液稀释至刻度，储存于聚乙烯瓶内 4℃保存。此溶液 1mL 相当于 500μg 钙。

⑧ 钙标准使用液：钙标准使用液的配制见表 7-3。钙标准使用液配制后，储存于聚乙烯瓶内 4℃保存。

表 7-3　钙标准使用液配制

元素	储备标准溶液浓度/(μg/mL)	吸取储备标准溶液量/mL	稀释体积（容量瓶）/mL	标准使用液浓度/(μg/mL)	稀释溶液
钙	500	5.0	100	25	20g/L氧化镧溶液

（3）仪器：原子吸收分光光度计。

所用玻璃仪器均以硫酸-重铬酸钾洗液浸泡数小时，再用洗衣粉充分洗刷，后用水反复冲洗，最后用去离子水冲洗晒干或烘干，方可使用。

4．操作步骤

1）试样制备

微量元素分析的试样制备过程中应特别注意防止各种污染。所用设备如电磨、绞肉机、匀浆器、打碎机等必须是不锈钢制品。所用容器必须使用玻璃或聚乙烯制品，做钙测定的试样不得用石磨研碎。鲜样（如蔬菜、水果、鲜鱼、鲜肉等）先用自来水冲洗干净后，再用去离子水充分洗净。干粉类试样（如面粉、奶粉等）取样后立即装容器密封保存，防止空气中的灰尘和水分污染。

2）试样消化

精确称取均匀干试样 0.5～1.5g（湿样 2.0～4.0g 或饮料等液体试样 5.0～10.0g）于 250mL 高型烧杯，加混合酸消化液 20～30mL。上盖表面皿，置于电热板或沙浴上加热消化。当未消化好而酸液过少时，再补加几毫升混合酸消化液，继续加热消化，直至无色透明为止。加几毫升水，加热以除去多余的硝酸。待烧杯中液体接近 2～3mL 时，取下冷却。用 20g/L 氧化镧溶液冲洗并转移于 10mL 刻度试管中，并定容至刻度。

取与消化试样等量的混合酸消化液，按上述操作做试剂空白实验测定。

3）测定

将钙标准使用液分别配制不同浓度系列的标准稀释液，见表 7-4，测定操作参数见表 7-5。

表 7-4 不同浓度系列标准稀释液的配制方法

元素	使用液浓度/(μg/mL)	吸取使用液量/mL	稀释体积/mL	标准系列浓度/(μg/mL)	稀释溶液
钙	25	1	50	0.5	20g/L 氧化镧溶液
		2		1	
		3		1.5	
		4		2	
		6		3	

表 7-5 测定操作参数

元素	波长/nm	光源	火焰	标准系列浓度范围/(μg/mL)	稀释溶液
钙	422.7	可见光	空气-乙炔	0.5～3.0	20g/L 氧化镧溶液

其他实验条件：仪器狭缝、空气及乙炔的流量、灯头高度、元素灯电流等均根据仪器说明调至最佳状态。

将消化好的试样液、试剂空白液和钙元素的标准浓度系列分别导入火焰进行测定。

5. 注意事项

（1）所用玻璃仪器需用硫酸-重铬酸钾洗液浸泡数小时，再用洗衣粉充分洗刷，而后用水反复冲洗，最后用去离子水冲洗，烘干。

（2）样品制备时，湿样（如蔬菜、水果、鲜鱼、鲜肉等）用水冲洗干净后，要用去离子水充分洗净；干粉类样品（如面粉、奶粉等）取样后立即装容器密封保存，防止空气中的灰尘和水分污染。

（3）本法最低检出限为 0.1μg。

6. 实训结果

试样中钙含量的计算公式如下：

$$X = \frac{T \times (V_1 - V_0) \times f \times 100}{m}$$

式中：X——试样中钙含量，mg/100g；

T——EDTA 滴定度，mg/mL；

V——滴定试样时所用 EDTA 量，mL；

V_0——滴定空白时所用 EDTA 量，mL；

f——试样稀释倍数；

m——试样质量，g。

计算结果精确到小数点后两位。

精密度：在重复性条件下获得的两次独立测定结果的绝对差值不得超过算术平均值的 10%。

实训四 食品中铁、镁、锰的测定

1. 实训目的

掌握食品中铁、镁、锰的测定方法。

2. 实训原理

试样经湿消化后，导入原子吸收分光光度计中，经火焰原子化后，铁、镁、锰分别吸收 248.3nm、285.2nm、279.5nm 的共振线，其吸收量与它们的含量成正比，通过与标准系列比较进行定量。

3. 样品、试剂与仪器

（1）样品：

试样制备：微量元素分析的试样制备过程应特别注意防止各种污染。所用设备如电磨、绞肉机、匀浆器、打碎机等必须是不锈钢制品。所用容器必须使用玻璃或聚乙烯制品。

鲜湿样（如蔬菜、水果、鲜鱼、鲜肉等）用自来水冲洗干净后，要用去离子水充分洗净。干粉类试样（如面粉、奶粉等）取样后立即装入容器密封保存，防止空气中的灰尘和水分污染。

（2）试剂：

① 盐酸。

② 硝酸。

③ 高氯酸。

④ 混合酸消化液：硝酸∶高氯酸＝4∶1。

⑤ 0.5mol/L 硝酸溶液：量取 32mL 硝酸，加去离子水并稀释至 1000mL。

⑥ 铁、镁、锰标准溶液：准确称取铁、镁、锰（纯度大于 99.99％）各 1.0000g，或含 1.0000g 纯金属相对应的氧化物，分别加硝酸溶解并移入 3 支 1000mL 容量瓶中，加 0.5mol/L 硝酸溶液并稀释至刻度。储存于聚乙烯瓶内，4℃保存。此三种溶液 1mL 各相当于 1mg 铁、镁、锰。

⑦ 标准应用液：铁、镁、锰标准使用液的配制见表 7-6。

表 7-6　标准使用液配制

元素	标准溶液浓度 /(μg/mL)	吸取标准溶液量 /mL	稀释体积（容量瓶） /mL	标准应用液浓度 /(μg/mL)	稀释溶液
铁	1000	10.0	100	100	
镁	1000	5.0	100	50	0.5mol/L 硝酸溶液
锰	1000	10.0	100	100	

铁、镁、锰标准使用液配置好后，储存于聚乙烯瓶内，4℃保存。

（3）仪器：

① 实验室常用设备。

② 原子吸收分光光度计。

所用玻璃仪器均用硫酸-重铬酸钾洗液浸泡数小时，再用洗衣粉充分洗刷，后再用水反复冲洗，最后用去离子水冲洗晒干或烘干，方可使用。

4. 操作步骤

（1）试样消化：精确称取试样干样 0.5～1.5g，湿样 2.0～4.0g，饮料等液体样品

5.0～10.0g 于 250mL 高型烧杯中，加混合酸消化液 20～30mL，上盖表面皿。置于电热板或电沙浴上加热消化。如未消化好而酸液过少则再补加几毫升混合酸消化液，继续加热消化，直至无色透明为止。再加几毫升水，加热以除去多余的硝酸。待烧杯中的液体接近 2～3mL 时，取下冷却。用去离子水洗涤并转移于 10mL 刻度试管中，加水定容至刻度。

取与消化试样相同量的混合酸消化液，按上述操作做试剂空白测定。

（2）测定：将铁、镁、锰标准使用液分别配制不同浓度系列的标准稀释液，方法见表 7-7，测定操作参数见表 7-8。

表 7-7　不同浓度系列标准稀释液的配制方法

元素	使用液浓度/(μg/mL)	吸取使用液量/mL	稀释体积（容量瓶）/(μg/mL)	稀释溶液
铁	100	0.5	100	
		1		
		2		
		3		
		4		
镁	50	0.5	500	0.5mol/L 硝酸溶液
		1		
		2		
		3		
锰	100	0.5	200	
		1		
		2		
		3		
		4		

表 7-8　测定操作参数

元素	波长/nm	光源	火焰	标准系列浓度范围/(μg/mL)	稀释溶液
铁	248.3	紫外		0.5～4.0	
镁	285.2	紫外	空气-乙炔	0.05～1.0	0.5mol/L 硝酸溶液
锰	279.5	紫外		0.25～2.0	

其他实验条件：仪器狭缝、空气及乙炔的流量、灯头高度、元素灯电流等均按使用的仪器说明调至最佳状态。

5. 结果计算

以各浓度系列标准溶液与对应的吸光度绘制标准曲线。

测定用试样液及试剂空白液由标准曲线查出浓度值（c 及 c_0），再按下式计算：

$$X = \frac{(c - c_0) \times V \times f \times 100}{m \times 1000}$$

式中：X——试样中元素的含量，mg/100g；

c——测定用试样液中元素的浓度（由标准曲线查出），μg/mL；

c_0——试剂空白液中元素的浓度（由标准曲线查出），μg/mL；

V——试样定容体积，mL；

f——稀释倍数；

m——试样的质量，g。

计算结果精确到小数点后两位。

6. 注意事项

（1）本标准适用于各种食品中铁、镁及锰的测定。

（2）样品处理要防止污染，所用器皿均应使用塑料或玻璃制品，使用的试管及器皿均应在使用前泡酸，并用去离子水冲洗干净，干燥后使用。样品消化时注意酸不要烧干，以免发生危险。

（3）本方法检出限：铁为 0.2μg/mL，镁为 0.05μg/mL，锰为 0.1μg/mL。

拓展知识

一、水分和矿物质与食品加工技术的关系以及在食品工业中的应用

（一）水分与食品加工技术的关系以及在食品工业中的应用

1. 水与食品的关系

水是许多食品的基本组成成分之一。在天然动植物产品中，它可作为细胞间或细胞外的成分存在。在形形色色的加工产品中，水可以使蛋白质、淀粉等亲水性强的分子分散其中，形成凝胶来保持一定形态的膨胀体；可以作为分散介质或溶剂存在，如在奶油和人造奶油等乳化产品中作分散相，在饮料食品中作溶剂等。面包、糕点变硬，不但因为失水，而且因为失水使淀粉结构发生了变化。香肠、脱水猪肉的口味就与吸水、持水性能密切相关。

食品中的水是引起食品化学性或微生物性变质的原因之一。它直接关系到食品储藏和加工，且对食品的商业价值（质构、适口性等）及销售有着深刻的影响。所以有的食品采用脱水干燥方法保藏。因此，水对食品在加工、保鲜、硬软性、气味性、保藏等方面有着极重要的作用。一些食品的普通储藏方式，如干燥、盐腌、糖渍和冷冻主要是基于产品水分活度的减少。干燥可以导致水分的转移、残留溶液浓度增加、水分活度下降。在糖渍和盐腌中，加糖和盐后，食品中部分水分变成结合水，因此不能给微生物提供足够的水来使用。在冷冻过程中，冰晶的形成，使水分不能移动，不能被微生物利用。通过非直接添加脂肪或其他水分含量低的物质，如奶粉、粗豆粉，可减少产品的水分活度。

2. 具体应用

在低水分食品（$A_w = 0 \sim 0.6$）和中水分食品（$A_w = 0.6 \sim 0.9$）中，降低 A_w 可以提高食品的稳定性和安全性，但在高水分食品中，这一现象不明显。A_w 不仅有助于传统食品的保鲜，而且对现代新型食品的保鲜也有帮助。

　　高水分食品，如鲜牛奶、肉、鱼、蔬菜、水果等，很容易感染革兰氏阴性和革兰氏阳性细菌或快速生长霉菌。预防的办法是冷藏或加热处理。这些食品通过干燥和加入氯化钠、蔗糖等方法可保持鲜度。高水分食品发酵以后 A_w 值降低，竞争菌群以及空气渗入量等将对食品稳定性起更大的作用。

　　中水分食品，如陈奶酪、硬香肠、熟火腿、腌鱼、果酱、果汁软糖及干果等制品的保鲜方法是，加入适量的食盐或糖并进行干燥。中水分食品的腐败主要是由耐旱性霉菌或耐高渗酵母引起的，而由耐盐的细菌引起的腐败却很少，因此，在这些食品中加入山梨酸、二氧化硫等可抑制腐败菌群。

　　低水分食品，主要有巧克力、糖果、蜂蜜、可可、蛋糕、奶粉、面粉及菜干等中细菌难以生长。这些产品经干燥后达到很低的 A_w 值，但应避免脱水过度。润湿剂对以上食品的稳定性起一定作用，但多数情况下脱水起着决定性的作用。

　　大部分食品的稳定性、安全性不完全取决于低 A_w 值，还有一些其他的影响因素。在实际工作中，应将 A_w 与其他因素综合考虑。

　　（二）矿物质与食品加工技术的关系以及在食品工业中的应用

　　1. 食品加工方法对矿物质的影响

　　食物从原料到加工成成品，采取了一系列加工手段，矿物质在加工过程中可能从一种形式转变成另一种形式，也可能从某一部位转移到另一部位。

　　这种变化可能会提高某些食品中矿物元素的可利用率，如豆类食品经发酵以后，其中的磷从植酸中释放出来，提高了可溶性而有利于吸收。

　　但食品加工的很多手段往往会造成矿物质的损失，即不可利用。

　　1）预处理对食品中矿物质的影响

　　食品加工中一些预处理过程对食品中矿物质含量有一定的影响。果蔬原料在加工制作前，都要进行修整，如去皮、去叶等，这给矿物质带来直接的损失。清洗、泡发、烫漂等处理也会造成矿物质的溶解损失，这一损失与矿物质的水溶性直接相关。

　　海带是碘的良好来源，但在食用海带前，人们习惯用大量水长时间浸泡，造成碘的大量损失。

　　蔬菜在速冻加工、罐制加工时一般都需进行热水烫漂或蒸汽热烫，以达到钝化酶的目的，同时减少一部分水分，有利于冻结，但烫漂操作必然会引起水溶性矿物质的损失。

　　2）热处理对食品中矿物质的影响

　　热处理的方式有多种，如煮、炒、油炸等。一般情况下，热处理总体上会引起矿物质含量的减少，如长时间煮沸牛奶会造成钙、镁等矿物质的严重损失，这可能与牛奶中的凝胶态被破坏、蛋白质沉淀有关。

　　尤其需要注意，在家庭烹调中，一些食品的不合理配伍可能降低某些矿物质的生物可利用性，如富含钙的食品与富含草酸的食品同煮时，大部分的钙会形成沉淀而不利于吸收。

　　3）碾磨食品中矿物质的影响

　　谷类的矿物质主要分布于糊粉层和胚组织中，在胚乳中含量较小，因而碾磨过程很容易造成此食品矿物质含量的降低，而且碾磨的精度越高，矿物质损失量越大。精碾大米损失 75% 的铬和锌，锰、铜和钴损失 $26\%\sim45\%$。

2. 矿物质在食品工业中的应用

1) 矿物质的营养强化

一种优质的食品应具有良好的品质属性，主要包括安全性、营养、色泽、风味等。其中，营养是一重要的衡量指标。但是，没有一种天然食物含有人体需要的各种营养素，其中也包括矿物质。此外，食品在加工和储藏过程中往往造成矿物质的损失。因此，为了维护人体的健康，提高食品的营养价值，根据需要可进行矿物质的营养强化。

根据营养强化的目的不同，食品中矿物质的强化主要有三种形式：

(1) 矿物质的复原：添加矿物质，使其在食品中的含量恢复到加工前的水平。

(2) 矿物质的强化：添加某种矿物质，使该食品成为该种矿物质的丰富来源。

(3) 矿物质的增补：选择性地添加某种矿物质，使其达到规定的营养标准要求。

2) 矿物质类营养强化剂

我国现允许使用的矿物质类营养强化剂有 34 种。

(1) 硫酸亚铁：用作营养增补剂（铁质强化剂）和果蔬发色剂。

(2) 柠檬酸铁：添加于饼干、夹心糖、奶粉和面粉中，作为营养增补剂（铁质强化用），吸收效果比无机铁好。也用作饲料添加剂。

(3) 柠檬酸钙：用于豆类及其制品、饮料中的营养强化使用。

(4) 葡萄糖酸钙：作为营养增补剂（钙质强化用），吸收效果比无机钙好。

(5) 柠檬酸锌：作为营养增补剂，吸收效果比无机锌好。广泛应用于谷类、面粉、乳制品、食盐、固体饮料、保健品等行业。

除上述几种外还有多种矿质元素的强化增补剂，如钙的强化源有活性钙、乳酸钙、生物碳酸钙等；锌的强化剂有硫酸锌、葡萄糖酸锌等；碘的强化剂有碘化钾、海藻碘粉；镁的强化剂有硫酸镁、氧化镁等。

食品进行矿物质强化必须遵循一定的原则，即从营养、卫生、经济效益和实际需要等方面全面考虑。

3) 利用矿物质改变食品的性状

(1) 在炼乳中加 Na_2HPO_4 来保持盐平衡。

(2) Ca 可提高腌渍黄瓜的脆性。

(3) 磷酸盐可稳定果蔬色泽，使啤酒不浑浊。在肉制品中加入三聚磷酸盐、焦磷酸盐增加肉的持水性，防止脂肪酸败。

原因：

(1) 调节 pH，使之远离肉的等电点，增加持水力。

(2) 肉蛋白质中 Mg^{2+}、Ca^{2+} 被 Na^+、H^+ 置换出来，使—COOH 游离出来，利于吸水。

(3) 破坏盐桥或增大电荷斥力，使结构膨胀，增加持水力。

(4) 增加离子强度，使肌球蛋白溶解度增加而使肉持水力增大。

二、生化检测技术介绍

（一）滴定分析法

1. 基本原理

将已知准确浓度的溶液（标准溶液）通过滴定管滴加到待测物质的溶液中，直到所滴加的试剂与待测物质按化学计量关系定量反应为止，然后根据试液的浓度和体积，通过定量关系计算待测物质含量的方法。

2. 标准溶液的配制方法

标准溶液是滴定分析的关键，标准溶液配制和标定方法的正误决定了标准溶液浓度的准确与否。标准溶液的浓度会直接影响滴定分析结果的精确程度。

标准溶液的配制方法可分为直接法和间接法。

1）直接配制法

准确称取一定质量的基准物质，溶于适量水中，再转移至容量瓶中，加水稀释到刻度，根据物质的质量和体积，直接计算出标准溶液的准确浓度。

基准物质（表7-9）具备的条件：

（1）试剂的纯度必须足够高，在99.9%以上。

（2）物质的组成与化学式相符，若含结晶水，其结晶水的含量应与化学式相符。

（3）试剂稳定，不易被空气氧化，不易吸收空气中的水分和二氧化碳。

（4）摩尔质量尽可能地大。

表7-9 常用基准物质的干燥条件和应用范围

基准物质		干燥条件/℃	标定对象
名称	化学式		
无水碳酸钠	Na_2CO_3	180～200	酸
硼砂	$Na_2B_4O_7 \cdot 10H_2O$	相对湿度为60%的恒温器	酸
草酸	$H_2C_2O_4 \cdot 2H_2O$	室温，空气干燥	碱或$KMnO_4$
邻苯二甲酸氢钾	$KHC_8H_4O_4$	110～120	碱
重铬酸钾	$K_2Cr_2O_7$	140～150	还原剂
溴酸钾	$KBrO_3$	130	还原剂
碘酸钾	KIO_3	130	还原剂
三氧化二砷	As_2O_3	室温，干燥器保存	氧化剂
草酸钠	$Na_2C_2O_4$	130	氧化剂
碳酸钙	$CaCO_3$	130	EDTA
锌	Zn	室温干燥器保存	EDTA
氯化钠	$NaCl$	500～600	$AgNO_3$
氯化钾	KCl	500～600	$AgNO_3$

2）间接配制法

对于大部分不符合基准物质条件的试剂在进行溶液配制时，先配制近似浓度的溶液，然后再用基准物质进行标定。具体操作方法是：粗略称取一定量物质或量取一定体积溶液，配制成接近所需要浓度的溶液，然后用基准物质或另一种物质的标准溶液通过滴定的方法来确定它的浓度，即标定。

3）标准溶液配制时的注意事项

（1）配制中所用的水及稀释液，在没有注明其他要求时，是指其纯度能满足分析要求的蒸馏水或离子交换水。

（2）工作中使用的分析天平砝码、滴定管、容量瓶及移液管均需校正。

（3）标准溶液浓度为20℃时的标定浓度（否则应进行换算）。

（4）在标准溶液的配制中规定用"标定"和"比较"两种方法测定时，不要略去其中任何一种，而且两种方法测得的浓度值的相对误差不得大于0.2％，以标定所得数字为准。

（5）标定时所用基准试剂应符合要求，配制标准溶液所用药品应属于化学试剂分析纯级。

（6）配制标准溶液浓度与规定浓度的相对误差不得大于5％。

（二）原子吸收分光光度法

原子吸收分光光度法又称为原子吸收光谱法。它是基于从光源辐射出具有待测元素特征谱线的光，被试样蒸气中待测元素的基态原子所吸收，由特征谱线被减弱的程度来测定试样中待测元素含量的分析方法。

原子吸收分光光度法与可见光分光光度法的相同之处是都遵循朗伯-比尔定律，不同之处是它们的吸光物质的状态不同。可见光分光光度法是基于溶液中分子、离子对光的吸收，吸收线较宽（几纳米到几十纳米），使用连续光源（如钨灯）。而原子吸收分光光度法是基于基态原子对光的吸收，吸收线很窄（10^{-3}nm），需要锐线光源（如空心阴极灯）。并且测量时必须将待测试样原子化，转化为基态原子。

如测定试液中镁离子的含量，先将试液喷射成雾状进入燃烧火焰中，含镁盐的雾滴在火焰温度下，挥发并离解成镁原子蒸气。再用镁空心阴极灯做光源，它辐射出具有波长为285.2nm的镁的特征谱线的光，当通过一定厚度的镁原子蒸气时，部分光被蒸气中基态镁原子吸收而减弱。通过单色器和检测器测得镁的特征谱线的光被减弱的程度，即可求得试样中镁的含量。

原子吸收分析的主要特点是测定灵敏度高、特效性好、抗干扰能力强、稳定性好、适用范围广、仪器简单、操作方便，因而原子吸收分析法的应用范围日益广泛。

1. 基本原理

原子发射和原子吸收都与原子的外层电子在能级之间的跃迁有关。当原子受外界能量激发时，其最外层电子可跃迁到不同能级。电子从基态跃迁到能量最低的激发态（称为第一激发态）时，要吸收一定频率的光，它再跃迁回基态时，则发射出同样频率的光谱线，这种谱线称为共振发射线（简称共振线）。使电子从基态跃迁到第一激发态所产生的吸收谱线称为共振吸收线（也简称为共振线）。

各种元素的原子结构和外层电子排布不同，不同元素的电子从基态跃迁到第一激发态（或由第一激发态跃迁返回到基态）时，吸收（或发射）的能量不同，因而各种元素的共振线不同而各有其特征性，所以这种共振线是元素的特征谱线。在原子吸收的分析中，就是利用处于基态的待测原子蒸气对从光源辐射的共振线的吸收来进行分析测定的。

当使用光源进行原子吸收测量时，测得吸光度与原子蒸气中待测元素的基态原子数呈线性关系。测定时，由于火焰温度不是很高，火焰中基态原子数与自由原子总数几乎相等。测得峰值吸收处的吸光度与火焰中待测元素的基态原子数成正比，与火焰宽度成正比。在实际分析中，要求测量的是试样中待测元素的浓度，而试样中待测元素的浓度与火焰中基态原子的浓度成正比。所以，在一定的浓度范围和一定的火焰宽度下，吸光度与试样中待测元素浓度的关系表示为：

$$A = k \times c$$

式中：k——常数。

只要测出吸光度 A，就可计算出试样中待测元素的浓度 c。

2. 原子吸收分光光度计

原子吸收光谱分析所用的仪器是原子吸收分光光度计，它主要由光源、原子化系统、分光系统（单色器）和检测系统四部分组成，如图 7-1 所示。

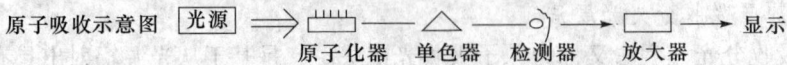

原子吸收示意图 光源 ⟹ 原子化器 —— 单色器 —— 检测器 —— 放大器 ⟶ 显示

图 7-1 原子吸收分光光度计基本构造示意图

由锐线光源发射出待测元素的共振线，通过原子化系统被基态原子吸收，吸收后谱线经分光系统分出并投射到检测系统，经光电转换和放大后输出吸光度或透光度读数。

1）光源

光源通常使用空心阴极灯，空心阴极灯发射待测元素的特征谱线（共振线）。光源必须满足以下要求：

（1）能发射待测元素的共振线。

（2）能发射锐线光。

（3）发射的光必须有足够的强度，并且稳定。

2）原子化系统

原子化系统的作用是将试样中的待测元素转变为原子蒸气。使试样原子化的方法有火焰原子化法和无火焰原子化法。

（1）火焰原子化方法。待测样品与助燃气混合在一起，通过燃烧产生火焰，使各种形式的试样游离出基态原子这个过程称为火焰原子化。火焰原子化器包括雾化器和燃烧器。雾化器将试样溶液分散为很小的雾滴，在燃烧器中使雾滴继续接受能量而游离出基态原子。

（2）无火焰原子化方法。应用较多的是电热高温石墨管原子化器，它的主要部件是石墨管，在石墨管上有 3 个小孔，直径为 1～2mm。中间孔用于滴加试液，当对石墨管道进行电加热时，试液在石墨管中干燥、灰化和原子化。干燥的目的是蒸发除去试液的溶剂；灰化的作用是在不损失待测元素的前提下，进一步除去有机物或低沸点无机物，以减少基体组分对待测元素的干扰；原子化是使待测元素成为基态原子，最后升温至 3300K 的高温，在数秒钟净化去除残渣。

3）分光系统

分光系统的作用是将待测元素的共振线与其他干扰谱线分开，只让待测元素的共振线通过。通常用棱镜或光栅做单色器。

4）检测系统

检测系统主要由检测器、放大器、对数变换器、显示装置等组成。其作用是将单色器分出的光信号进行光电转换。

（1）检测器。检测器的作用是将单色器分出的光信号进行光电转换，将微弱的光信号转换成电信号，并有不同程度的放大作用。

（2）放大器。虽然微弱的光信号已进行了放大，但仍然较弱，还需放大器将光电倍增管输出的电信号进一步放大。

（3）对数变换器。对数变换器的作用是将放大的电信号进行对数转换，使电信号与含量之间呈线性关系。

（4）读数显示装置。读数显示装置包括表头读数、自动记录及数字显示等几种。现在许多仪器用电子计算机进行程序控制和数据自动处理及打印。

3. 原子吸收分光光度法定量分析技术

1）工作曲线法

根据样品的实际情况，配制一组浓度适宜的标准溶液。在选定的实验条件下，以空白溶液（参比液）调零后，将所配制的标准溶液由低浓度到高浓度依次喷入火焰，分别测出各溶液的吸光度 A。以测得的吸光度 A 为纵坐标，待测元素的含量或浓度 c 为横坐标，绘制 A—c 标准曲线，如图 7-2 所示。

在相同的实验条件下，喷入待测试样溶液，根据测定的吸光度，由标准曲线求出试样中待测元素的含量。标准曲线法简便、快速，适用于组成比较简单的试样。

2）标准加入法

若试样的基体组成较复杂，并且试样的基体对测定有明显的干扰，则用标准加入法测定，可以消除基体干扰。

取若干体积相同的试样溶液，从第 2 份起依次加入浓度分别为 c_0、$2c_0$、$3c_0$、$4c_0$ 的标准溶液，然后用蒸馏水稀释到相同体积后摇匀。在相同的实验条件下，依次测得各溶液的吸光度为 A_0、A_1、A_2、A_3、A_4。以吸光度为纵坐标，以加入的标准溶液的浓度为横坐标，做 A-c 曲线，外延曲线与横坐标相交于 c_x，c_x 即为所测试样中待测元素的浓度，如图 7-2 所示。

以此进行计算，可求出试样溶液中待测元素的含量。

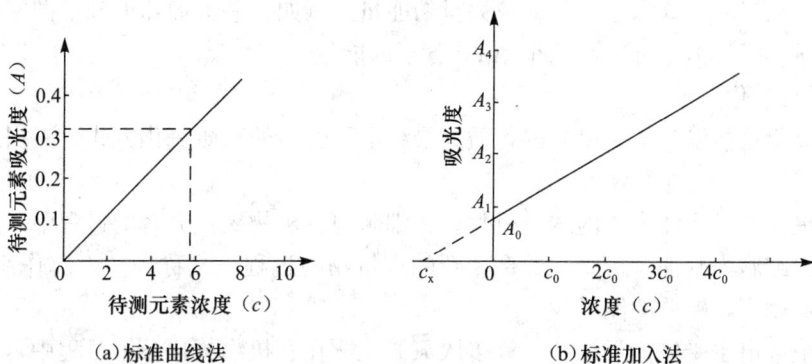

（a）标准曲线法　　　　　　　　　　（b）标准加入法

图 7-2　标准曲线法和标准加入法

物 质 代 谢

背景知识

复习与回忆

（1）糖的定义、分类及结构特点（实训模块一）。

（2）脂肪的组成及结构（实训模块二）。

（3）蛋白质的组成及性质（实训模块三）。

基础知识

一、生物氧化

1. 概念

凡是在生物体内生物酶的催化作用下通过氧化作用释放能量的反应都称为生物氧化作用。它是生物体新陈代谢的重要的基本反应。

2. 方式

根据生物氧化是否有分子氧的参与，可将生物氧化分为如下两种方式。

1）有氧氧化

有氧氧化也称有氧呼吸，许多生物能利用大气中的分子氧来参与代谢物的彻底氧化，最终生成二氧化碳和水，并释放大量的能量。例如，一个葡萄糖分子彻底氧化，最终生成 CO_2 和 H_2O，并产生 38 个 ATP 分子的能量。

2）无氧氧化

无氧氧化是指以分子氧以外的物质为最终电子受体的物质氧化方式，根据最终电子受体的不同，又分为两种情况。

（1）最终电子受体为体内的有机物。在细胞内有机物氧化分解的过程中，脱掉的氢最终传递给细胞内其他有机物，并产生新的有机物的过程，又称为"发酵作用"。这种方式氧化不彻底，释放的能量少。

（2）最终电子受体为无机物。许多厌氧微生物在有机物氧化分解过程中，可将脱掉的氢和电子传递给无机物（NO_3^-、$S_2O_3^{2-}$、CO_2 等）。这种情况下，虽然氧化较为彻底，但产生的能量不如有氧氧化方式多。

3. 特点

生物氧化是在活细胞内进行的，故与体外的氧化反应的方式不同，它具有如下特点：

（1）生物氧化是在酶的催化下进行的，反应条件温和。

（2）生物氧化是经一系列连续的化学反应逐步进行的，故能量也是逐步释放的。这样就不会因为氧化过程中能量的骤然释放而损坏机体，同时又可使释放出的能量得到有效利用。

（3）生物氧化过程所释放的能量通常都先储存在高能化合物中，主要是腺苷三磷酸（ATP）中。通过 ATP 再供给机体生命活动的需要。

4. 生物氧化体系

对于不同的生物来说，由于所含的氧化还原酶的种类不同，在生物氧化过程中脱氢、递氢和受氢的方式也不同，这样就构成了不同的生物氧化体系。

1）有氧氧化体系

有氧氧化也称为有氧呼吸，是指在生物氧化过程中以分子态氧为氢的最终受体，生成 CO_2 和 H_2O，并释放大量能量的过程。

有氧氧化体系中代谢物脱下的氢，经一系列传递体传递，最终传递给分子氧生成 CO_2 和 H_2O 的过程称为呼吸链。由于氢原子传递的实质也是电子的传递，因此呼吸链也称为电子传递链。

在细胞的线粒体中，根据代谢物上脱下的氢最初的电子受体不同，呼吸链可分为 NADH 呼吸链和 $FADH_2$ 呼吸链两种类型。

（1）NADH 呼吸链。NADH 呼吸链在生物中应用最广，糖类、脂类和蛋白质三大物质的分解代谢中的脱氢氧化绝大部分都通过这一呼吸链完成。其传递全过程如图 8-1 所示。

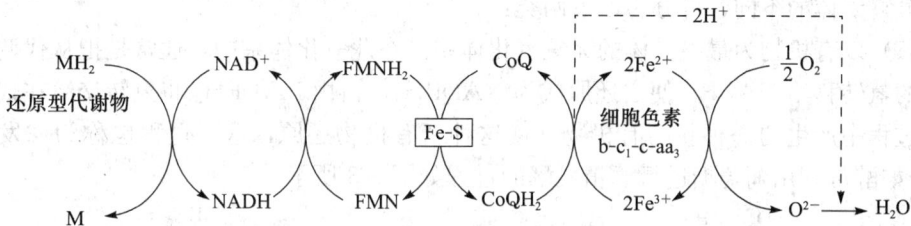

图 8-1 NADH 呼吸链

（2）$FADH_2$ 呼吸链。此类呼吸链传递的全过程如图 8-2 所示。

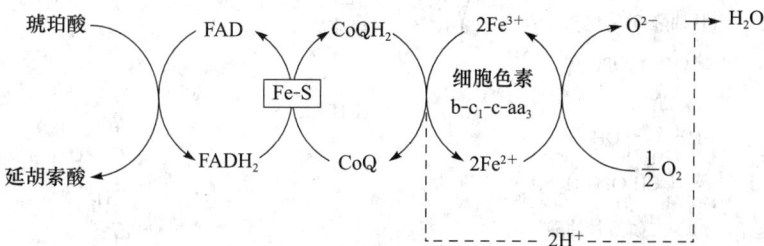

图 8-2 $FADH_2$ 呼吸链

参与呼吸链的酶主要有以下几类：

（1）烟酰胺脱氢酶类。该酶可催化代谢物脱氢，辅酶 NAD^+ 或 $NADP^+$ 接受代谢物氧化脱下的氢而被还原为 $NADH + H^+$ 或 $NADPH + H^+$。由于反应中 NAD^+ 或 $NADP^+$ 作为氢的初始受体，因此把这一呼吸链称作 NADH 呼吸链。

（2）黄素脱氢酶类。该酶可催化代谢物脱氢，辅酶 FAD 或 FMN 接受代谢物氧化脱下的氢而被还原为 $FADH_2$ 或 $FMNH_2$。

（3）辅酶 Q（CoQ）。是脂溶性辅酶，属醌类化合物，因广泛分布于自然界，所以又称为泛醌。辅酶 Q 中的苯醌结构能可逆性地加氢还原，形成对二醌的衍生物，可用 $CoQH_2$ 表示。由于在呼吸链中 CoQ 是一种和蛋白质结合不紧密的辅酶，这使它在黄素蛋白类和细胞色素类之间能够作为一种特殊灵活的电子载体起作用。

（4）细胞色素蛋白质。细胞色素是一类含有血红素辅基的电子传递蛋白质的总称，有氧化型细胞色素和还原型细胞色素之分，包括细胞色素 b、c_1、c、a、a_3 等。细胞色素以铁卟啉为辅基，铁卟啉中的铁原子以共价键和配位键与卟啉环和蛋白质结合。细胞色素中的铁原子可进行价态的变化，即 Fe^{2+} 和 Fe^{3+} 的变化，从而使细胞色素起着传递电子的作用。同时细胞色素的铁原子还能与氧结合。

细胞色素 a 和 a_3 复合在一起，合称为细胞色素 c 氧化酶，它们从细胞色素 c 上接受电子，并最终传递给结合在 a_3 上的氧，使之成为离子态的氧，离子态的氧能与体系中游离的 H^+ 结合生成水。

（5）铁硫蛋白。铁硫蛋白分子中含有辅基铁硫中心，它是由相同物质的量的铁和硫组成，与蛋白质的半胱氨酸残基的—SH 接合，借 Fe^{2+} 和 Fe^{3+} 之间的价位互变传递电子。

2）无氧氧化体系

无氧氧化体系是指在无氧情况下，以有机物或无机物为最终受氢体的生物氧化，按氢的最终受体的不同，可分为以下两类：

（1）以有机物为最终受体的无氧氧化体系。在此氧化体系中，通常是把从代谢物上脱下的氢转移给 NADP，使之还原成为 $NADPH_2$，再由 $NADPH_2$ 将氢转交给在代谢物分解过程中产生的一种新的有机物，使这种新有机物还原，这一过程也称为"发酵作用"。如酵母利用葡萄糖进行酒精发酵的过程如图 8-3 所示。

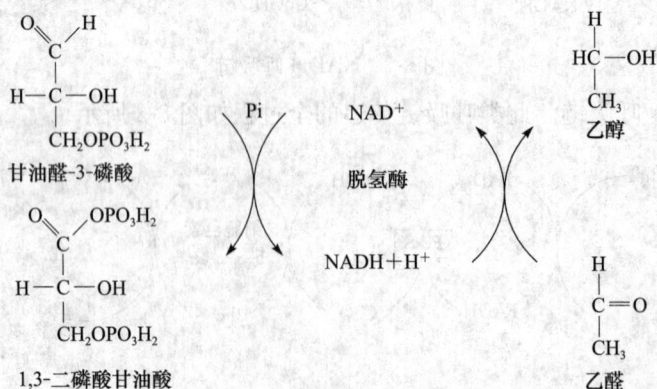

图 8-3　酒精发酵过程中无氧氧化体系

3-磷酸甘油醛被 3-磷酸甘油醛脱氢酶脱氢，氧化成为 1,3-二磷酸甘油酸，脱下的氢交给 3-磷酸甘油醛脱氢酶的辅酶 NAD，使其还原成 $NADH_2$。而乙醛在乙醇脱氢酶（以 NAD 为辅酶）的催化下，接受辅酶 $NADH_2$ 所携带的两个氢而生成乙醇。

（2）以无机物为最终受体的无氧氧化体系。此体系以 NO_3^-、NO_2^-、SO_4^{2-}、$S_2O_3^{2-}$、CO_2 等无机物为最终电子（氢）受体。氢（电子）的传递过程不仅有 NAD，还有细胞色素参与。根据最终电子（氢）受体的不同，传递体组成也有所不同。脱磺脱硫弧菌的无氧氧化体系大致如图 8-4 所示。

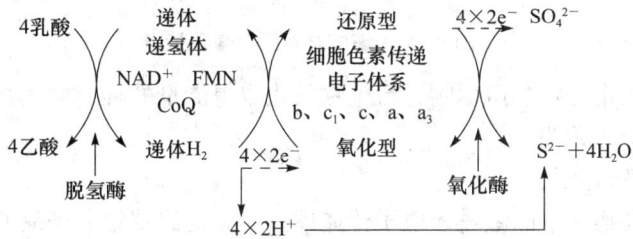

图 8-4 脱磺脱硫弧菌的无氧氧化体系

5．生物氧化中能量的转化

1）高能化合物

生物氧化所放出的能量除小部分被吸热反应利用或以热的形式释放外，大部分以化学键能的形式储存于高能化合物中，供机体在需要时使用。

高能化合物是指含转移势能高的基团（即容易转移的基团，如高能磷酸基团和带硫酯键的～S-CoA 基团）的化合物。连接这种高能基团的键通常称为高能键，以符号"～"来表示。含高能磷酸键的化合物很多，其中以 ATP 为最重要。高能磷酸键随水解反应或基团转移反应可放出大量的自由能。

2）ATP 的生成

在生物体内 ATP 的生成需要能量，能量来源有光能及化学能。以代谢物进行生物氧化所产生的能量合成高能化合物（如 ATP）的过程称为氧化磷酸化。根据氧化磷酸化的方式，可将氧化磷酸化分为底物水平磷酸化及电子水平磷酸化。

（1）底物水平磷酸化。

底物水平磷酸化是指由于代谢物脱水或脱氢后引起分子内部能量重新分布而生成高能磷酸化合物（ATP）的方式。底物水平磷酸化又可分为以下两种情况。

① 由底物脱水而形成的高能键。

由于代谢物的脱水作用，使分子内的能量重新排布而形成高能键，然后将高能键转移给 ADP 生成 ATP。例如，在糖的代谢中 2-磷酸甘油酸的脱水反应，反应式如图 8-5 所示。

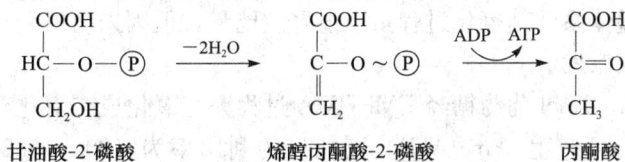

甘油酸-2-磷酸   烯醇丙酮酸-2-磷酸   丙酮酸

图 8-5 2-磷酸甘油酸的脱水反应

② 由底物脱氢而形成的高能键。

由于代谢物的脱氢作用，使分子内能量重新排布而形成高能键，然后将高能键转移给 ADP 生成 ATP。例如，在糖代谢中 3-磷酸甘油醛的脱氢反应，反应式如图 8-6 所示。

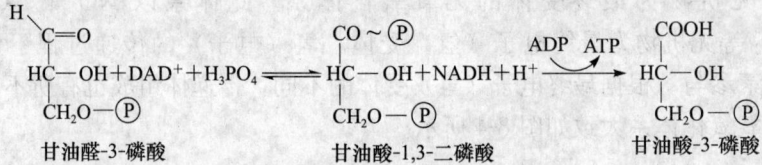

图 8-6　3-磷酸甘油醛脱氢反应

底物水平磷酸化是发酵微生物进行生物氧化取得能量的唯一方式，其特点是底物磷酸化与氧的存在与否无关。

（2）电子水平磷酸化。

在呼吸链中底物脱下的氢进入电子传递体系，并最终传给分子氧的过程中，产生能量并进行磷酸化，使 ADP 产生 ATP，这一全过程称为电子水平磷酸化。在电子水平磷酸化中，电子的传递过程与磷酸化作用是相偶联的。电子水平磷酸化也是需氧生物获得 ATP 的主要方式。

实验证明，电子水平磷酸化所产生的 ATP 不是集中在某一步中产生的，而是分别产生于不同的部位，如图 8-7 所示。

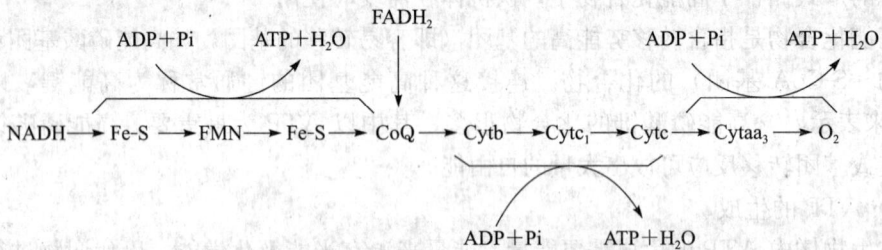

图 8-7　呼吸链中氧化磷酸化部位

在 NADH 呼吸链中，代谢物脱下 2mol 的氢通过呼吸链时，在 NADH 到辅酶 Q 之间、细胞色素 b 到细胞色素 c 之间、细胞色素 a 到分子氧之间可三次偶联磷酸化反应，生成 3mol 的 ATP。而在 $FADH_2$ 呼吸链中，只有细胞色素 b 到细胞色素 c 之间、细胞色素 a 到分子氧之间可二次偶联磷酸化反应，生成 2mol 的 ATP。

电子水平磷酸化过程中氧的消耗和 ATP 生成的个数之间有一定的关系，此关系可用 P/O 比值来表示，即每消耗 1mol 氧所消耗无机磷的摩尔数，它表明每消耗 1mol 的氧所能生成的 ATP 分子的个数。

如果不需传递体系，其氧化过程虽也能释放能量，但因未与磷酸化作用相偶联，能量只能以热的形式散发。

根据实验可知，1mol 葡萄糖经 EMP-TCA 过程完全氧化成二氧化碳和水时，共放出 2870kJ 的自由能，可产生 38molATP，则能量的利用率为（30.5×38/2870）×100%＝40%，这说明生物体内糖的有氧分解产生的能量是生物体生命活动的主要能量来源。

二、糖的分解代谢

多糖经降解产生的单糖或双糖进入细胞后，可进一步被分解成小分子物质，在此过程中，一方面为生命活动提供能量，另一方面分解过程中的某些中间产物又可作为合成脂类、蛋白质等生物大分子物质的原料。其分解方式受氧的供应情况的影响，包括无氧分解和有氧分解两部分。

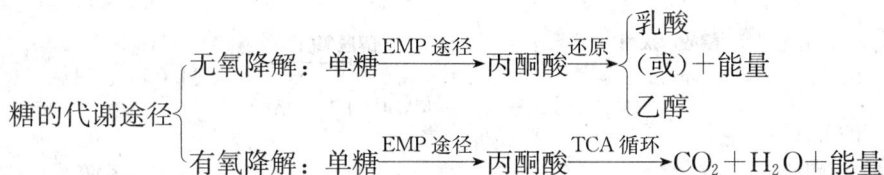

$$
糖的代谢途径
\begin{cases}
无氧降解：单糖 \xrightarrow{\text{EMP 途径}} 丙酮酸 \xrightarrow{\text{还原}} \begin{cases} 乳酸 \\ (或)+能量 \\ 乙醇 \end{cases} \\
\\
有氧降解：单糖 \xrightarrow{\text{EMP 途径}} 丙酮酸 \xrightarrow{\text{TCA 循环}} CO_2+H_2O+能量
\end{cases}
$$

糖的无氧分解代谢是指细胞在无氧情况下，将葡萄糖转变为新的有机物（如乳酸、乙醇等）并产生能量物质（ATP）的过程，包括糖酵解（EMP 途径）生产丙酮酸和丙酮酸还原成新有机物两部分，其中糖酵解（EMP 途径）是一切有机体中普遍存在的葡萄糖降解途径。而有氧分解是将葡萄糖经 EMP 途径生成丙酮酸，并在有氧的条件下，彻底氧化分解生成 CO_2 和 H_2O，并释放大量能量的过程。

糖的无氧分解和有氧分解过程是生物体内糖分解代谢的主要途径，但并不是唯一途径。磷酸戊糖途径是另一重要的糖类降解途径。

1. 糖的无氧降解

1）糖酵解过程（EMP 途径）

在细胞液中，葡萄糖或糖原经 EMP 途径转变为丙酮酸并生成 ATP 的过程称为糖酵解，如图 8-8 所示。此过程可分为如下三个阶段：

第一阶段：葡萄糖经磷酸化生成 1,6-二磷酸果糖。

第二阶段：1,6-二磷酸果糖分裂成两分子丙糖。

第三阶段：3-磷酸甘油醛经氧化还原生成丙酮酸。

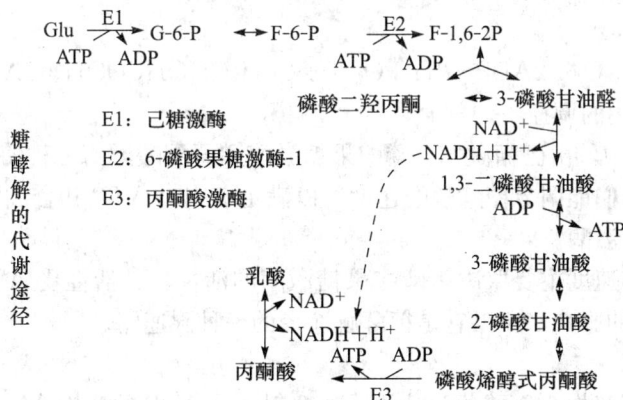

图 8-8 糖的无氧代谢途径

2）丙酮酸被还原生成新有机物的过程

在无氧条件下，厌氧微生物或兼性微生物将糖酵解生成的丙酮酸进一步转化为发酵产物。不同的生物所含酶系不同，得到的发酵产物也不同。常见的有酵母的酒精发酵，乳酸菌的乳酸发酵等。

（1）酒精发酵。酵母细胞除含有酵解途径的全部酶系外，还具有丙酮酸脱羧酶和乙醇脱氢酶。丙酮酸脱羧酶以焦磷酸硫胺素（TPP）为辅酶，催化丙酮酸脱羧，生成乙醛。乙醛在乙醇脱氢酶的催化下，还原生成乙醇。此步反应以糖酵解途径第 6 步产生的 NADH 为辅酶，其反应过程如下：

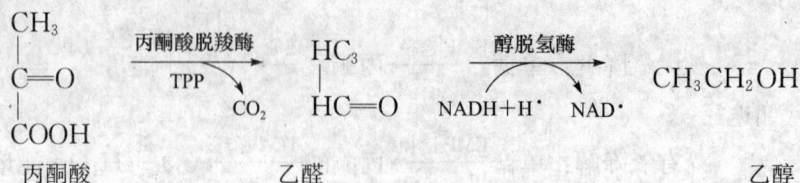

$$\begin{array}{c} CH_3 \\ | \\ C{=}O \\ | \\ COOH \\ \text{丙酮酸} \end{array} \xrightarrow[\text{TPP}]{\text{丙酮酸脱羧酶}} \begin{array}{c} HC_3 \\ | \\ HC{=}O \\ \text{乙醛} \end{array} \xrightarrow[NADH{+}H^{\cdot} \quad NAD^{\cdot}]{\text{醇脱氢酶}} \begin{array}{c} CH_3CH_2OH \\ \text{乙醇} \end{array}$$

葡萄糖酒精发酵的总反应式：

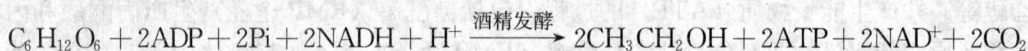

$$C_6H_{12}O_6 + 2ADP + 2Pi + 2NADH + H^+ \xrightarrow{\text{酒精发酵}} 2CH_3CH_2OH + 2ATP + 2NAD^+ + 2CO_2$$

从反应过程看，酒精发酵是酵母菌在无氧条件下分解葡萄糖获取能量的代谢方式，每摩尔葡萄糖净生成 2mol ATP，其余的能量以热能的形式散发，发酵过程中有时需要采取降温措施。

（2）乳酸发酵。乳酸菌能产生活性很强的乳酸脱氢酶（LDH），在无氧条件下，可利用酵解反应生成的 $NADH + H^+$ 还原丙酮酸而得到乳酸，反应如下：

$$\begin{array}{c} CH_3 \\ | \\ C{=}O \\ | \\ COOH \end{array} + NADH + H^+ \xrightleftharpoons{\text{乳酸脱氢酶}} \begin{array}{c} CH_3 \\ | \\ H{-}C{-}OH \\ | \\ COOH \end{array} + NAD^+$$

乳酸发酵对于微生物的生物学意义在于将还原型辅酶Ⅰ及时转化成氧化型辅酶Ⅰ，使无氧酵解得以持续进行。哺乳动物和人的骨骼肌中也有乳酸脱氢酶，在缺氧条件下，能进行酵解生成乳酸，乳酸可经过糖异生作用再合成葡萄糖。

总反应方程式：

$$C_6H_{12}O_6 + 2ADP + 2H_3PO_4 \longrightarrow 2CH_3CHOHCOOH + 2ATP$$

3）糖酵解作用的调控

在 EMP 途径中，由己糖激酶、磷酸果糖激酶和丙酮酸激酶三种酶催化的三步反应是不可逆反应。它们能调节糖酵解的速度，以满足细胞对 ATP 和合成原料的需要。

（1）磷酸果糖激酶。

糖酵解途径的速度主要取决于磷酸果糖激酶的活性，其活性受 ATP、柠檬酸含量及［H^+］等因素的影响，所以它是糖酵解途径的一种限速酶。

（2）己糖激酶。

己糖激酶受其产物 6-磷酸葡萄糖的反馈抑制，受 ADP 的变构抑制。

（3）丙酮酸激酶的调节。

丙酮酸激酶的活性受 ATP 的浓度、丙氨酸、乙酰 CoA 等代谢物的变构抑制，同时 1,6-二磷酸果糖是该酶的激活剂。

2. 糖的有氧分解

糖的有氧分解可分为糖的酵解、丙酮酸的氧化脱羧和三羧酸循环（TCA 循环）三个阶段。

1）丙酮酸氧化脱羧

糖酵解产生的丙酮酸可穿过线粒体膜，进入线粒体基质，在丙酮酸脱氢酶系的催化下脱氢脱羧，生成乙酰 CoA，反应过程不可逆，其总反应式为：

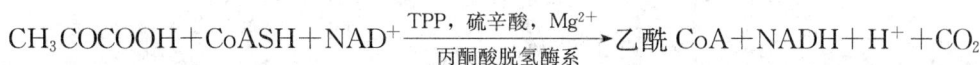

$$CH_3COCOOH + CoASH + NAD^+ \xrightarrow[\text{丙酮酸脱氢酶系}]{\text{TPP，硫辛酸，} Mg^{2+}} 乙酰\ CoA + NADH + H^+ + CO_2$$

丙酮酸脱羧反应是处于代谢途径分支点上的关键步骤，对控制糖的有氧代谢有着重要的意义。这一反应体系受产物和能量物质的调节。

2）三羧酸循环（TCA 循环）

在有氧存在的情况下，丙酮酸氧化脱羧生成的乙酰 CoA 可进入一个环状的代谢途径，彻底氧化分解生成 CO_2 和 H_2O，这一环状代谢途径中有 4 个三元酸，故称为三羧酸循环，简称 TCA 循环，其反应历程如图 8-9 所示。

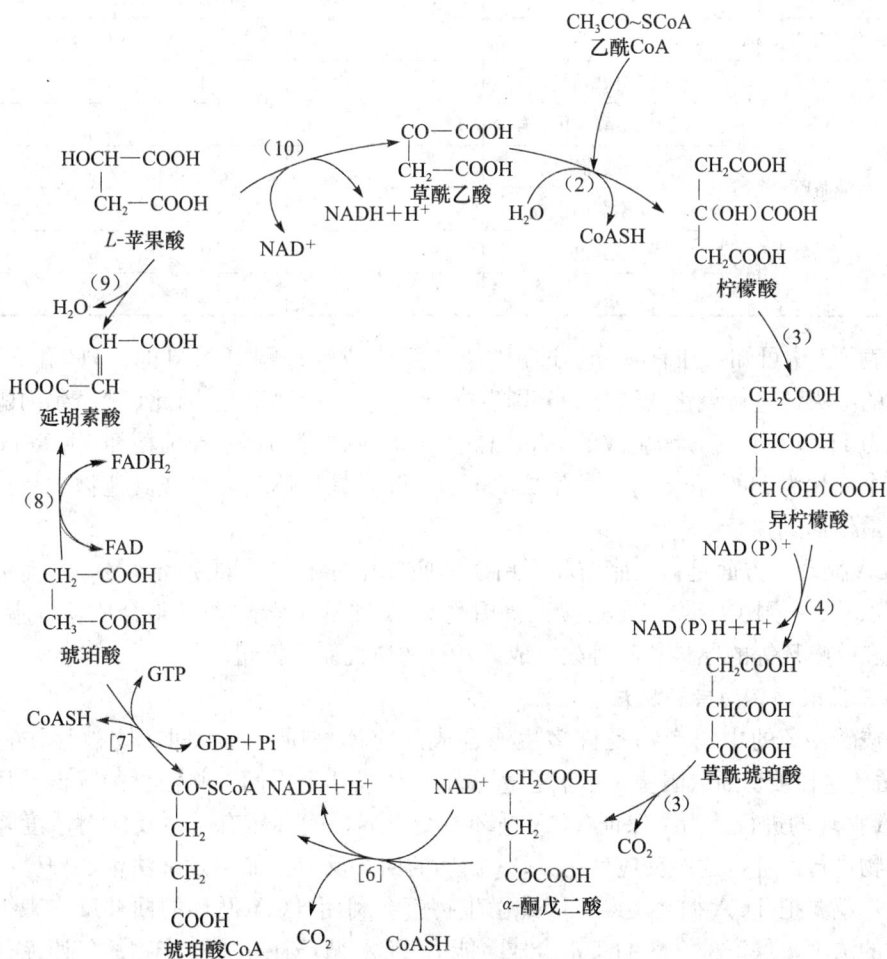

图 8-9 TCA 循环的反应过程

丙酮酸经氧化脱羧生成乙酰 CoA 后，进入 TCA 循环，经上述反应历程生成 CO_2 和 H_2O，其总反应式如下：

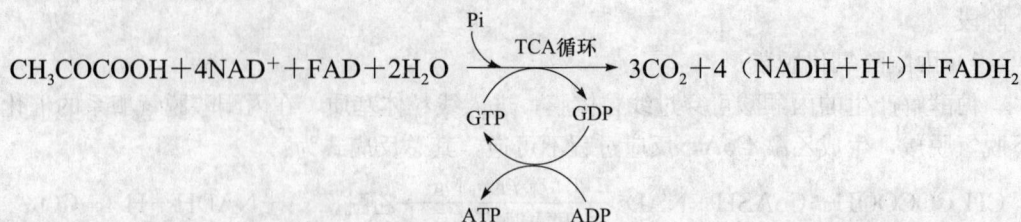

$$CH_3COCOOH + 4NAD^+ + FAD + 2H_2O \xrightarrow{\text{TCA循环}} 3CO_2 + 4(NADH + H^+) + FADH_2$$

（Pi，GTP，GDP，ATP，ADP）

3. 三羧酸循环的意义

三羧酸循环普遍存在于动物、植物和微生物中，是各种营养物质完全氧化分解的公共途径，与呼吸链相偶联进行，可为机体生命活动提供大量能量。其产生能量的方式有底物水平磷酸化和电子水平磷酸化两种，如表 8-1 所示。

表 8-1　每摩尔丙酮酸经有氧氧化产生 ATP、$NADH + H^+$ 和 $FADH_2$ 的情况

代谢阶段	反应步骤	ATP（GTP）数目	$NADH + H^+$ 数目	$FADH_2$ 数目
丙酮酸氧化为乙酰 CoA			1×1	
三羧酸循环	异柠檬酸脱氢		1×1	
	α-酮戊二酸氧化脱羧		1×1	
	琥珀酸的生成	×1		
	延胡索酸的生成			1×1
	草酰乙酸再生		1×1	
	合　计	1	4	1

从表 8-1 中可知：在有氧分解过程中，由于生成的每摩尔 $NADH + H^+$ 和 $FADH_2$ 经不同的呼吸链进行氧化磷酸化，分别生成 3mol 或 2molATP。因此，1 摩尔丙酮酸完全氧化为 H_2O 和 CO_2，净生成的 ATP 总量为 15mol。若 1mol 葡萄糖经 EMP-TCA 循环，完全氧化为 H_2O 和 CO_2，可生成 38molATP，是机体利用糖或其他物质氧化获得能量的最佳形式。

TCA 循环一方面是糖、脂肪和蛋白质彻底氧化分解的共同途径，另一方面中间产物草酰乙酸、α-酮戊二酸、柠檬酸、琥珀酰 CoA 和延胡索酸等又是合成糖、脂肪酸、氨基酸和卟啉环等的原料和碳骨架，成为各种物质代谢的枢纽。

4. 三羧酸循环的回补反应

三羧酸循环的中间产物是许多生物合成的前体物质，若中间产物被移作它用或 TCA 循环途径被切断或阻塞，必然会造成某一个或几个中间产物浓度的降低，从而抑制 TCA 循环的进行。为了保证 TCA 循环不受影响，就必然有某些反应对浓度降低的中间产物进行回补，这一反应就是 TCA 循环的回补反应。如用发酵法生产柠檬酸和谷氨酸时，就要把 TCA 循环阻断，因此微生物就会利用 TCA 循环的回补反应来维持草酰乙酸的浓度，保证柠檬酸的正常合成。能为 TCA 循环补充中间产物的代谢途径主要有丙酮酸羧化支路和乙醛酸循环。

1）丙酮酸羧化支路

丙酮酸羧化支路是指相对于 TCA 循环主体路径而言的一条能为其提供草酰乙酸和苹果酸的附属路径。催化这一路径的酶主要有以下几种。

（1）磷酸烯醇式丙酮酸羧化激酶。在草酰乙酸激酶（或称磷酸烯醇式丙酮酸羧化激酶）作用下，磷酸烯醇式丙酮酸与 CO_2 发生固定化反应，生成草酰乙酸。此反应需要 Mn^{2+} 参与，反应过程如下：

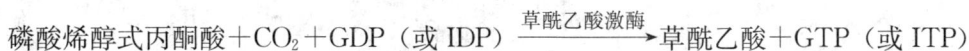

$$磷酸烯醇式丙酮酸 + CO_2 + GDP（或 IDP）\xrightarrow{草酰乙酸激酶} 草酰乙酸 + GTP（或 ITP）$$

（2）丙酮酸羧化酶。在丙酮酸羧化酶作用下，丙酮酸与 CO_2 发生固定化反应生成草酰乙酸，并消耗 1 分子 ATP。此反应需要 Mg^{2+} 和生物素的参与，反应过程如下：

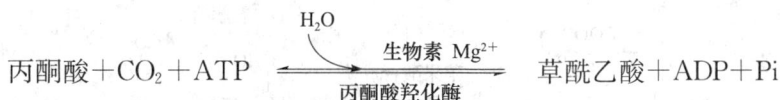

$$丙酮酸 + CO_2 + ATP \overset{H_2O}{\underset{丙酮酸羟化酶}{\xrightarrow{生物素\ Mg^{2+}}}} 草酰乙酸 + ADP + Pi$$

丙酮酸羧化酶最先在细菌中发现，后来证明动物、植物和微生物中普遍存在。乙酰辅酶 A 是该酶的变构激活剂。

（3）苹果酸酶。在苹果酸酶和 NAD（P）$^+$ 的作用下，丙酮酸被还原羧化成苹果酸，苹果酸又可在苹果酸脱氢酶作用下生成草酰乙酸，反应不需要 ATP，反应过程如下：

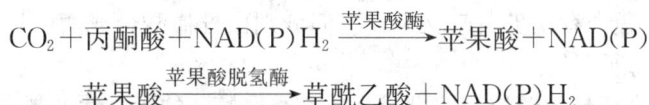

$$CO_2 + 丙酮酸 + NAD(P)H_2 \xrightarrow{苹果酸酶} 苹果酸 + NAD(P)$$

$$苹果酸 \xrightarrow{苹果酸脱氢酶} 草酰乙酸 + NAD(P)H_2$$

2）乙醛酸循环

在植物和有些微生物体内具有异柠檬酸裂解酶和苹果酸合成酶，前者催化异柠檬酸裂解生成琥珀酸和乙醛酸；后者催化乙醛酸与乙酰 CoA 合成苹果酸。这两个反应与 TCA 循环的 4 步反应（1、2、3、10）构成一个循环线路，称为乙醛酸循环，如图 8-10 所示。该循环反应一圈可利用两分子乙酰 CoA 合成了一个琥珀酸分子，为 TCA 循环的一个支路，是 TCA 循环的回补反应。异柠檬酸裂解酶和苹果酸合成酶是乙醛酸循环的关键酶。

5．丙酮酸有氧氧化的调控

丙酮酸有氧氧化的调控包括丙酮酸氧化脱羧和 TCA 循环两个阶段的调节。

1）丙酮酸脱氢酶体系的调控

丙酮酸脱氢酶系可通过共价修饰和变构效应两种方式进行调节。乙酰 CoA 和 NADH＋H^+ 是丙酮酸脱氢酶系的别构抑制剂，当乙酰 CoA 或 NADH＋H^+ 水平高时，丙酮酸脱氢酶系通过别构效应而被抑制，而这些抑制效应可被 CoASH 或 NAD$^+$ 所释放；另外，丙酮酸脱氢酶系存在活性型与无活性型两种状态，它们可在丙酮酸脱氢酶激酶和丙酮酸脱氢酶磷酸酶的催化作用下，经磷酸化或去磷酸反应而相互转变，从而改变反应的速度。

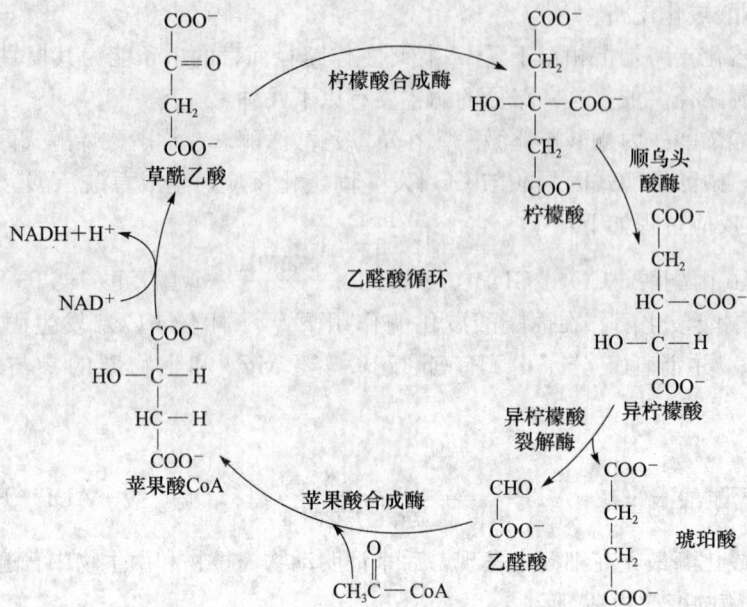

图 8-10 乙醛酸循环反应（引自沈同《生物化学》第二版）

2）TCA 循环的调控

TCA 循环过程中有三步限速反应，它们分别由柠檬酸合成酶、异柠檬酸脱氢酶和 α-酮戊二酸脱氢酶所催化。

（1）柠檬酸合成酶的调控。柠檬酸合成酶受柠檬酸的竞争性抑制作用，当草酰乙酸和乙酰 CoA 的含量处于高水平时，可减少柠檬酸的竞争性抑制作用；此外，ATP 是柠檬酸合成酶的别构抑制剂，其效应是减弱柠檬酸合成酶对乙酰 CoA 的亲和力，抑制反应的速度。

（2）异柠檬酸脱氢酶的调控。ADP 是异柠檬酸脱氢酶的变构激活剂，可增加酶对底物的亲和力，ATP/ADP 比例高时，该酶被抑制。另外，琥珀酰 CoA 和 NADH 也具有同样的抑制作用。

（3）α-酮戊二酸脱氢酶体系的调控。α-酮戊二酸脱氢酶体系的活性可被此反应产物 NADH 和琥珀酰 CoA 所抑制，ATP 也对该酶系有抑制作用。

三、脂代谢

脂肪的分解代谢首先是经过水解生成甘油和脂肪酸，然后水解产物按不同途径进一步分解或转化。

1. 脂肪的消化和吸收

生物体内脂肪的水解需要在脂肪酶、甘油二酯脂肪酶和甘油单酯脂肪酶的作用下进行，并逐步水解三个酯键，最后生成甘油和脂肪酸，其水解过程如下：

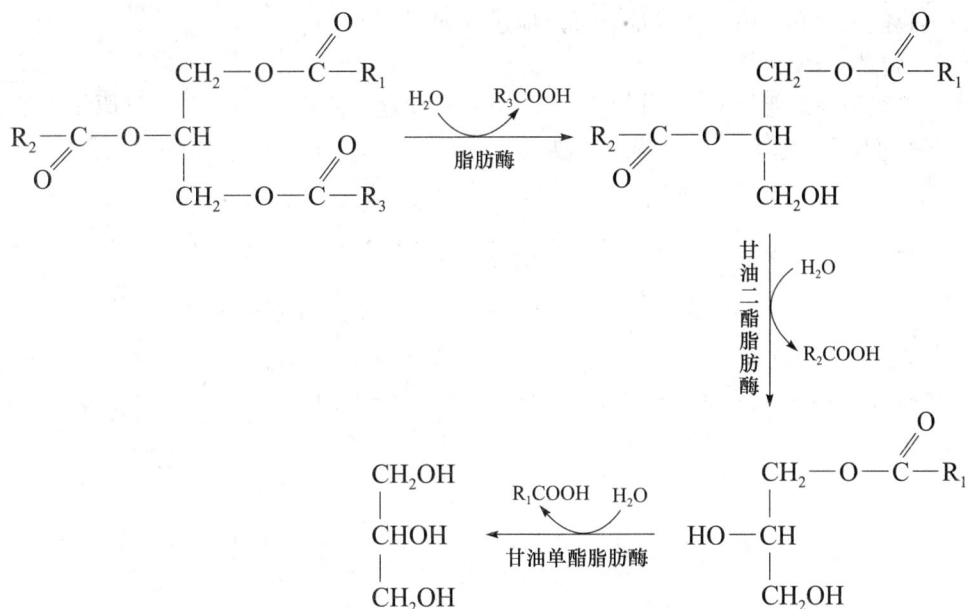

脂肪水解产物甘油、脂肪酸和单酰甘油经过扩散作用进入肠黏膜后重新酯化为脂肪，并与磷脂、胆固醇混合在一起，形成乳糜微粒，经淋巴系统进入血液，小分子脂肪酸可直接渗入血液。

2. 甘油的分解代谢

在 ATP 参与下，由甘油激酶催化甘油生成 α-磷酸甘油，再由磷酸甘油脱氢酶催化，生成磷酸二羟丙酮。磷酸二羟丙酮是糖酵解途径的一个中间产物，它基本上可经 EMP 逆行合成葡萄糖乃至合成多糖，也可顺行生成乙酰 CoA，再进入 TCA 循环被彻底氧化。

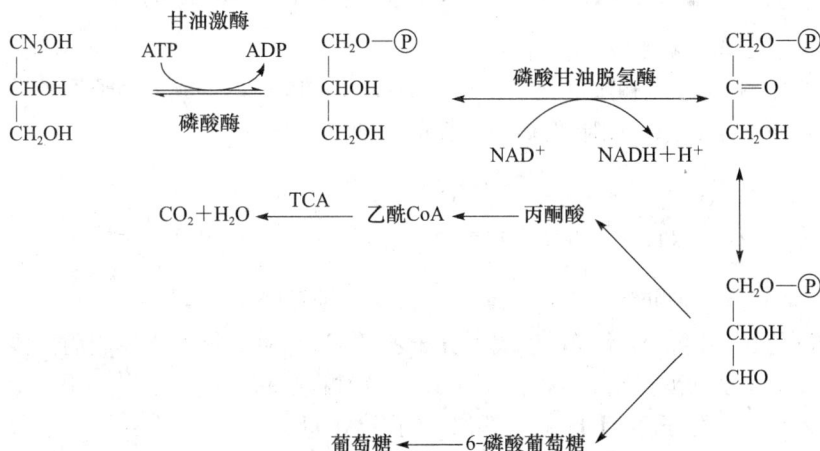

3. 脂肪酸的分解代谢

生物体内脂肪酸氧化分解的主要方式为 β-氧化作用。脂肪酸的 β-氧化是指在一系列酶的催化作用下，α 和 β 碳原子间的化学键断裂，并使 β-碳原子氧化，相应切下两个碳原子，生成乙酰 CoA 和少了 2 个碳原子的脂酰 CoA 的降解过程，其过程包括脱氢、水化、再脱氢氧化和硫解 4 步反应，其反应过程如下：

1）脂酰 CoA 脱氢

进入线粒体的脂酰 CoA 由脂酰 CoA 脱氢酶催化，脱去 α 和 β 两个碳原子上的氢，生成 $FADH_2$ 和烯脂酰 CoA，反应式如下：

脂酰CoA   烯脂酰CoA

2）烯脂酰 CoA 水化

烯脂酰 CoA 在水化酶催化下，使水分子的 H 加到 α-碳上，OH 加到 β-碳上，生成 β-羟脂酰 CoA，反应式如下：

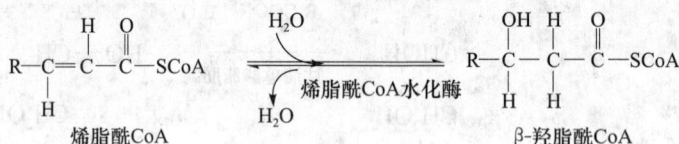

烯脂酰CoA   β-羟脂酰CoA

3）羟脂酰 CoA 脱氢

β-羟脂酰 CoA 由 β-脂酰 CoA 脱氢酶催化，脱下 β-碳上的 2 个 H，生成 β-酮脂酰 CoA，并产生 1 个分子 $NADH+H^+$，反应式如下：

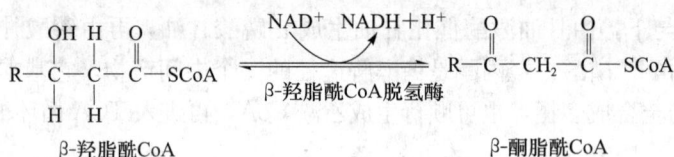

β-羟脂酰CoA   β-酮脂酰CoA

4）酮脂酰 CoA 硫解

在 β-酮脂酰 CoA 硫解酶催化下，酮脂酰 CoA 被硫解，生成 1 分子乙酰 CoA 和 1 分子比第一步少 2 个碳原子的脂酰 CoA，反应式如下：

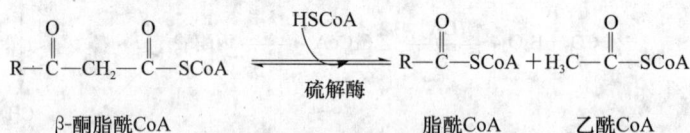

β-酮脂酰CoA   脂酰CoA   乙酰CoA

脂肪酸经过上述 4 步反应，生成 1 分子乙酰 CoA 和 1 分子比原脂肪酸少 2 个碳原子的脂酰 CoA，此脂酰 CoA 可以重复上述反应过程，每经过一轮 β-氧化，都可产生 1 分子乙酰 CoA、1 分子 $NADH+H^+$ 和 1 分子 $FADH_2$。

4. 脂肪酸 β-氧化的意义

（1）为机体提供能量。以 G_8 的硬脂酸为例，活化后生成脂酰 CoA，经 8 轮 β-氧化，完全降解为乙酰 CoA，其总反应式如下：

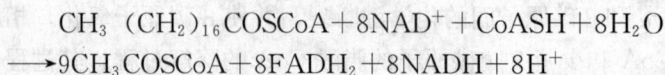

$$CH_3(CH_2)_{16}COSCoA+8NAD^++CoASH+8H_2O$$
$$\longrightarrow 9CH_3COSCoA+8FADH_2+8NADH+8H^+$$

（2）脂肪酸β-氧化也是脂肪酸的改造过程。人体所需的脂肪酸链的长短不同，通过β-氧化可将长链脂肪酸改造成长度适宜的脂肪酸，供机体代谢所需。

（3）产生重要的中间化合物。例如，脂肪酸经β-氧化产生的乙酰CoA除能进入三羧酸循环氧化供能外，还是许多重要化合物合成的原料，如酮体、胆固醇和类固醇化合物。

四、氨基酸的一般代谢

1. 氨基酸的脱氨基方式

天然氨基酸分子除侧链基团不同外，均含有α-氨基和羧基。虽然氨基酸在生物体内的分解代谢各有特点，但都有共同代谢途径，如脱氨基作用、转氨作用、联合脱氨基作用和氨基酸的脱羧作用等。

1）脱氨基作用

根据氨基酸脱氨方式的不同，可将脱氨基作用分为氧化脱氨基作用和非氧化脱氨基作用两类。氧化脱氨基作用是指氨基酸在酶的催化下，在脱氢（氧化）的同时释放出游离的氨，生成相应的α-酮酸的过程。氧化脱氨基作用普遍存在于动植物中，其一般反应过程如图8-11所示。

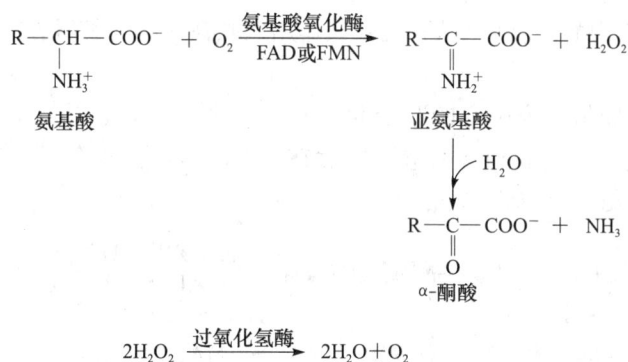

$$R-\underset{\underset{NH_3^+}{|}}{CH}-COO^- + O_2 \xrightarrow[\text{FAD或FMN}]{\text{氨基酸氧化酶}} R-\underset{\underset{NH_2^+}{||}}{C}-COO^- + H_2O_2$$

氨基酸   亚氨基酸

$$\downarrow H_2O$$

$$R-\underset{\underset{O}{||}}{C}-COO^- + NH_3$$

α-酮酸

$$2H_2O_2 \xrightarrow{\text{过氧化氢酶}} 2H_2O + O_2$$

图 8-11　氧化脱氨基作用中的脱氢反应和水解反应

在生物体内，催化氧化性脱氨基反应的酶有氨基酸氧化酶和氨基酸脱氢酶两类。氨基酸氧化酶按其底物的构型又可分为 L-氨基酸氧化酶和 D-氨基酸氧化酶，其中 L-氨基酸氧化酶在体内分布不广泛而且活性不高；而 D-氨基酸氧化酶活性较高，但体内缺少 D-氨基酸。因此，在氧化脱氨基反应中起重要作用是 L-谷氨酸脱氢酶，它广泛存在于动植物和微生物体内，属于以 NAD$^+$ 和 NADP$^+$ 为辅酶的不需氧脱氢酶，具有很高的专一性。它既可以催化 L-谷氨酸脱氢生成 α-酮戊二酸及氨，也可以催化 α-酮戊二酸及氨形成谷氨酸。

非氧化脱氨基作用是指通过还原、水解、脱水、脱巯基等反应进行脱氨基作用的一种方式。其脱氨基的方式有还原脱氨基作用、水解脱氨基作用、脱水脱氨基作用、脱巯基脱氨基作用、脱酰胺基作用等。

2）转氨基作用

在转氨酶的催化作用下，一个 α-氨基酸的氨基转移到一个 α-酮酸的酮基位置上，生成与 α-酮酸相应的新的氨基酸，而原来的氨基酸变成相应的 α-酮酸，这就是转氨基作用，又称氨基转换反应。转氨作用是氨基酸脱氨的重要方式，除 Gly、Lys、Thr、Pro 外的氨基酸都能参与转氨基作用。

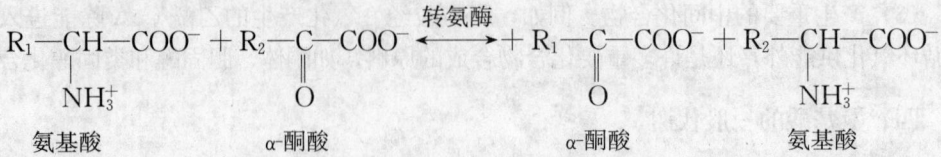

$$R_1-\underset{\underset{NH_3^+}{|}}{CH}-COO^- + R_2-\underset{\underset{O}{\|}}{C}-COO^- \xrightleftharpoons[\text{转氨酶}]{} R_1-\underset{\underset{O}{\|}}{C}-COO^- + R_2-\underset{\underset{NH_3^+}{|}}{CH}-COO^-$$

$$\text{氨基酸} \qquad \text{α-酮酸} \qquad\qquad \text{α-酮酸} \qquad \text{氨基酸}$$

转氨基作用由转氨酶催化，其辅酶是维生素 B_6（磷酸吡哆醛、磷酸吡哆胺）。体内转氨酶种类很多，专一性很强，其中分布最广泛的是天冬氨酸氨基转移酶和丙氨酸氨基转移酶。α-酮戊二酸和丙氨酸在丙氨酸氨基转移酶作用下，生成谷氨酸和丙酮酸，这一反应是可逆的。

转氨基作用可以使糖代谢产生的 α-酮戊二酸、草酰乙酸和丙酮酸转变为氨基酸，是氨基酸生物合成的重要途径。在正常情况下，人体肝脏中转氨酶活性最高，而血清中的活性很低。当肝脏发生炎症时，由于细胞膜的通透性增加，转氨酶大量进入血液，使血清中谷丙转氨酶的活性转高，所以谷丙转氨酶（ALT）的活性是肝炎病人诊断的重要指标。

3）联合脱氨基作用

联合脱氨基作用就是将转氨基和脱氨基作用偶联在一起的脱氨方式，它有以下两种形式。

（1）以谷氨酸脱氢酶为中心的联合脱氨基作用。氨基酸的 α-氨基先转移到 α-酮戊二酸上，生成相应的 α-酮酸和谷氨酸，然后在 L-Glu 脱氨酶催化下，脱氨基生成 α-酮戊二酸，并释放出氨，反应式如下：

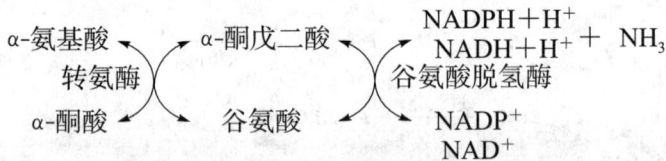

$$
\begin{array}{ccc}
\text{α-氨基酸} & \text{α-酮戊二酸} & \text{NADPH+H}^+ \\
\diagdown & \diagup \qquad \diagdown & \text{NADH+H}^+ + \text{NH}_3 \\
\text{转氨酶} & & \text{谷氨酸脱氢酶} \\
\diagup & \diagdown \qquad \diagup & \text{NADP}^+ \\
\text{α-酮酸} & \text{谷氨酸} & \text{NAD}^+
\end{array}
$$

（2）通过嘌呤核苷酸循环的联合脱氨基作用。次黄嘌呤核苷一磷酸（IMP）与天冬氨酸作用形成腺苷酸代琥珀酸，再通过裂合酶的作用，生成腺嘌呤核苷一磷酸和延胡索酸。腺嘌呤核苷一磷酸水解后产生游离的氨和次黄嘌呤核苷一磷酸。骨骼肌、心肌、肝脏、脑都是以嘌呤核苷酸循环的方式为主。

2. 氨基酸的脱羧作用

生物体内大部分氨基酸在氨基酸脱羧酶的作用下可进行脱羧，生成相应的胺及 CO_2，反应如下：

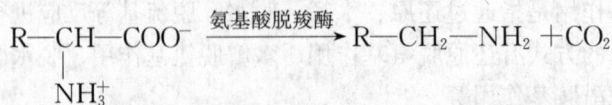

$$R-\underset{\underset{NH_3^+}{|}}{CH}-COO^- \xrightarrow{\text{氨基酸脱羧酶}} R-CH_2-NH_2 + CO_2$$

氨基酸脱羧酶专一性很强，每一种氨基酸都有其相应的脱羧酶，其辅酶都是磷酸吡哆醛。利用脱羧酶的专一性可以对某种氨基酸进行定量测定，从释放的 CO_2 量可以计算出该氨基酸的量。

3. 氨基酸代谢产物的去路

体内氨基酸经过各种代谢途径，可产生大量 α-酮戊二酸、氨和二氧化碳等物质，由于在正常的生物有机体内，这些物质是不可能大量积聚的，因此它们都可按各自特定的代谢途径进行代谢，最终排出体外。

1）α-酮戊二酸的代谢

氨基酸经联合脱氨或其他方式脱氨所生成的 α-酮酸在体内可合成非必需氨基酸，转变成糖和脂类，也可氧化成二氧化碳和水，释放能量供机体需要。

2）氨的代谢

在生物体内，氨主要来源于体内营养物的代谢和消化道吸收的由肠道腐败微生物产生的氨，过量的游离氨会对机体产生毒害，人体必须及时将氨转变成无毒或毒性小的物质，然后排出体外。其主要去路是在肝脏合成尿素并随尿排出；其次是可以合成谷氨酰胺和天冬酰胺，也可合成其他非必需氨基酸；少量的氨可直接经尿排出体外，尿中排氨有利于排酸。

3）二氧化碳的去路

氨基酸脱羧生成的 CO_2 大部分直接排到细胞外，小部分可通过丙酮酸羧化支路被固定，生成草酰乙酸或苹果酸。

五、生物体内三大代谢的相互联系

生物体内各类物质代谢途径相互影响、相互转化。糖、脂类和蛋白质之间可以互相转化，当糖代谢失调时，会立即影响到蛋白质代谢和脂类代谢。现将生物体内糖、脂类和蛋白质代谢途径的相互关系分别叙述如下。

1. 糖代谢与脂类代谢的联系

一般来说，在糖供给充足时，糖可大量转变为脂肪储存起来，导致发胖。如果用含糖类很多的饲料喂养家畜，就可以获得肥畜的效果；另外，许多微生物可在含糖的培养基中生长，在细胞内合成各种脂类物质，如某些酵母合成的脂肪可达干重的 40%。

脂肪转化成糖的过程首先是脂肪分解成甘油和脂肪酸，然后两者分别按不同途径向糖转化。甘油经磷酸化生成 α-磷酸甘油，再转变为磷酸二羟丙酮，后者经糖异生作用转化成糖。脂肪酸经 β-氧化作用，生成乙酰辅酶 A。但脂肪酸的氧化作用可以减少机体对糖的需求，这样，在糖供应不足时，脂肪可以代替糖提供能量。可见，糖和脂肪不仅可以相互转化，在相互替代供能的关系上也是非常密切的。

2. 糖代谢与蛋白质代谢的相互联系

糖经酵解途径产生的磷酸烯醇式丙酮酸和丙酮酸以及丙酮酸脱羧后经三羧酸循环形成的 α-酮戊二酸、草酰乙酸，都可以作为氨基酸的碳架。通过氨基化或转氨基作用形成相应的氨基酸，进而合成蛋白质。此外，由糖分解产生的能量，也可供氨基酸和蛋白质合成之用。

许多氨基酸经脱氨后形成丙酮酸、草酰乙酸、α-酮戊二酸等，这些酮酸可通过三羧酸循环经由草酰乙酸转化为磷酸烯醇式丙酮酸，然后再经糖异生作用合成糖。

3. 脂类代谢与蛋白质代谢的相互联系

生物体中的脂类除构成生物膜外，大多以脂肪的形式储存起来。脂肪分解产生甘油和脂肪酸，甘油可转变为丙酮酸，再转变为草酰乙酸及 α-酮戊二酸，然后接受氨基而转变为丙氨酸、天冬氨酸及谷氨酸。脂肪酸可以通过 β-氧化生成乙酰辅酶 A，乙酰辅酶 A 与草酰乙酸缩合进入三羧酸循环，可产生 α-酮戊二酸和草酰乙酸，进而通过转氨作用生成相应的谷氨酸和天冬氨酸，从而与氨基酸代谢相联系。

总的来说，糖、脂肪和蛋白质等物质在代谢过程中都是彼此影响、相互转化、密切相关的。糖代谢是各类物质代谢网络的"总枢纽"，通过它将各类物质代谢相互沟通，紧密联系在一起，而磷酸己糖、丙酮酸、乙酰辅酶 A 在代谢网络中是各类物质转化的重要中间产物。糖代谢中产生的 ATP、GTP 和 NADPH 等可直接用于其他代谢途径。脂类是生物能量的主要储存形式，脂类的氧化分解最终进入三羧酸循环，并为机体提供更多的能量。各类物质的主要代谢关系如图 8-12 所示。

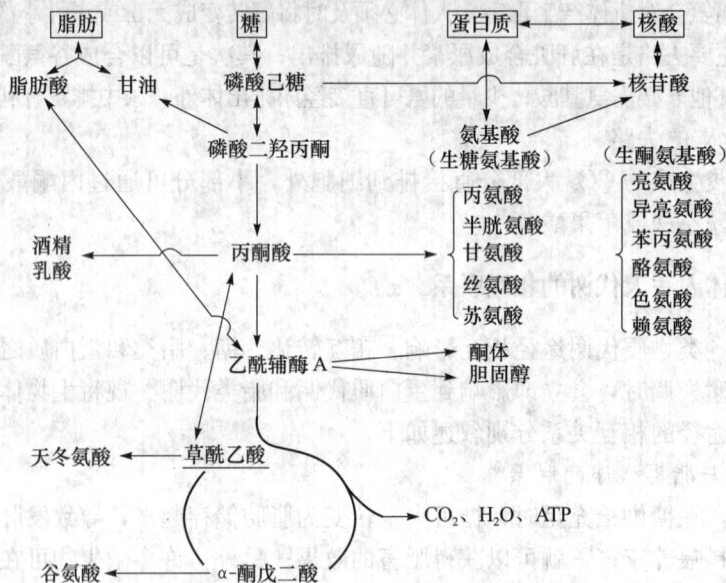

图 8-12　糖、脂类、蛋白质和核酸的代谢关系

思考与复习

酵解与发酵有什么区别？

技能训练

实训项目举例

糖代谢实训（乳酸发酵）

一、实训任务书

1. 学习目标

（1）学习了解糖酵解（EMP 途径）的全过程。

（2）掌握乳酸发酵的原理、方法和操作条件。

（3）在学与做的过程中培养团队协作精神，提高与人交往、合作能力。

2. 实训任务

（1）能独立查阅专业文献，获取有效信息。

（2）能独立设计并完成整个实验过程。

（3）能正确理解实验原理。

（4）能及时总结试验中的不足和错误。

（5）掌握样品采集、保存及预处理方法。

（6）能熟练并准确计算结果。

（7）能独立完成酸乳的制作。

3. 查阅资料

（1）酸乳的制作包括哪些步骤？如何操作？

（2）乳酸发酵有何意义？

（3）酸度如何测定，本实训中用哪种方法好？

（4）本实训应注意哪些事项？

二、实训程序

1. 实训方案实施过程

学生通过学习本项目实训方法以及查阅资料完成可行的实训方案→小组讨论→教师点评→实训操作→总结。

2. 实训原理

牛奶中的乳糖在发酵剂（保加利亚乳杆菌：嗜热链球菌＝1∶1）的乳糖酶的作用下，首先分解为葡萄糖和半乳糖，这两种单糖经过乳酸发酵生成乳酸，使牛奶酸度增加，酪蛋白沉淀。乳酸发酵的总反应式为

$$C_6H_{12}O_6 + 2ADP + 2H_3PO_4 \longrightarrow 2CH_3CHOHCOOH + 2ATP$$

3. 样品、试剂与仪器

（1）样品：

① 鲜牛奶。

② 白砂糖。

（2）试剂：

① 1mol/L 的 NaOH 溶液。

② 酚酞溶液。

③ 发酵剂。

（3）仪器：

① 恒温培养箱。

② 电炉。

③ 天平。

④ 三角瓶。

⑤ 冰箱。

⑥ 温度计。

4. 操作步骤

1）发酵试验

在 2 个 300mL 三角瓶中各加入 150mL 鲜牛奶，按 8％的比例混入相应数量的白砂糖，并使其完全溶解，然后在电炉上加热杀菌，杀菌条件：72℃，10～15min（注意防止牛奶溢出），然后冷却至 45℃，按 2.5％的比例加入准备好的发酵剂并混匀，放入 42℃的恒温培养箱（温度波动为±1℃）中保温 2～3h，并每隔 0.5h 用滴定法测一次酸度，填入表 8-1 中，直至酸度达到 110°T，发酵结束，放入 0～4℃的冰箱中保藏 12h 左右，然后检验并品尝。

2）滴定酸度的测定

取样 10mL 发酵乳样，加入 20mL 蒸馏水稀释，加入酚酞做指示剂，用 0.1mol/L 的 NaOH 溶液进行滴定，到达滴定终点后所消耗的 NaOH 溶液体积（mL）乘 10 即为发酵乳的滴定酸度。

5. 实训结果

每隔 0.5h 测定发酵乳的酸度并填入表 8-2 中，以时间为横坐标，酸度为纵坐标绘出酸度-时间曲线。

表 8-2　实训数据

项目	0h	0.5h	1h	1.5h	2h	2.5h	3h
酸度							

检验品尝后，将结果填入表 8-3 中。

表 8-3　实训数据

项目	有、无乳清分离	硬度	口感	酸度
结果				

思考与复习

（1）糖代谢的途径有哪些？乳酸发酵中糖经历的是哪一条？

（2）总结乳酸生产的工艺过程。

可选实训项目

实训一　脂肪转化成糖的定性实验

1. 实训目的

学习和了解生物体内脂肪转化为糖的基本原理、检验方法和生理意义。

2. 实训原理

糖代谢、脂肪代谢和蛋白质代谢是相互联系的，三类物质可以互相转化。本实训以休眠的花生种子和花生的黄化幼苗为材料，定性地了解花生种子内储存的大量的脂肪转化成为黄化幼苗中还原糖的现象。

3. 样品、试剂与仪器

（1）样品：

① 花生仁。

② 花生的黄化幼苗（在 25℃暗室中培养 8d）。

（2）试剂：

① 费林试剂：试剂 A（硫酸铜溶液）：将 34.5g 结晶硫酸铜溶于 500mL 蒸馏水中，加 0.5mL 浓硫酸，混匀。试剂 B（酒石酸钾钠碱性溶液）：将 125g 氢氧化钠和 137g 酒石酸钾钠溶于 500mL 蒸馏水中，储于带橡皮塞的瓶内。临用时将试剂 A 和试剂 B 等量混合。

② 碘化钾-碘溶液：将碘化钾 20g 及碘 10g 溶于 100mL 水中。

（3）仪器：

① 试管及试管架。

② 竹试管夹。

③ 研钵。

④ 烧杯（100mL）。

⑤ 小漏斗。

⑥ 移液管及移液管架。

⑦ 量筒。

⑧ 恒温水浴锅。

4. 操作步骤

（1）取 5 粒花生，剥去外壳，放在研钵中碾碎成种糊。取少量种糊放在白瓷板上，加 1 滴碘化钾-碘溶液，观察有无蓝色产生。说明了什么？

（2）将剩下的种糊放在小烧杯中，加入 40mL 蒸馏水，直接加热至沸腾，过滤。取 1 支试管，加入 2mL 滤液和 3mL 费林试剂，混匀，在沸水浴中煮 2～3min，观察是否出现红色沉淀。说明了什么？

（3）取 5 棵黄化幼苗，按上述方法碾碎，取少许用于碘化钾-碘溶液检查，余下的用蒸馏水进行热提取。滤液与费林试剂反应（操作同上）。观察有无红色沉淀生成。说明了什么？并解释本实验结果。

5. 注意事项

（1）花生的黄生幼苗要在 25℃暗室中培养。

（2）碘化钾-碘溶液使用前需稀释 10 倍。

6. 实训结果

将实训结果填入表 8-4 中。

表 8-4　实训结果统计表

步骤	第一步	第二步	第三步
颜色反应			
解释现象			

思考与复习

（1）通过实训观察到蓖麻或花生籽萌发时储存脂肪能够转化为糖，试写出它们可能的转化途径。这种转化作用是否有普遍意义？

（2）简述生物体内糖、脂肪、蛋白质代谢的相互关系。

实训二　发酵过程中中间产物的鉴定

1. 实训目的

（1）学习在无氧条件下，葡萄糖的氧化作用。

（2）掌握检测代谢中间产物存在的方法。

2. 实训原理

在酵母菌中，葡萄糖经 EMP 途径首先产生丙酮酸。丙酮酸在丙酮酸脱羧酶的作用下转变为乙醛，后者接受 $NADH_2$ 中的 2 个 H 而还原为乙醇，即乙醇发酵。

在正常的情况下，代谢中间物丙酮酸、乙醛存在的量是不多的，为了证明它们作为反应途径的中间物存在着，可向反应体系中加入一些酶的抑制剂，在研究条件下，抑制催化某一化合物转变的酶，或者改变生理条件，使酶的活性降低；或者加入一种"诱惑剂"，使它与中间代谢物反应后形成一种不能代谢的物质等。

在弱碱性条件下，丙酮酸脱羧酶活性丧失。因此丙酮酸不能进一步代谢而积累下来，它的存在可以通过与 2,4-二硝基苯肼反应来证明。

利用碘乙酸对糖酵解过程中 3-磷酸甘油醛脱氢酶的抑制作用，使 3-磷酸甘油醛不再向前变化而积累。硫酸肼作为稳定剂，用来保护 3-磷酸甘油醛使不自发分解。然后用 2,4-二硝基苯肼与 3-磷酸甘油醛在碱性条件下形成 2,4-二硝基苯肼-丙糖的棕色复合物，其棕色程度与 3-磷酸甘油醛含量成正比。

向反应混合物中加入亚硫酸钠，它可以"诱捕"乙醛，加入硝普酸钠和哌啶后，蓝色物质的形成说明有乙醛的存在。

3. 样品、试剂与仪器

（1）样品：鲜酵母。

（2）试剂：

① 5mol/L 的磷酸氢二钠。

② 磷酸氢二钠溶液（0.5mol/L）。

③ 酵母悬浮液：把 1g 鲜酵母块溶于 10mL 磷酸氢二钠中（4℃冰箱保存）。

④ 酵母悬浮液：把 1g 鲜酵母块溶于 10mL 水中（4℃冰箱保存）。

⑤ 酵母悬浮液：把 1g 鲜酵母块溶于 10mL 磷酸二氢钾中（4℃冰箱保存）。

⑥ 10% 的葡萄糖溶液（4℃冰箱保存）。

⑦ 浓氨水。

⑧ 硫酸铵。

⑨ 亚硫酸钠。

⑩ 10%的氢氧化钠溶液。

⑪ 2,4-二硝基苯肼盐酸饱和溶液（2mol/L的盐酸配制）。

⑫ 三氯乙酸（5%）。

⑬ 5%硝普酸钠（使用前配制）。

⑭ 5%的三氯乙酸。

⑮ 硫酸肼。

⑯ 碘乙酸。

（3）仪器：

① 37℃恒温水浴锅。

② 吸量管（5mL、2mL、1mL、0.5mL）。

③ 离心机。

④ 离心管。

⑤ 试管及试管架。

4. 操作步骤

1）酵母菌的发酵作用

（1）取2支干净的试管，编号为1，2（注意管口应平整）。把2支试管放入冰水浴中冷却，向每支试管中加入3mL预冷却的葡萄糖溶液。

（2）向试管1中加入3mL磷酸氢二钠制备的酵母菌悬液，迅速混合后于试管口上放一个载玻片。

（3）向试管2中加入3mL磷酸二氢钾制备的酵母菌悬液，迅速混合后于试管口上放一个载玻片。

（4）把2支试管放于37℃水浴锅中精确保温1h，然后向每支试管中加入2mL三氯乙酸，充分混合后，在3000r/min离心10min。

（5）吸出上清液，监测丙酮酸的生成。

2）丙酮酸的检测

（1）2,4-二硝基苯肼实验。取一支试管，加入2mL上清液然后再加入1mL饱和的2,4-二硝基苯肼，充分混合；另取一支试管，加入2～5滴上述混合液，再加入1mL氢氧化钠溶液，然后加水到大约5mL，如果有丙酮酸存在，将出现红色。

（2）硝普酸钠实验。取一支试管，加入大约1g硫酸铵，然后加入2mL煮沸过的上清液，再向试管中加入2～5滴新配制的硝普酸钠溶液，充分混合，沿管壁慢慢加入浓氨水使形成两成。如果有丙酮酸存在，在两液面交界处将产生绿色或蓝色的环。由于巯基的存在。蓝色或绿色的环出现之前，往往有桃红色出现，但存在的时间很短。

3）3-磷酸甘油醛的检测

（1）取小烧杯3只，分别加入新鲜的酵母0.3g，并按表8-5分别加入各试剂，混匀。

（2）各杯混合物分别倒入对应编号的发酵管内，37℃保温1.5h，观察发酵管产生气泡的量有何不同。

表8-5 3-磷酸甘油醛的检测（1）

杯号	5％葡萄糖/mL	10％三氯醋酸/mL	碘乙酸/mL	硫酸肼/mL	发酵时气泡多少
1	10	2	1	1	
2	10	—	1	1	
3	10	—	—	—	

（3）把发酵管中发酵液倒入同号小烧杯中并在2号和3号杯中按表8-6补加各试剂，摇匀放置10min后和1号烧杯中内容物一起分别过滤，取滤液放入3支试管中。

表8-6 3-磷酸甘油醛的检测（2）

杯号	10％三氯醋酸/mL	碘乙酸/mL	硫酸肼/mL
2	2	—	—
3	2	1	1

（4）取3支试管，分别加入上述滤液0.5mL，并按表8-7加入试剂并处理，观察。

表8-7 3-磷酸甘油醛的检测（3）

管号	1	2	3
滤液/mL	0.5	0.5	0.5
0.75mol/L NaOH/mL	0.5	0.5	0.5
室温放置10min			
2,4-二硝基苯肼/mL	0.5	0.5	0.5
38℃水浴保温10min			
0.75mol/L NaOH/mL	3.5	3.5	3.5
观察结果			

4）中间产物乙醛的鉴定

（1）取3支干净的试管，编号为1、2和3，把3支试管放入冰箱中冷却。

（2）向管1中加入3mL水，向管2和管3中分别加入3mL葡萄糖溶液，然后再加入以水配制的酵母菌悬液3mL。

（3）向管2中加入0.5g亚硫酸钠，充分混匀。

（4）把3支试管放入37℃水浴中保温1h。

（5）将试管内容物在3000r/min下离心10min，取各管上清液检测乙醛的存在。

（6）另取3支试管，编号后分别加入管1、管2和管3的上清液2mL，再分别加入0.5mL新配制的硝普酸钠及2mL哌啶，混合，若存在乙醛，则有蓝色化合物产生。

5. 注意事项

（1）酵母菌悬液及葡萄糖溶液应放在4℃冰箱中保存。

（2）硝普酸钠和哌啶溶液应是新配制的。

6. 实训结果

将实训数据填入表 8-8。

表 8-8 实训数据

项 目	丙酮酸的检测	3-磷酸甘油醛的检测	乙醛的检测
主要试剂	NaOH 2,4-二硝基苯肼	碘乙酸 2,4-二硝基苯肼	亚硫酸钠 硝普酸钠 哌啶
结 果			

实训三 转氨酶测定

1. 实训目的

(1) 学习转氨酶在代谢中以及临床诊断中的重要性。

(2) 掌握转氨酶测定的原理和方法。

2. 实训原理

生物体内转氨酶的种类很多，每种转氨酶都有各自不同的一对氨基酸和酮酸为底物。在肝脏和心肌组织中，转氨作用最活跃。心肌中的谷氨酸-草酰乙酸转氨酶（GOT）催化谷氨酸和草酰乙酸之间的氨基移换作用生成相应的 α-酮戊二酸和天冬氨酸；肝组织中的谷氨酸-丙酮酸转氨酶（GPT）催化谷氨酸和丙酮酸之间的氨基移换反应生成丙氨酸 α-酮戊二酸。由转氨酶催化的反应是可逆的。

当组织如心肌或肝脏受到损伤时，转氨酶流入血液。因此，血液中不同转氨酶浓度的测定可用于判断心肌或肝组织被损伤的程度。在患心肌梗塞疾病时，血清中谷草转氨酶水平提高。而谷丙转氨酶水平正常；但在患肝炎疾病时，该酶的血清水平明显提高。因此可以看出，两种不同的酶在不同的组织中分别催化不同的反应。

测定转氨酶有比色法和色谱法。将兔肝（或鸡肝）匀浆和谷氨酸、丙酮酸混合，然后放水浴中保温并结合色谱法检查所生成的丙氨酸可观察到氨基移换作用，加入碘乙酸可抑制其他酶系对丙酮酸的氧化作用。

3. 样品、试剂与仪器

(1) 样品：兔子。

(2) 试剂：

① 1%的谷氨酸溶液（用固体氢氧化钾调 pH 至 7.0）。

② 1%的丙酮液：1mL 丙酮酸加水稀释到 100mL，用固体氢氧化钾调 pH 到 7.0。

③ 0.1%的碳酸氢钾溶液。

④ 0.05%的碘乙酸。

⑤ 15%的三氯乙酸：把 15g 三氯乙酸溶于 100mL 水中。

⑥ 0.5%的茚三酮丙酮溶液或乙醇溶液：把 0.5g 茚三酮溶于 100mL 丙酮或乙醇中。

⑦ pH 8.0 的磷酸缓冲液：

a. (1/15) mol/L 的磷酸氢二钠溶液；

b. (1/15) mol/L 的磷酸二氢钾溶液；

c. 把 95mL①溶液和 5mL②溶液混合即得。

⑧ 丙氨酸标准溶液（1mg/mL）。

⑨ 谷氨酸标准溶液（1mg/mL）。

⑩ 水饱和酚溶液：把 300g 酚溶于大约 80mL 水中，（如果不溶，可于 50～60℃水中助溶）；将此溶液转移到一个 1000mL 的分液漏斗中，冷却到室温后，再加入 240mL 水，剧烈振荡 15～20min，然后静置 7～10h，直到溶液明显地分为两层为止，放出下层的酚相，备用。

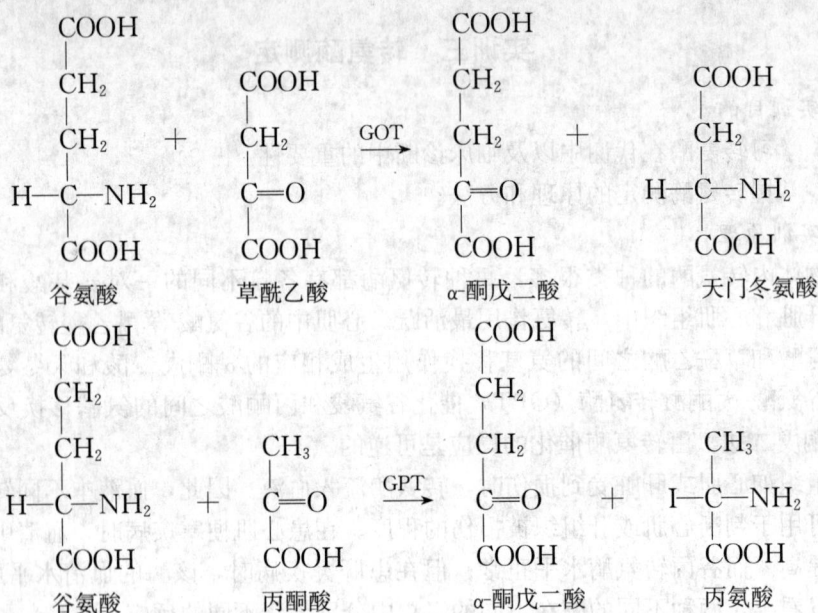

$$
\underset{\text{谷氨酸}}{
\begin{array}{c}
COOH \\ | \\ CH_2 \\ | \\ CH_2 \\ | \\ H-C-NH_2 \\ | \\ COOH
\end{array}}
+
\underset{\text{草酰乙酸}}{
\begin{array}{c}
COOH \\ | \\ CH_2 \\ | \\ C=O \\ | \\ COOH
\end{array}}
\xrightarrow{GOT}
\underset{\alpha\text{-酮戊二酸}}{
\begin{array}{c}
COOH \\ | \\ CH_2 \\ | \\ CH_2 \\ | \\ C=O \\ | \\ COOH
\end{array}}
+
\underset{\text{天门冬氨酸}}{
\begin{array}{c}
COOH \\ | \\ CH_2 \\ | \\ H-C-NH_2 \\ | \\ COOH
\end{array}}
$$

$$
\underset{\text{谷氨酸}}{
\begin{array}{c}
COOH \\ | \\ CH_2 \\ | \\ CH_2 \\ | \\ H-C-NH_2 \\ | \\ COOH
\end{array}}
+
\underset{\text{丙酮酸}}{
\begin{array}{c}
CH_3 \\ | \\ C=O \\ | \\ COOH
\end{array}}
\xrightarrow{GPT}
\underset{\alpha\text{-酮戊二酸}}{
\begin{array}{c}
COOH \\ | \\ CH_2 \\ | \\ CH_2 \\ | \\ C=O \\ | \\ COOH
\end{array}}
+
\underset{\text{丙氨酸}}{
\begin{array}{c}
CH_3 \\ | \\ I-C-NH_2 \\ | \\ COOH
\end{array}}
$$

（3）仪器：

① 培养皿（15cm 1 个）。

② 色谱滤纸（20cm×20cm）。

③ 铅笔。

④ 尺子。

⑤ 毛细管。

⑥ 搪瓷盘（25cm×30cm）。

⑦ 剪刀。

⑧ 层析缸。

⑨ 解剖刀。

⑩ 玻璃匀浆器。

⑪ 离心管（10mL）。

⑫ 37℃恒温水浴锅。

4. 操作步骤

（1）猛击兔子的头，将其打晕，迅速解剖取出肝脏放于冰浴上。

（2）称取 1.5～2g 的肝，用剪刀将其剪碎。

（3）把肝碎片放入匀浆器内，加入 3mL 预冷的磷酸缓冲液匀浆 5～10min。

（4）在 3000r/min 下，将匀浆物离心，把上清液倒入一个小试管内，此即为酶抽提液。

（5）取两支试管，编号为 1 和 2。

（6）向管 1 中加入 10 滴 1% 的谷氨酸，10 滴 1% 的丙酮酸，10 滴 0.1% 的碳酸氢钾和 5 滴 0.05% 的碘乙酸和 10 滴酶抽提液，混合均匀，把管 1 放于 37℃ 水浴中保温反应 1.5～2h。

（7）向管 2 中加入 10 滴酶抽提液和 10 滴 15% 的三氯乙酸，混合后放于沸水浴中煮 10min，酶蛋白变性凝集，成为肉眼可见的沉淀；用玻璃棒将沉淀打碎后继续煮沸 5～10min。冷却后，加入 10 滴 1% 的谷氨酸，10 滴 1% 的丙酮酸，10 滴 0.1% 的碳酸氢钾和 5 滴 0.05% 的碘乙酸，混合均匀，把管 2 也放入 37℃ 水浴中。

（8）保温后，向管 1 中加入 10 滴 15% 的三氯乙酸，混合均匀，室温下静置 5min。

（9）将管 1 和管 2 中的混合物离心（3000r/min，10min），上清液用于色谱分析。

（10）纸色谱法鉴定。

① 取一张 20cm×20cm 的华特曼 1 号滤纸，把它平均分为 4 份，在 4 个角上标以 1、2、3 和 4（图 8-13）。在滤纸的中央划一个小圆圈，圆的直径大约 1.5cm。在每份中的圆形弧线中间位置，用铅笔做个标志，以示加样位置；1 点上样品 1，2 点上样品 2，3 点上标准谷氨酸，4 点上标准丙氨酸。

② 使用毛细管进行加样，每个样品用一支毛细管。样品点的直径不应超过 0.3cm。每个样品点 3 次，每次点样时，应使样品点干燥后再点第二次。

③ 向培养皿中加入 3～5mL 饱和酚，然后把它放入层析缸的中央。把点过样品的滤纸筒放在培养皿（15cm）中，加盖即可进行展层。

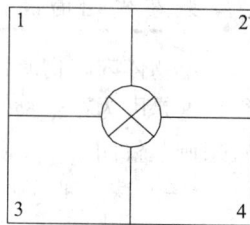

图 8-13　滤纸

④ 展层结束后，取出滤纸，在空气中干燥。

⑤ 用茚三酮显色剂均匀地喷洒滤纸直到全部湿润为止。

⑥ 显色剂挥发干燥后，将滤纸放于 60～80℃ 的干燥箱内显色 5～10min，即可显出每个样品的色谱斑点。

⑦ 用铅笔轻轻画出每个斑点的位置（因时间长了，显色斑点将消失）。

⑧ 比较每个氨基酸的 R_f，鉴定样品 1 和样品 2 中的成分。

5. 注意事项

（1）在整个操作过程中，应避免用手直接拿滤纸，应戴手套操作，因为手上有少量含氮物质，用茚三酮显色时也会出现紫色斑点。

（2）温度对其影响很大，所以操作时最好保持恒温，使温差最好不超过 ±0.5℃。

（3）每次点样时，应使样品点干燥后再点第二次，否则温度过高会使样点变黄。

6. 实训结果

1）结果计算

氨基酸的迁移率（R_f）（迁移率）按下式计算：

$$R_f = \frac{\text{原点到层析点中心的距离}}{\text{原点到溶剂前沿的距离}}$$

2）实训数据

将实训数据填入表 8-9。

表 8-9　实训数据表

项目	样点 1	样点 2	样点 3	样点 4
原点到层析点中心的距离				
原点到溶剂前沿的距离				
R_f 值				

思考与复习

（1）在试管 1 和试管 2 中哪个试管内发生了转氨基作用？说明了什么？

（2）在患心肌梗塞疾病和肝炎疾病时，血清中分别是那种酶的水平明显提高？

拓展知识

物质代谢的调控

生物体内的物质代谢虽然错综复杂、高效多变，但总是彼此配合，有条不紊地进行，这是因为在生物体内有酶水平调节、细胞水平调节、激素水平调节和神经调节等方式来调节代谢。

（一）酶水平的调节

酶水平的调节主要包括酶的含量和酶的活性两个方面。因此，控制酶的生物代谢和活性是机体调节自身代谢的重要措施，同时酶水平的调节也是最灵敏和最有效的调节。

1. 酶含量的调节

细胞内某种酶的含量主要由该酶的合成速度与降解速度所决定。酶含量的调节是通过改变细胞中某一特定酶的绝对含量来调节代谢反应的速度，这是机体内迟缓调节的重要方式。

2. 酶蛋白合成的调节

酶合成调节是通过酶的合成量的变化来调控代谢速率的，而酶含量的变化是主要通过基因表达的调节来完成的，基因表达的调节又依靠一些诱导剂或阻遏剂来进行调节。一般来说，凡能促使基因转录能力增强，使酶蛋白合成增加的物质就称为诱导剂；反之，则称为阻遏剂。

基因表达的调节主要表现在转录水平、翻译水平、加工水平（转录后加工、翻译后加工）、蛋白质活性调节等四个水平上，其中最关键的是转录水平调节。根据在转录水平上进行调节的机制不同，可分为酶的诱导作用和产物的阻遏作用。

（1）诱导作用。在一般情况下不存在或含量很少，但在诱导剂（通常为该酶的底物）存在时，酶合成速率明显增加，这种由诱导物诱导酶合成的现象，称为诱导作用，由此产生的酶称为诱导酶。例如，将大肠杆菌培养在以乳糖作为唯一碳源的培养基上时，2～3min 内催化乳糖分解的 β-半乳糖苷酶增加到原来的 1000 倍。若将大肠杆菌再转移到葡萄糖培养基上培养时，则该酶的合成在 2～3min 内即停止。这是由于乳糖作为诱导物，诱导了 β-半乳糖苷酶的合成。

（2）阻遏作用。当阻遏剂（通常为该酶的直接产物或代谢途径的终产物）存在时，它可与细胞内本来存在的无活性的阻遏蛋白相结合，转变成有活性的阻遏蛋白，可使某些特定酶的合成受到阻遏，这种阻遏物阻遏酶合成的现象称为阻遏作用。例如，大肠杆菌细胞中色氨酸操纵子，属于阻遏型操纵子，当细胞内有过量色氨酸时，色氨酸可与没有活性的阻遏蛋白结合，形成有活性的复合物，结合到操纵基因上，阻断转录作用的进行，使与色氨酸合成有关的邻氨基苯甲酸合酶、邻-氨基苯甲酸磷酸核糖转移酶、吲哚-3-甘油磷酸合酶以及色氨酸合酶的 α、β 亚基的合成受阻。

3. 酶蛋白降解的调节

细胞内存在的蛋白质降解酶可催化某些特定酶蛋白降解，使其含量水平降低。例如，人在饥饿时，精氨酸酶降解速度减慢，使该酶含量增高，有利于氨基酸的分解供能。

4. 酶活性的调节

物质代谢实质上是一系列的酶促反应，代谢速度改变并不是由于代谢途径中全部酶活性的改变，而常常只取决于某一关键酶活性的变化，此酶往往是整条反应链中催化最慢一个反应的酶，称为限速反应，此酶称为限速酶。限速酶的分子结构（或构象）和活性一般受有关调节因子的影响而变化，故又称为调节酶。限速反应一般处在一条代谢途径的起始步骤，或者分支途径的发散步骤，或者物质转换的节点上。

调节酶有无活性（或低活性）和有活性（或高活性）等结构形式。不同的结构形式受细胞内调节因子的作用，可以发生互变，催化活性也随之改变。调节酶的种类很多，根据它们的活性调节机理及其调控代谢的功能特点，可分为共价修饰酶、变构酶、同工酶及多功能酶等。

酶活性调节的类型包括酶的抑制作用和激活作用。抑制作用又可分为简单抑制和反馈抑制。简单抑制是指一种代谢产物在细胞内累积时，可抑制其本身的形成，这种抑制不涉及酶结构的变化；反馈抑制是指系列反应终产物对酶活力的抑制。

1）酶原激活

酶原激活是通过去掉分子中部分肽片段，引起酶分子空间结构的变化，从而形成或暴露出活性中心，转变为具有活性的酶的过程。酶原的激活过程通常伴有酶蛋白一级结构的改变。酶原激活的生理意义在于生物体的自身保护，同时当机体需要时，酶可迅速转化为活性形式，能及时保证代谢的正常需要。

2）共价修饰

共价修饰是指在专一性酶的催化作用下，共价修饰调节酶肽链上的某些侧链基团可以共价结合或脱去一个小基团，从而发生分子共价结构和构象的变化，引起酶活性的改变。共价修饰与酶原激活不同，酶原一旦被激活，则不会再恢复到酶原状态，而共价修饰酶被修饰激活后，在调节因子去除后，可被另外的酶催化，变为无活性（或低活性）状态，即共价修饰是可逆的。

3）变构调节

某些物质能与酶分子上的非酶催化部位特异结合，引起酶蛋白的分子构象发生改变，从而改变酶的活性，这种现象称为酶的变构调节或称别位调节。变构调节在酶的快速调节中占有特别重要的地位。例如，在休息状态下，机体能量消耗降低，ATP在细胞内积聚，而ATP是磷酸果糖激酶的变构剂，所以导致F-6-P和G-6-P的积聚，G-6-P又是己糖激酶的抑制变构剂，从而减少葡萄糖的氧化分解。同时，ATP也是丙酮酸激酶和柠檬酸合成酶的抑制变构剂，更加强了对葡萄糖的氧化分解的抑制，从而减少了ATP的进一步生成。反之，当体内ATP减少而ADP或AMP增加时，AMP则可抑制果糖-1,6-二磷酸酶，降低糖异生速度，同时激活磷酸果糖激酶和柠檬酸合成酶等，加速糖的分解氧化，保证体内ATP的生成不致过多或过少，保证了机体的能源被有效利用。

4）酶分子化学修饰调节

酶分子肽链上的某些基团可在另一种酶的催化下发生可逆的共价修饰，从而引起酶活性的改变，这个过程称为酶的酶促化学修饰。例如，磷酸化和脱磷酸作用在物质代谢调节中最为常见。

此外，酶的化学修饰与变构调节只是两种主要的调节方式。对某一种酶来说，它可以同时受到这两种方式的调节。例如，糖原磷酸化酶受化学修饰调节的同时也是一种变构酶，其二聚体的每个亚基都有催化部位和调节部位。它可由AMP激活，并受ATP抑制，属于变构调节。

（二）细胞水平的调节控制

细胞是生物体的结构与功能单位。由于细胞本身具有的特殊膜结构，使细胞内各种代谢反应得以有条不紊地进行。细胞水平的调控主要体现在膜对代谢途径的分隔调控上。

1. 酶在细胞内分布的分隔性

在真核生物中，线粒体、高尔基体、内质网等细胞器和细胞核在细胞内构成了一个由生物膜分隔的复杂的分室系统。各种代谢途径的酶系分别定位于不同的分室中，即使是分布于同一细胞器中的代谢酶系，有的酶分布于细胞器的基质中，有的酶则定位于膜上，甚至有些酶系在膜上的定位还有一定的次序性。例如，在甘油-3-磷酸穿梭系统中，细胞质溶胶和线粒体基质中各有一种不同的甘油磷酸脱氢酶，细胞质溶胶中的甘油磷酸脱氢酶需要 NAD^+/NADH 作为辅酶，而线粒体中的甘油磷酸脱氧酶则以 FAD/$FADH_2$ 为辅酶，正是这种细胞分室的存在，使得即使相近但方向相反的反应，也可以在空间上彼此隔开，互不干扰，有条不紊地连续进行。原核生物细胞虽没有细胞器的分化，但不同酶系在胞内或细胞膜上的不同区域相对集中分布。

2. 膜的通透性

细胞中的分室系统是由生物膜分隔开的，不同的膜对物质的通透性不同，膜上还分布有某些物质的专用通道蛋白，更加强了膜的选择透性。膜对物质的选择透性，保证了底物的及时运入和产物的及时输出，进而保证了代谢反应的方向性。在发酵生产中，可以通过对细胞膜透性的人为控制，实现发酵产品的定向生产。

（三）激素水平的代谢调节

细胞的物质代谢反应不仅受到局部环境的影响，及各种代谢底物、产物的正、负反馈调节，而且还受来自于机体其他组织器官的各种化学信号的控制，激素就属于这类化学信号。

激素是一类由特殊的细胞合成并分泌的化学物质，它随血液循环于全身，作用于特定的组织或细胞，指导细胞物质代谢沿着一定的方向进行。同一激素可以使某些代谢反应加强，而使另一代谢反应减弱，从而适应整体的需要。对于每一个细胞来说，激素是外源性调控信号，而对于机体整体而言，它仍然属于内环境的一部分。通过激素来控制物质代谢是高等动物体内的代谢调节的一种重要方式。

激素的作用原理有两种：一是激素与细胞表面专一受体结合，引起第二信使如 cAMP 等在靶细胞内增加，从而产生激素效应；二是激素对酶的合成诱导作用。例如，肾上腺首先作用于细胞膜，使膜上的腺甘酸环化酶活化，后者使细胞内 ATP 在有 MgS^+ 存在下转变为 cAMP，而 cAMP 可再使细胞浆液中的磷酸化酶 b 转变为磷酸化酶 a。由于肾上腺素并不进入细胞，其作用是通过细胞内传递的。因此，将 cAMP 称为细胞内的信使。cAMP 可使无活性的蛋白激酶活化，从而达到调控有关代谢反应的目的。

（四）神经水平的调节

神经系统可以释放神经递质来影响组织中的代谢，又能影响内分泌腺的活动，改变激素分泌的状态，从而实现机体整体的代谢协调和平衡。在早期饥饿时，血糖浓度有下降趋势，这时肾上腺素和糖皮质激素的调节占优势，促进肝糖原分解和肝脏糖异生作用，在短期内维持血糖浓度的恒定，以供给脑组织和红细胞等重要组织对葡萄糖的需求。若饥饿时间继续延长，则肝糖原被消耗殆尽，这时糖皮质激素也参与发挥调节作用，促进肝外组织蛋白分解为氨基酸，便于肝脏利用氨基酸、乳酸和甘油等物质生产葡萄糖。这在一定程度上维持了血糖浓度的恒定。这时脂代谢加强，分解为甘油和脂肪酸，肝脏将脂肪酸分解生成乙酰 CoA，乙酰 CoA 在此时是脑组织和肌肉等器官的重要能量来源。在饱食情况下，胰岛素发挥重要作用，它促进肝脏合成糖原和将糖转变为脂肪，抑制糖异生；胰岛素还促进肌肉和脂肪组织的细胞膜对葡萄糖的通透性，使血糖容易进入细胞，并被氧化利用。

实训室工作管理条例

(一) 实训室工作管理总则及基本任务

1. 总则

(1) 实训室是进行教学和科研活动的重要基地，是反映学校教学水平、科研水平和管理水平的重要标志之一。为适应高等职业教育的人才培养需要，必须重视和加强实训室的建设和管理工作。

(2) 实训室的工作，必须努力贯彻国家的教育方针，努力培养应用型高级技术人才；必须首先保证教学和科研工作的需要；根据需要和可行性，适当安排技术服务和生产创收工作。

(3) 实训室的建设，要从实际出发，根据教学和科研的需要，统筹规划，合理设置，要坚持勤俭办学，发扬艰苦奋斗精神，不断提高实训室的现代化水平，充分发挥现有人力、物力的作用，努力提高投资效益。

(4) 实训室工作人员要树立全心全意为教学、科研服务的思想，努力钻研业务和技术，发扬创新精神，认真完成所担负的各项任务。

(5) 要以严谨的科学态度加强实训室的管理，不断提高实训技术水平和实训室的现代化建设水平，使实训室真正成为文明、整洁、安全的教学科研场所。

2. 实训的基本任务

(1) 实训教学是实训室的基本任务。实训室的工作必须把对学生进行基本实训技能训练，以提高学生分析问题和解决问题的实际能力放在首位。实训教学要注意培养学生的职业技能和职业能力，帮助学生掌握正确、规范的操作方法，训练学生形成严谨的工作态度和工作作风。

(2) 实训室必须根据教学计划要求和教学大纲的规定，认真准备和开发实训项目与实训内容，配合教研室编写实训教材和实训指导书。要不断充实和更新实训教学内容，研究实训教学方法，积极进行实训教学改革，不断提高实训教学质量。

(3) 要合理安排实训，充分利用现有设施，努力创造条件，使每个参加实训的学生都能亲自操作。有条件的实训室还可让学生自选题目、自行设计，实训室提供仪器设备和材料，让学生自己完成实训项目。

(4) 实训室要加强自身的条件建设，加强实训技术研究和仪器设备功能的开发，鼓励学生动手研制某些仪器设备和元件、试剂、模型等以及开发某些新工艺、新技术，努力提高实训室的技术水平，以适应日益发展的教学和科研的需要。

（5）实训室要重视仪器设备的管理、维护，制定并严格坚持仪器设备管理办法及检查、维修制度，使仪器设备处于完好状态。

（6）实训室在保证教学、科研任务的前提下，积极开展社会服务和技术开发，提高实训室仪器设备的利用率，充分发挥投资效益，开展学术、技术交流及科研活动。

（二）实训室的管理制度

为了使实践教学过程更加规范，保证学生实训教学活动正常进行，保持良好的实践教学秩序，维护好实训环境，特制定本规定，希望同学们能遵照执行。

（1）实训前必须复习相关理论课，并预习实训课内容，明确实训目的和要求，掌握实训原理和具体操作方法。

（2）在实训室内须听从实训室工作人员或指导教师的安排，不得随意更换实训工位，严格执行操作规程；若设备不能正常运行，应及时报告实训室工作人员或指导教师。

（3）保持实训室内安静，不得在实训室内谈笑、喧哗、追逐，大声讨论问题；认真填写实训记录本，不填写者，取消该次实训。

（4）保持实训室内整洁，严禁在实训室内吃早餐、零食、饮料、抽烟、乱扔纸屑；保持实训室内干燥，严禁将雨伞、雨披带入实训室内，不得使用无盖的茶杯。

（5）爱护实训室财产，如遇设备故障，应及时报告教师，不得擅自处理；严禁搬动或损坏设备；若发现上述情况，将取消实训资格，并报学院酌情予以处分。

（6）实训时，不得将无关人员带入实训室，并注意安全。

（7）实训结束后，须按关机要求正确关闭所用设备，并认真整理工位，将所用试剂归回原位，不能将属于实训室内的任何物品带出实训室。

（8）实训规章制度人人都要遵守，违规者将按学校有关规章制度处理。

（9）实训时要认真细致，实事求是，在实训过程中要培养思考和独立工作的能力，按时交实训报告和作业，字迹要清楚整洁、规范化，遵守课堂纪律，不得无故缺席、迟到或早退。

（三）仪器设备的保管、使用和维修制度

（1）实训室仪器设备应由专职或兼职人员统一管理，管理人员对所管仪器设备负责，账物卡齐全，任何人未经管理人员同意不得使用、移动或调换仪器设备。

（2）仪器设备的使用必须严格遵守操作规程。一般仪器设备操作规程必须在实训指导书中写明，实训指导教师在实训前应进行讲解。对不遵守操作规程者，仪器设备管理人员有权阻止其使用。大型精密仪器设备的操作规程应悬挂在该设备旁边墙上的醒目处，操作人员只有经过培训，才能上机操作。

（3）仪器设备的使用、维修、出借、调拨等信息应及时做好文字记载，记录内容须真实、详细。

（4）仪器设备一般不允许外借，各系（部）实训室仪器的互相临时借用和因公需携往校外必须填写《仪器设备出借单》，需经各系（部）同意，主管院长批准后方可办理，各实训室不得擅自出借。仪器设备当事人和仪器设备管理人员应共同完成出借或归还仪器设备完好情况检查，并做好相应的登记手续。

（5）各实训室要加强对仪器设备的保管和维护，保持整洁，摆放合理，并按其不同的性能和要求，分别做好相应的登记手续。贵重仪器要妥善保管，精密仪器要注意防霉、防潮、防损坏。

（6）仪器设备一律不许随便拆改，确实需要拆改时，必须说明理由，报系（部）批准，大型仪器设备须报主管院长批准。

（7）仪器设备，除保证教学、科研工作需要外，经学校批准后，可为社会服务，所收费用按学校有关规定执行。

（8）所有仪器设备均属学校财产，实训室或个人不得以任何借口占为己有。为了充分发挥仪器设备效益，提倡仪器设备专管共用。对长期闲置不用或使用效益低的仪器设备，系（部）有权提出调拨申请，经分管院长批准后方可调拨。调拨必须填写《仪器设备调拨单》，交换双方应共同完成调拨仪器设备完好情况检查，并在《仪器设备调拨单》中做好相应的记录。

（9）实训指导的教师、实训技术人员都有职责做好仪器设备的维护、检修、校验工作，保证仪器设备处于完好状态。平时要认真钻研维护和维修技术，不断提高技术水平，做到小修不出实训室，中修不出校，并认真做好维护、维修记录。

（10）损坏及丢失仪器设备者（包括教师及学生），视具体情况予以赔偿。

（四）实训室安全卫生管理制度

实训室是专业教学和实训的重要场所，必须加强科学管理，注意安全工作，建立和健全各项规章制度：

（1）实训室管理人员须负责实训室的日常管理和设备的日常保养工作，并按时填写各类登记表。

（2）实训室内不准高声谈笑，不准抽烟，不准随地吐痰，不准乱丢纸屑杂物，禁止将零食、饮料等带进实训室；要保证实训室内地面、桌椅、设备的整洁和物品的排放整齐。

（3）在实训室进行实训时要注意安全，严格按照实训指导教师的要求进行操作，遇到事故要采取紧急措施，并报告有关人员。

（4）对不按照实训指导教师要求进行实训操作且不听劝告的学生，应令其停止实训，对违章操作造成事故者须追究责任。

（5）实训结束后，学生须在实训指导教师的指导下，搞好清洁卫生，关好门窗、断开电源，进行安全检查，清理场地；节假日前，实训室管理人员应进行详细的安全检查，然后锁好实训室。

（6）保持实训室内环境整洁，走道畅通，设备物品摆放整齐，室内严禁放置私人物品、严禁使用私人电器设备。消防器材要放在明显的便于取用的位置，周围不得堆放杂物，严禁将消防器材移作他用，实训室管理人员应能正确地使用灭火器材，存在隐患要及时报告。

（五）实训注意事项及应急处理

1. 实训注意事项

（1）实训操作过程中凡遇产生烟雾或有毒性腐蚀性气体时，应在通风柜内进行。如果实训室内无此种设施，则必须注意及时打开窗户通风。

（2）以移液管取用试剂时应使用洗耳球。在取用剧毒或有腐蚀性试剂时更要注意安全，应使移液管的尖端固定在液面下适当的位置，以防试剂进入洗耳球。如果不慎已吸入球内，则应随时洗净晾干。

（3）乙醚、乙醇、丙酮、氯仿等易燃试剂应放在远离火源处，不可直接放在火源上蒸煮，以防引起火灾。

（4）在分子生物学实训中，接触苯酚、氯仿、溴化乙锭等有毒试剂时应戴手套，以防止腐蚀，伤害皮肤。

2. 应急处理（实训室意外事故的急救）

（1）皮肤灼伤处理。皮肤不慎被强酸、溴、氯等物质灼伤时，应立刻用大量自来水冲洗，然后用5％碳酸氢钠液洗涤。

（2）强酸溶液进入口内的处理。应立即用清水或0.1mol/L氢氧化钠液漱口，再服用氧化镁和牛奶混合剂，但不宜服用重碳酸钠液，以免因和酸作用而产生过量气体加剧对胃的刺激。

（3）强碱溶液进入口内的处理。立即用大量清水或5％硼酸液漱口，再服用适量的5％醋酸。

（4）酸、碱等化学试剂溅入眼内的处理。先用自来水或蒸馏水冲洗眼部，如溅入酸类物质则可再用5％碳酸钠仔细洗；如溅入碱类物质，可用2％硼酸冲洗。然后滴1～2滴油性物质，起滋润保护作用。

（5）被电击的处理。生化实训室内电器设备多，如某项设备漏电，使用时则有触电危险。如有人不慎触电，首先应立即切断电源。在没有断开电源时绝不可赤手去拉触电者，宜迅速用干木棒、塑料棒等绝缘物使导电物和触电者分开，然后对触电者进行抢救。严重者应立即送医院。

（6）酸、碱等化学试剂溅洒在衣物、鞋袜上的处理。强酸或强碱类物质洒在衣服、鞋袜上，应立即脱下用自来水浸泡冲洗；溅洒物如果是苯酚类物质，而衣服又是化纤织物，则可先用60％～70％酒精擦洗被溅处，然后再将衣物放入清水中浸泡冲洗。

生物化学实训试剂的管理

（一）化学试剂的等级

（1）一级品：即优级纯，又称保证试剂（符号 G. R.），我国产品用绿色标签作为标志，这种试剂纯度很高，适用于精密分析，亦可作基准物质用。

（2）二级品：即分析纯，又称分析试剂（符号 A. R），我国产品用红色标签作为标志，纯度较一级品略差，适用于多数分析，如配制滴定液，用于鉴别及杂质检查等。

（3）三级品：即化学纯，（符号 C. P.），我国产品用蓝色标签作为标志，纯度较二级品相差较多，适用于工矿日常生产分析。

（4）四级品：即实训试剂（符号 L. R.），杂质含量较高，纯度较低，在分析工作中常用作辅助试剂（如发生或吸收气体，配制洗液等）。

（5）基准试剂：它的纯度相当于或高于保证试剂，通常专用作容量分析的基准物质。称取一定量基准试剂稀释至一定体积，一般可直接得到滴定液，不需标定，基准品如标有实际含量，计算时应加以校正。

（6）光谱纯试剂（符号 S. P.）：用光谱分析法测不出杂质或杂质含量低于某一限度，这种试剂主要用于光谱分析中。

（7）色谱纯试剂：用于色谱分析。

（8）生物试剂：用于某些生物实训中。

（9）超纯试剂：又称高纯试剂。

（二）化学试剂的使用原则

（1）凡作为实训用化学试剂，无论是否有毒，都不能入口和用手直接移取。

（2）称量固体药品应使用清洁干燥的药匙，用一药匙不能同时移取两种试剂，以免玷污。量取和转移液体试剂时，倒出的多余试剂不可倒回原瓶。

（3）易燃、易爆试剂要避免高温和阳光直射，放置要平稳，实验室不可过多存放，以满足一次实验为原则。易燃品如乙醚等必要时应冷藏，以免发生爆炸。使用易挥发、易燃试剂，需加热时，应在水浴锅或严密的电热板上缓慢进行。严禁使用明火加热。

（4）不得在实验室喝水、进食、吸烟，以免因过失而引起中毒。严禁用嘴吸取试液。实验完毕必须洗手，任何试剂沾污于手上或身体其他部位时应立即冲洗。

（5）凡能产生有毒、有害气体的操作，都应在通风柜中或专用室内进行，并注意通风。

（6）溅落在地板上或桌椅上的试剂（尤其是有毒试剂）应立即处理以免发生意外。如打破水银温度计，水银溅落于地板上时应及时用稀碘溶液或稀硫酸—高锰酸钾溶液处理，也可用石灰—硫酸处理，使之变为惰性硫化汞，以避免汞在常温下蒸发，引起中毒。

容量仪器的使用方法

（一）滴定管的使用方法

1. 滴定管的构造及其准确度

1）构造

滴定管是容量分析中最基本的测量仪器，它是由具有准确刻度的细长玻璃管及开关组成的。

2）准确度

（1）常量分析用的滴定管为 50mL 或 25mL，刻度小至 0.1mL，读数可精确到 0.01mL，一般有 ±0.02mL 的读数误差，所以每次滴定所用溶液体积最好在 20mL 以上，若滴定所用体积过小，则滴定管读数误差增大。

（2）10mL 滴定管的一般刻度最小为 0.1mL、0.05mL。用于半微量分析，刻度小至 0.02mL，可以精确至 0.005mL。

（3）在微量分析中，通常采用微量滴定管，其容量为 1~5mL，刻度小至 0.01mL，可精确至 0.002mL。

（4）在容量分析滴定时，若消耗滴定液的体积在 25mL 以上，则可选用 50mL 滴定管；在 10mL 以上者，可用 25mL 滴定管；在 10mL 以下，宜用 10mL 或 10mL 以下滴定管，以减少滴定时体积测量的误差。一般标准化时用 50mL 滴定管；常量分析用 25mL 滴定管；非水滴定用 10mL 滴定管。

2. 滴定管的种类

1）酸式滴定管（玻塞滴定管）

酸式滴定管的玻璃活塞是专用于配合该滴定管的，不能任意更换。要注意玻璃活塞是否旋转自如，通常是取出活塞，拭干，在活塞两端沿圆周抹一薄层凡士林作润滑剂（或真空活塞油脂），然后将活塞插入，顶紧，旋转几下使凡士林分布均匀（几乎透明）即可，再在活塞尾端套一橡皮圈，使之固定。注意凡士林不要涂得太多，否则易使活塞中的小孔或滴定管下端管尖堵塞。在使用前应试漏。

一般的滴定液均可用酸式滴定管，但因碱性滴定液常使玻璃活塞与玻璃孔粘合，以至难以转动，故碱性滴定液宜用碱式滴定管。但如果碱性滴定液使用时间不长，用毕后可立即用水冲洗，也可使用酸式滴定管。

2）碱式滴定管

碱式滴定管的管端下部连有橡皮管，管内装一玻璃珠控制开关，一般用做碱性滴定液的滴定。其准确度不如酸式滴定管，由于橡皮管的弹性会造成液面的变动。具有氧化性的溶液或其他易与橡皮起作用的溶液，如高锰酸钾、碘、硝酸银等不能使用碱式滴定管。在使用前，应检查橡皮管是否破裂或老化及玻璃珠大小是否合适，无渗漏后才可使用。

3）使用前的准备

（1）在装滴定液前，须将滴定管洗净，使水自然沥干（内壁应不挂水珠），先用少量滴定液荡洗 3 次，（每次 5~10mL），除去残留在管壁和下端管尖内的水，以防滴定液被水稀释。

（2）滴定液装入量应超过滴定管零刻度线，这时滴定管尖端会有气泡，必须排除，否则将造成体积误差。如为酸式滴定管可转动活塞，使溶液急速流去气泡；如为碱式滴定管，则可将橡皮管弯曲向上，然后捏开玻璃珠，气泡即可排除。

（3）最后调整溶液的液面至零刻度线处，即可进行滴定。

4）操作注意事项

（1）滴定管在装满滴定液后，管外壁的溶液要擦净，以免流下或溶液挥发而使管内溶液降温（在夏季影响尤其大）。手持滴定管时，要避免手心紧握装有溶液部分的管壁，以免手温高于室温（尤其在冬季）而使溶液的体积膨胀（特别是在非水溶液滴定时），造成读数误差。

（2）使用酸式滴定管时，应将滴定管固定在滴定管夹上，活塞柄向右，左手从中间向右伸出，拇指在管前，食指及中指在管后，三指平行地轻轻拿住活塞柄，无名指及小指向手心弯曲，食指及中指由下向上顶住活塞柄一端，拇指在上面配合动作。在转动时，中指及食指不要伸直，应该微微弯曲，轻轻向左扣住，这样既容易操作，又可防止把活塞顶出。

（3）每次滴定须从零刻度线开始，以使每次测定结果能抵消滴定管的刻度误差。

（4）在装满滴定液后，滴定前"初读"零点，应静置 1~2min 再读一次，如液面读数无改变，仍为零，才能滴定。滴定时不应太快，每秒钟放出 3~4 滴为宜，不应成液柱流下，尤其在接近计量点时，更应逐滴加入（在计量点前可适当加快些滴定）。滴定至终点后，须等 1~2min，使附着在内壁的滴定液流下来以后再读数。如果放出滴定液速度相当慢，等半分钟后读数也可，"终读"至少读两次。

（5）在读数时，滴定管可垂直夹在滴定管架上或手持滴定管上端以便自由地垂直读取刻度。读数时要注意眼睛的位置应与液面处在同一水平面上，否则将引起误差。

应该在凹液面下缘最低点读数，但遇滴定液颜色太深，不能观察下缘时，可以读液面两侧最高点，"初读"与"终读"应用同一标准。

（6）为了方便读数，可在滴定管后面衬一"读数卡"（涂有一黑长方形的约 4cm×1.5cm 白纸）或用一张黑纸绕滴定管一圈，拉紧，置液面下刻度 1 分格（0.1mL）处使纸的上缘前后在一水平面上；此时，由于反射完全消失，凹液面呈黑色，明显地露出来，读此黑色凹液面下缘最低点即可。滴定液颜色深而需读两侧最高点时，可用白纸为"读数卡"。若所用滴定管为白背蓝线滴定管，且其凹液面能使色条变形而成两个相遇一点的尖点，则可直接读取尖头所在处的刻度。

（7）滴定管有无色、棕色两种，一般需避光的滴定液（如硝酸银滴定液、碘滴定液、高锰酸钾滴定液、亚硝酸钠滴定液、溴滴定液等），需用棕色滴定管。

（二）容量瓶的使用方法

（1）容量瓶是具有细长的颈和磨口玻璃塞（或塑料塞）的瓶子，塞与瓶应编号配套或用绳子相连接，在瓶颈上有环状刻度。容量瓶用来精密配制一定体积的溶液。

（2）向容量瓶中加入溶液时，必须注意凹液面最低处要恰与瓶颈上的刻度相切，观察时眼睛位置也应与液面和刻度在同一水平面上，否则会引起测量体积不准确。容量瓶有无色、棕色两种，应注意选用。

（3）用容量瓶配好的溶液如需保存，应转移到试剂瓶中。容量瓶不能在烘箱中烘烤。

（三）移液管的使用方法

移液管有各种形状，最普通的是中部吹成圆柱形，圆柱形以上及以下为较细的管颈，下部的管颈拉尖，上部的管颈刻有一环状刻度。移液管用于精密转移一定体积的溶液。

（1）使用时，应先将移液管洗净，自然沥干，并用待量取的溶液少许荡洗 3 次。

（2）然后以右手拇指及中指捏住管颈标线以上的地方，将移液管插入试样溶液液面下约 1cm，不应伸入太多，以免管尖外壁粘有过多溶液，也不应伸入太少，以免液面下降后而吸空。这时，左手拿洗耳球（一般用 60mL 洗耳球）轻轻将溶液吸上，眼睛注意正在上升的液面位置，移液管应随容器内液面下降而下降。当液面上升到刻度标线以上约 1cm 时，迅速用右手食指堵住管口，取出移液管，用滤纸条拭干移液管下端外壁，并使其与地面垂直，稍微松开右手食指，使液面缓缓下降，此时视线应平视标线，直到凹液面与标线相切，立即按紧食指，使液体不再流出，并使出口尖端接触容器外壁，以除去尖端外残留的溶液。

（3）再将移液管移入准备接受溶液的容器中，使其出口尖端接触器壁，并使容器微倾斜，而使移液管直立，然后放松右手食指，使溶液自由地顺壁流下，待溶液停止流出后，一般等待 15s 拿出。

（4）注意此时移液管尖端仍残留一滴液体，不可吹出。

（四）刻度吸管的使用方法

（1）刻度吸管是由上而下（或由下而上）刻有容量数字，下端拉尖的圆形玻璃管，用于量取体积不需要十分准确的溶液。

（2）刻度吸管有"吹"、"快"两种形式。使用标有"吹"字的刻度吸管时，溶液停止流出后，应将管内剩余的溶液吹出；使用标有"快"字的刻度吸管时，待溶液停止流出后，一般等待 15s 拿出。

（3）量取时，最好选用略大于量取量的刻度吸管，这样溶液可以不放至尖端，而是放到一定的刻度（读数的方法与移液管相同）。

（五）容量仪器使用的注意事项

（1）移液管及刻度吸管一定用洗耳球吸取溶液，不可用嘴吸取。

（2）滴定管、容量瓶、移液管及刻度吸管均不可用毛刷或其他粗糙物品擦洗内壁，